工作犬行为学基础
与行为塑造

编委会

主　编　刘书明　魏荣兴

副主编　赵勤涛　彭梦华　熊玉强　王　曦（兰州市公安局警犬基地）

参　编　李　涛　许普之　何　嘉　张中伟

　　　　　贾　鑫　黄宜龙

江西科学技术出版社

江西·南昌

图书在版编目(CIP)数据

工作犬行为学基础与行为塑造 / 公安部南昌警犬基地编著. -- 南昌：江西科学技术出版社,2024.11.
ISBN 978 - 7 - 5390 - 9290 - 4

Ⅰ. S829.2

中国国家版本馆 CIP 数据核字第 20242C904G 号

工作犬行为学基础与行为塑造
GONGZUOQUAN XINGWEIXUE JICHU YU XINGWEI SUZAO

公安部南昌警犬基地 编著

出版 发行	江西科学技术出版社
社址	南昌市蓼洲街 2 号附 1 号
	邮编:330009　电话:(0791)86623491　86639342(传真)
印刷	江西骁翰科技有限公司
经销	全国新华书店
开本	787 mm×1092 mm　1/16
字数	300 千字
印张	14.5
版次	2024 年 11 月第 1 版
印次	2024 年 11 月第 1 次印刷
书号	ISBN 978 - 7 - 5390 - 9290 - 4
定价	98.00 元

国际互联网(Internet)地址:http://www.jxkjcbs.com　　选题序号:ZK2024240　　赣版权登字 - 03 - 2024 - 341
责任编辑:范春龙　　　　　　　　装帧设计:徐育

目　录

绪　论

第一节　动物行为学研究引论

　　"行为"一词在不同的科学领域有不同的含义。即使是在生物学领域,"行为"一词也广泛地应用于不同层次的研究,比如个体行为研究、细胞行为研究、基因行为研究等。本书所述的动物行为学主要指的是宏观层面的动物行为学,包括个体行为和种群行为。行为不仅是指个体的运动特征,比如跑、跳、飞翔、鸣叫等,也包括个体间的通信和能够引起其他个体行为发生的所有外部可识别的变化,比如表情的变化、外激素的释放等。因此行为虽然常常表现为某种动作或运动形式,但它并不局限于此。一只看上去完全不动的休息中的羚羊,有可能是在执行警戒任务,因此是警戒行为;一只蜥蜴停在阳光下静止不动,实际上它是在从阳光中吸取和积蓄热量,这是在变温动物中经常可以看到的行为热调节现象,它对动物的生存和活动非常重要;夜间的雌蛾释放性激素吸引雄蛾是一种几乎看不见的通信行为。总之,行为是动物在个体层次上对外界环境和内在生理状况的变化所做出的整体性反应并且具有一定的生物学意义,以便最大限度地确保个体的存活和子代的延续。

　　对于行为学的分析主要包括两方面的内容,即观察动物的行为和解释动物的行为。

　　对动物行为进行观察,正确而又详细地记录和整理所研究的各种行为类型,是行为学研究的起点和基础。行为可以被观察和记录,因为其有如下的特征:(1)行为至少具有一种测量维度,比如可以测量一种行为的频率,可以测量行为的持续时间或行为的强度,还可以测量行为的速度,或从某件事情发生到某种行为发生之间的潜伏期等。(2)行为是一种包含时间和空间运动的行动,行为的发生可以对自然环境或社会环境产生影响。比如扳动电灯开关,于是灯亮了,或者犬大声吠叫,结果吵醒了正在睡觉的主人。有时候行为对环境的作用并不明显,它只对行为发出者本身产生影响,但不论我们是否意识到,所有的行为都在某些方面对自然或社会环境产生了影响。(3)动物行为受自然规律的支配。行为的出现受到环境事件的系统性影响,包括人类的一系列行为,比如人体骨骼的结构决定了行为的形态,人不可能像犬或者大猩猩那样奔跑,动物声带的差异就决定了其发声的差异。

　　动物的任何行为都不是多余的,A. J. Cain 曾经写道:"如果我们看不到某些行为的适应意义和功能意义,那很可能是因为我们的无知。"动物的行为和形态都是长期进化的产物,任何一种行为都可以从因果关系、生态功能、个体发生和遗传进化四个方面去解释,它们互相补充,缺一不可。因果关系是指行为是由什么外部刺激和内部动机引起的;生态功能是指行为的适应意义和对动物个体或种群存活的价值;个体发生是指一个特定的行为为什么只出现在动物发育的一定阶段及其在个体发育中的变化规律;遗传进化是指行为的遗传规律和进化史。

第二节　动物行为学的发展

　　20 世纪以前是动物行为学的萌芽时期,是动物行为学经历的一个缓慢发展的阶段。早在旧石器时期,随着动物被家养的开始,人们已经注意观察周围的动物。古埃及人尝试人工孵卵,古希腊的亚里士多德观察、描述动物的行为,在他的论著中,记录了 540 种动物的行为,对后人关于生命的认识方面产生了相当大的影响。17—18 世纪,研究动物行为的人越来越多,开始了比较不同物种行为的研究和探讨。如德国人约翰研究了不同鸟的行为差异,涉及取食地、社会行为、筑巢、领地、季节性羽毛色彩变化、迁徙、鸣叫和育雏等方面。法国的勒雷对狼、狐的捕食行为及野兔的恐惧表现有过生动的描述,提出了动物依靠它们的记忆和生活经验能够聪明地生活。1859 年,达尔文的《物种起源》的发表,对动物行为学的研究产生了深远的影响。他的《人类的由来及性选择》(1871 年)、《动物和植物在家养下的变异》(1863 年)、《人类和动物的表情》等书研究比较了人与动物及本能行为,行为的进化和遗传变异。19 世纪末,劳埃德研究鸡的本能、学习、模拟行为。现代行为学中许多术语,如 Behaviour(行为)、Animal Behaviour(动物行为),都首次出现在他的论著中。

　　20 世纪是动物行为学迅速发展和真正延伸的世纪。1906 年,动物学家詹宁斯对原生动物的行为进行了详细的研究。写出了《原生动物的勘测》一书,这是第一本专门论述动物行为的著作。柏林的海因罗特在 1871 年至 1945 年间,详尽研究了多种鸭、鹅,比较了它们的运动方式、解剖学特征、社会行为、鸣叫及繁殖行为,并且发现了灰雁从孵卵箱中孵出后的印记行为。动物学家罗曼内斯发展了达尔文的思想,并正式建立了比较行为学这一学科,为现代的行为生物学奠定了基础。摩尔根和杰姆斯,以及劳埃波等都在方法、概念上对行为的发展做出了贡献。1931 年至 1941 年,欧洲著名的行为生物学家廷伯根和劳伦兹在自然和半自然条件下对动物进行了长期的观察,发表了诸如《社会性鸦的行为学》《鸟类环境世界中的伙伴》《关于本能的概念》《对雁鸭类行为的比较研究》等论文,建立了物种的行为图谱,发现了所研究的行为型的功能,提出了显示、位移、仪式化等等新概念和新的研究课题。特别是劳伦兹解释了先天性和后天获得性行为的结合问题,在行为分析、行为生态方面作出了很大的贡献。奥地利动物学家弗里施早在 1910 年他就通过实验观察,证明鱼类具有辨别颜色和亮度的能力而且辨声能力超过人类,成为研究鱼类色觉和听觉功能的先驱。他首次发现了蜜蜂用圆圈舞和摆尾舞传递食物信息的秘密,并且发现蜜蜂能感知偏振光,利用太阳的位置和地磁场等确定空间的方位。

　　进入近代以来,动物行为学的研究获得了蓬勃的发展,主要是把动物行为与生命科学中许多其他的分支学科相互渗透在一起,形成了许多新的研究领域,从不同的角度进一步完整、系统地阐述动物行为的原因、机制、发生或发育情况,进化与适应功能等问题。行为学与其他学科相结合,相继发展出了行为遗传学、行为经济学、行为生理学和社会生物学等,其中行为生态学获得了巨大的发展并日臻完善。行为生态学主要研究生态学中的行为机制和动物行为的生态学意义和进化意义,主要涉及取食行为生态学、防御行为生态学、繁殖行为生态学、社会生态学、时空行为生态学(如栖息地的选择、定向和导航、巢域和领域现象等),以及行为生态学预测等内容。在廷伯根、劳伦兹和弗里施等人的研究基础上,威尔逊出版了《社会生物学》一书,把达尔文自然选择的概念应用于社会行为的研究,又把生态学、行为学、遗传学和进化论加以综合,提出了内在适合度和亲缘选择的新概念,这些新概念把社会行为的研究提高到了一个新的高度。

(一)行为遗传学(behaviorgenetics)

　　行为遗传学是用遗传学方法研究动物行为的遗传学基础,目的是解释各遗传因子间的关系和它们如何影响动物的行为。1960 年,美国学者汤普森写成《行为遗传学》一书,宣布这一新学科的诞生。十年后,第一份专业期刊《行为遗传学》问世。1967 年,本泽尔第一个通过人工诱导和选择的方法得到了果蝇的行为突变体,为行为遗传学的研究开辟了道路。从此以后,行为突变体的研究很快在果蝇、线虫、草履虫、细菌及其他生物领域大量开展起来。目前,已在分子水平分析的基础上,进一步开展行为基因的分离、克隆和转移的研究。行为遗传学为动物行为学的研究开辟了一个新天地,对于阐明行为遗传的规律和机制都具有重要意义。

(二)行为生态学(behavioral ecology)

行为生态学主要是研究生态学中的行为机制、动物行为的生态和进化意义,在理论及方法论方面是动物行为学中发展最快、最为活跃的一个领域。行为生态学主要包括取食行为生态学、防御行为生态学、繁殖行为生态学、社会生态学、时空行为生态学(如栖息地的选择、定向和导航、巢域和领域现象等)以及行为生态学预测等内容。其中,社会生态学或社会生物学,近年来取得了突出的进展。K. Lorenz 对许多社会生物学把达尔文自然选择的概念应用于社会行为的研究,又把生态学、行为学、遗传学和进化论加以综合,提出了内在适合度和亲缘选择的新概念。这些新概念把动物社会行为的研究提高到了一个新的高度。目前,动物行为生态领域正吸引着越来越多的科学家投入研究。尤其是关于行为经济学和进化稳定对策(ESS)的研究,正显示着强大的生命力。动物行为的研究在我国自 20 世纪 80 年代初开始,以李世安先生的《应用动物行为学》为起点。研究主要是描述性的和应用性的,理论研究方面的广度和深度与国外仍存在着一定的差距。到目前为止,国内仍没有形成专门的动物行为学教材、期刊。但据已公开发表的有关论文和资料显示,我国在动物行为某些领域方面的研究也取得了一定的进展。

(三)动物社会学(animalsociology)

动物社会学虽然也是研究动物的社会行为,但它同社会生态学不同,它特别强调社会行为机制的研究,例如研究有助于确立和维持社会结构的各种通讯方式等。

(四)行为生理学(ethophysiology)

行为生理学是研究动物行为的生理基础,它的两个主要分支涉及对动物的行为起重要控制作用的两大系统,即神经系统和内分泌系统。神经行为学(neuroethology)主要研究感觉过程和构成动物行为基础的中枢神经系统,而行为内分泌学(ethoendocrinology)则主要研究激素和行为的相互关系。

第三节　动物行为主义的主要代表人物

一、伊万·巴甫洛夫

　　巴甫洛夫的实验揭示了反应性条件反射的基本过程,他论证了反射行为可以对一个中性刺激形成条件反射。比如将食物放进犬嘴里时出现的唾液反应是一种大脑反应,将食物和铃声或者其他在以前都是中性刺激的声音反复结合后,犬听到铃声时也出现分泌唾液的现象,是由条件形成过程中在大脑皮层里建立起来的新反射通道的结果。巴甫洛夫的条件反射学说对当代心理学产生了极大的影响,成为后来的行为主义心理学建立的科学基础。

二、爱德华·桑代克

桑代克被称为教育心理学的奠基人,他的主要贡献在于他对准备律、练习律和效果律的描述,尤其是对效果定律的发现。从本质上说,效果定律认为对环境产生良好效果的行为更可能在将来被重复。在桑代克著名的饿猫学习如何逃出迷笼获得食物的实验里,桑代克将饥饿的猫禁闭于迷笼之内,然后把食物放在笼子外面猫可以看到的地方,猫可以用抓绳或按钮等三种不同的动作逃出笼外获得食物。饥饿的猫第一次被关进迷笼时,开始盲目地乱撞乱叫,东抓西咬,经过一段时间后,它可能做对了打开迷笼门的动作,逃出笼外。桑代克重新将猫再关入笼内,并记录每次从实验开始到猫做出打开笼门的正确动作所用的时间。经过上述多次重复实验,饿猫学会了打开笼门的动作,因为打开笼门的行为对环境产生了良好的影响——猫吃到了食物。这个定律强调个体对反应结果的感受将决定个体学习的效果,如果个体对某种情境所起的反应形成可变联结之后伴随着一种满足的状况,这种联结就会增强;反之联结就会减弱,并且发现感到满足比感到厌烦能产生更强的学习动机。

三、约翰·华生

约翰·华生是行为主义心理学的创始人，1913年华生在美国《心理学评论》杂志上发表了题为《一个行为主义者所认为的心理学》的论文，这篇论文被认为是行为主义心理学正式成立的宣言。在行为主义心理学之前，尽管实验的方法已经应用于心理学问题的研究。但是，对心理学研究全面客观化和自然科学化的要求和实施还是从行为主义心理学开始。华生主张行为主义的心理学要预测、控制和塑造有机体的行为，而行为的改变和塑造都是通过学习过程实现的，心理学研究的对象不是意识而是行为，而且所有的行为都受环境事件所控制。他主张心理学应该摒弃意识、意象等太多主观的东西，转而研究行为与环境之间的关系，心理学的研究方法也必须抛弃内省法，而代之以自然科学常用的实验法和观察法。这种主张对于心理学来说，虽然过于偏激，但是它对于彻底清除传统的意识和内容心理学的主观性、神秘性和因袭性来说，起到了积极的作用，使心理学研究步入了自然科学的范畴。虽然华生的行为主义心理学将意识及认知等中介过程排斥在心理学研究的范畴之外，同时将复杂的行为分解为若干刺激——反应单元，使其研究丢掉了行为的整体性，理论体系具有一些缺陷，但他发动了心理学中称作行为主义的运动。

四、爱德华·托尔曼

爱德华·托尔曼20世纪心理学家、新行为主义学派代表人物之一,美国加州大学伯克利分校教授,代表作为《动物与人的目的性行为》。所有行为都是由目的来指导的,如白鼠走迷津、猫试图逃出迷箱等都是由目的导向的。这些行为虽然同生理运动有关,或者依存于生理运动,但从根本意义上说,它们并不仅仅是一种生理运动。研究行为时不知道,也无须知道其与哪些生理运动有关,因为研究者的根本目的在于了解行为的本质特征。

托尔曼认为整体行为具有以下特征:

第一,整体行为总是指向或离开一定的目标对象。若要识别某一行为,首先要确定这一行为所趋向的,或所躲避的,或既趋向又躲避的某一特殊目标对象。如猫逃脱迷笼的行为,它首先是离开迷笼的禁闭,或者说是趋向笼外的自由。每一整体行为都有这一显著特性。

第二,为了实现一定的目标对象,整体行为总是选择一定的途径和方式。这就是说,整体行为具有选择性的特征,它总是选择一定的途径和方式而放弃另外的途径和方式。

例如,白鼠跑迷津是趋向食物,这种趋向表现为选择某一通道而放弃其他通道。

第三,为了实现一定的目标对象,整体行为所选择的途径和方式总是遵循最小努力原则。如果有机体对整个情境缺乏一定认知,并且对情境中所充满的途径、方式和障碍没有整体认知,它就不可能选择出最方便的路径。这就说明,整体行为不仅具有目的性,而且具有认知性。如一只白鼠如果面对着两条或两条以上的达到目标的途径,它总是在一定限度内选择在时间和距离上都较短的途径。托尔曼认为,在人类身上,这一特征表现得最为明显。

第四,整体行为具有可教性的特征,即经过教育,整体行为是可以发生变化的。例如,白鼠走迷津所花费的时间一次比一次少,说明它的每一次尝试都从环境刺激中接受了教训,并表现出某种程度的进步。

托尔曼在论述整体行为时所使用的"目的""认知"等概念,被当时传统行为心理学家认为是违反了动物心理学研究规律。然而托尔曼并不认为他所提出的目的和认知是主观的东西,恰恰相反,作为整体行为的目的性和认知性是完全客观的东西。行为的目的并不是从行为中推测出来的,而是表现在行为上。换句话说,托尔曼是从逻辑实证主义或操作主义的观点出发看待行为的目的和认知特性的。

五、斯金纳

斯金纳在前人研究的基础上,拓展了最初由华生描述的行为主义的领域。他设计了一种学习装置叫斯金纳箱,箱内装上一个操纵杆,操纵杆连接着一个供给食丸的装置。将饥饿的白鼠置于箱内,白鼠在箱子里乱跑时,偶然踏上操纵杆,这时供丸装置会自动滑落一粒食丸。白鼠通过几回尝试后,就会不断按压杠杆,直到吃饱为止。这一实验中,白鼠学会了按压杠杆而获取食物的反应,把强化(食物)与操作性反应联系起来。在一系列实验的基础上,他提出了"操作条件反射"理论,认为人或动物为了达到某种目的,会采取一定的行为作用于环境。当这种行为的后果对他有利时,这种行为就会在以后重复出现;不利时,这种行为就减弱或消失,人们可以用这种正强化或负强化的办法来影响行为的后果,从而修正其行为。斯金纳描述了反应性条件反射(由巴甫洛夫和华生描述的条件反射)和操作性条件反射的区别,前者是由一种可以观察到的刺激引发起来的,而后者则是在没有任何可以观察到的外来刺激的情境中发生的,行为的结果控制该行为在未来出现与否(正如桑代克在效果律中所论述的那样)。斯金纳的研究详细阐述了操作式条件反射的基本原理。除论证了基本行为原理的实验室研究外,他还在书中将行为分析的原理应用于人类行为和动物行为的矫正,斯金纳的工作构筑了训练和行为矫正的基础。

六、康拉德·劳伦兹

康拉德·劳伦兹1903年出生于维也纳,奥地利动物学家、动物心理学家、动物行为学家、鸟类学家、科普作家,曾获1973年诺贝尔生理学或医学奖,现代动物行为学的创立者之一。著有《动物行为学的基础》《狗的家世》等。

　　劳伦兹认为人和动物都有四种基本的本能——饥饿、繁殖、恐惧和攻击,这些冲动是生存的要素,也是首次提出学习方式"印记"这一概念的先驱。他从远古的石器时代谈到人与狗之间悠久而漫长的关系。狗对人的感情、相互关系、爱心、忠诚;人怎样理解狗的复杂行为心态等等。劳伦兹对一些人养狗而不知道怎样欣赏,如把狗人工培育得像玩具一样、过分强调狗的血缘品种以哄抬价格提出了异议。他认为,狗应该是伙伴而不是宠物。人们更多地应该注意狗的勇敢、忠诚等内在品格而不是外貌或血缘,他在《狗的家世》中绘制了几十幅漫画,使这本饱含幽默的书更有趣了。例如,在主人与狗这一章的开始,作者画了三组主人与狗的合影。这三只狗与主人之间是如此之相似,简直使人忍俊不禁,让人一看就明白有什么样的主人,就会有什么样的狗。

七、阿尔伯特·班杜拉

　　阿尔伯特·杜班拉是新行为主义的主要代表人物之一,社会学习理论的创始人。他所提出的社会学习理论是在与传统行为主义的继承与批判的历史关系中逐步形成的,并在认知心理学和人本主义心理学几乎平分心理学天下的当代独树一帜,影响波及实验心

理学、社会心理学、临床心理治疗以及教育、管理、大众传播等社会生活领域。他认为来源于直接经验的一切学习现象实际上都可以依赖观察学习而发生,其中替代性强化是影响学习的一个重要因素。任何有机体观察学习的过程都是在个体、环境和行为三者相互作用下发生的,行为和环境是可以通过特定的组织而加以改变的,三者对行为塑造产生的影响取决于当时的环境和行为的性质。对于有机体的行为通过直接强化、替代强化、自我强化三种强化形式而加以改变。社会学习理论注重社会因素的影响,吸收认知心理学的研究成果,把强化理论与信息加工理论有机地结合起来,改变了传统学习理论重个体轻社会以及传统行为主义重"刺激－反应轻中枢过程的思想倾向。

八、克拉克·赫尔

　　克拉克·赫尔是美国新行为主义的代表人物之一,逻辑行为主义创始人,1943 年发表《行为原理》,提出著名的假设－演绎系统、内驱力学习理论(详见第三章),研究领域涉及哲学、心理学、逻辑学等,是心理学史上最具争议的人物之一。

　　赫尔认为,刺激与反应在时间上的接近将加强该刺激引起该反应的可能性,但接近并不是学习的唯一条件,只是一个必要条件。学习的另一个必要条件是强化,没有强化,便没有学习。强化分为初级强化和次级强化。赫尔将刺激与反应的联结力量称之为习惯强度,以 sHR 表示。sHR 由接近和强化而得到加强。赫尔用公式表明了强化和习惯强度的函数关系。赫尔坚持学习的联结观点,他修改了 S－R 的公式,使之成为 S－s－r－R 的公式。其中 S 为外在环境刺激,s 为刺激痕迹,r 为运动神经冲动,R 为外部行为反应。赫尔认为,外在环境刺激消失后仍持续存在一段时间,成为刺激痕迹,该刺激痕迹导致了运动神经冲动,而该运动神经冲动最终导致了外部行为反应。

第四节 研究犬行为原理的意义

一、个体意义

(一)熟悉犬的行为特征

犬作为一种从自然界进化而来的动物,具有自身特有的行为方式最直接地体现了犬的神经活动特点。掌握犬的行为原理,可以更好地了解、掌握和利用犬的行为规律和行为特征。

(二)掌握犬的表情

犬以自身的表情及体语来表达对内外界环境刺激的各种感受,在实际运用中,从犬之间、人犬之间交流的角度对犬的行为特点和表情进行深入分析,加强对其信息交流方式的掌握,是犬行为的训练基础,掌握犬作业的必要条件。

(三)科学训练、规范犬的行为

犬的神经活动有其自身的规律和特点。犬是有生命的个体,它在活动中必然受到内、外界多种因素的影响,在工作犬训练中,这一作用表现得更为明显。在训练犬的过程中,依据掌握的犬的行为特点和个体的活动特点,可以更好地安排训练的时间、训练科目的先后顺序、训练科目在某犬个体的组合、调整训练的频率,这都有益于提高训练效率、实施科学地训练。

(四)选种育种

犬的行为方式和训练潜力存在个体差异。在选育犬和选择训练犬的过程中,通过对犬的行为正确地观察和得出的结论,依据不同种犬的行为特征和能力,按照需要进行犬种的改良,达到优势互补的效果,能使培育出更合适的工作犬。

（五）防治疾病

犬健康状况的检查和病情的诊断,最直接的依据是犬的行为。具体表现在犬的兴奋性、犬的身体外部变化及犬的表情、犬的动作表现。对犬的疾病的诊治和疗效观察也需从犬的行为方面得到印证。在防治犬病的过程中,掌握好犬的行为原理,有利于提高疾病的防治水平。

二、研究犬行为的社会意义

（一）宠物犬饲养的规模

随着社会经济的发展,养宠物犬的人士越来越多,从而催生了宠物经济。另一方面,宠物现象带来的相关问题也引起社会的广泛关注。宠物犬的疾病防治、安全健康、行为举止等等成为无法回避的焦点。

（二）社会进步和文明的需要

宠物饲养从先前的养好到健康饲养,到现在的科学饲养、规范饲养已形成了广泛认可的理念。在西欧发达国家,宠物犬在数月龄的时候就要进入专业的宠物学校进行行为培训以适应家庭生活。很多宠物问题带来的社会负面效应都是行为上引起的,比如宠物犬攻击人,随地大小便,公共场所禁止携带宠物犬等等,激化了社会矛盾,影响了社会秩序。

（三）事故纠纷,不适用《中华人民共和国道路交通安全法》

许多宠物犬的主人不喜欢、不习惯牵引宠物犬,造成交通事故的发生,引发宠物犬的受伤及死亡,带来民事纠纷,甚至刑事责任事故。成为容易引发社会公共安全的影响因素,究其原因,主人对宠物犬对听之任之行为,引发更大的危害。

（四）饲养宠物的根本目的

据国外相关报道,很多宠物犬被遗弃的重要原因是宠物的心理、行为出现问题,最终造成宠物犬流离失所,无家可归,与饲养宠物犬的初衷相违背。诸如此类问题完全可以通过行为训练及纠正让宠物犬更好地融入人类家庭。

（五）休闲娱乐的需要、社会价值的实现

宠物犬的训练和运动现在已成为养犬人士爱好者的一项休闲活动,在国外的发展更是较为普遍。很多宠物犬经过训练发现了很多具备工作犬素质的个体,可回报社会实现更大的价值。

（六）完善犬的神经活动过程,发掘犬的潜能

研究表明,科学积极地训练可以进一步提高受训犬的体质,增强受训犬的信息接受能力,改善受训犬的神经活动。训练本身就是受训犬机体自我革新和锻炼的过程,有利于受训犬的身心健康。

（七）深化人、犬之间的信息交流

宠物犬训练本身就是人犬之间不断互动、磨合的过程,主人给以宠物犬各种声音、图像、气味等刺激作用于宠物犬,反之宠物犬给以行为和举止的回馈,通过训练的方式让人犬之间形成更好的交流、沟通和默契。

第五节　学习行为学理论在犬训练中的意义

行为学理论是研究犬的行为形成、变化规律和生理功能的基础,它是学习犬训练和使用等知识的入门课程。通过这门课程的学习,能了解犬行为的基本规律,系统地掌握犬的行为产生、演变、塑造和矫正机制、原理和方法。掌握这些理论对于从事犬训练技术相关工作的人员来说是必不可少的,对犬的训练有着重要意义。

一、有助于科学认识犬的行为功能

在自然选择的作用下,由于受到时间—能量的限制,动物的任何一种行为都具有特定的,甚至是多种功能(详见本书第三章),犬的行为也不例外。比如犬的标记行为,在自然状态下犬的标记行为是一种领域行为,其他犬可以根据标记的尿液确定领域的边界,以避免侵犯领地带来的不必要的冲突。同时犬的标记行为还具有通信功能,母犬可

以根据尿液的气味和领域的大小判断该领域主人(公犬)的实力,进而选择交配的对象。再如犬的龇牙行为,当有陌生人接近犬的领地时,犬通常会露出犬齿,这种行为具有警告功能。同时该行为还具有炫耀功能,两只陌生犬在战斗之前通常会炫耀一番,露出长长的犬齿,向对方展示自己的实力,以达到吓阻对方的目的。

二、有助于深入理解犬行为发生的机制

动物行为的变化既会受到外部环境刺激的影响也会受到个体发育、学习、动机等因素的影响,学习行为学理论有助于理解犬行为发生的机制。比如因动机变化而引起的行为变化。一只饥饿的犬,会因闻到食物的香味而从熟睡中醒来。虽然食物到达的时候犬仍有睡意(睡觉的动机),但是此时饥饿的动机更为强烈,犬就会起来去吃食物。否则,它会继续躺着睡觉。也有一些行为是因学习而引起的变化。当犬受到手机铃声惊吓发出吠叫后,如果此时犬主人给予一些鼓励或食物,那么以后当手机铃声再响起时,犬就会吠叫以提醒主人。还有一些是因个体发育引起的行为变化。处于发情间歇期的母犬不接受公犬的爬跨,当公犬嗅闻其阴部时,它通常会夹紧尾巴表现出警惕的样子。而处于发情期时,当公犬接近嗅闻时,它通常会站立不动并将尾巴翘起。所有的行为都不是凭空产生的,而是在内外环境刺激共同作用下的结果,学习行为学理论有助于理解犬行为发生的机制。

三、有利于合理安排犬的训练

犬的行为活动有其自身的规律和特点,每一种能力的形成,都不会是突发式的,而是先产生行为特征,后形成动力定型,最终形成完整的能力。犬学习的过程也不是直线上升的,其能力的发展规律是起伏曲折的,呈波浪式、螺旋式上升的。犬的训练必须符合基本的行为学规律,依据犬的行为特点和个体的活动特点,按一定的程序训练完成的。比如训练犬"坐"的行为,首先是培养犬对主人的口令和手势建立基本条件反射,当犬听到"坐"的口令时,能做出相应的动作,同时为了避免外界环境对犬注意力的影响,训练之初尽可能选择相对清净的环境,待基本的条件反射形成后,再进行复杂环境的训练。基于桑代克的学习理论,犬的训练内容要难易结合,易多难少,逐步提高犬的自信心和兴奋性,同时要多奖励少惩罚。鉴于犬个体学习能力、神经类型、年龄等方面的差异,在训练方向、训练科目选择上和训练进度安排上,要因犬制宜,区别对待。对幼犬的训练应坚持诱导为主,强迫为辅,多用奖励,慎用禁止的训练方法。对兴奋性弱的犬的训练要保持耐心,多诱导多鼓励。如此才可能提高训练效率和效果。

第一章　犬的驯化与行为

第一节　家犬的起源及驯化

一、家犬的起源研究

数万年以来,犬一直是人类忠实的伙伴。根据近年来世界各国的考古发现,犬很可能是人类成功驯化的第一种动物。其中一个较为完善的考古实例是位于以色列北部地区一个1.2万年前的墓葬,其中一具骨骸将一只手伏在一只犬的骨架之上,如果这是埋葬人故意为之,说明在万年前人类和犬之间已经有了亲密的关系。已知的最早犬类墓葬距今已有1.4万年的历史,它位于德国境内的一个采石场中,墓葬里在两个人的旁边埋葬了犬的部分骨骸。从那以后,犬类的墓葬在欧洲、亚洲和美洲的部分地区都有发现。这说明大约在1.2万年到1.4万年前犬已经和人类生活在一起了。然而,来自DNA方面的证据要比这一时间要早得多。1997年科学家通过对线粒体DNA测序,对世界27个不同地区狼和犬的DNA序列进行比较发现,犬的驯化作用可能在10万年前就已经发生了(Multiple and Ancient Origins of the Domestic Dog)。这一结论虽然受到部分科学家和考古学家的质疑,因为线粒体DNA的变异在不同物种之间是不一样的,环境的改变也会引起DNA变异的增加,使用这一方法会过高估计实际驯化时间,并且考古学上并没有发现1.4万年以前的家犬的遗骸。但是DNA和考古学的研究都指向一个结果,那就是犬的驯化时间要早于1.4万年以前。一方面,从地质学上说,伴随着最后的冰河期的结束,大陆冰块约在1.4万年前开始融化,约1.1万年前世界范围的冰块全部消退,可能冰河期的历史影响了在考古上的更多发现。另一方面,从生物学上讲,犬的驯化是一个渐进过程,驯化早期的骨骼形态和犬的祖先可能并无明显的差异,因此驯化早期的犬很可能会被误认为是狼或者豺等。因此考古学上发现证据的时间点绝不是驯化的开始,更可能是人犬关系发生根本变化的高潮点,在这之前可能经历了数千年的时间。随着科学的发展,我们对犬类基因组的了解越来越多,目前普遍认为犬的驯化时间可能比最早的考古学测定的时间早5000年到1万年,也就是说犬的驯化时间可能发生在2万年到2.5万年之间。

近百年来,人类一直在不断追寻家犬的祖先究竟是谁。从形态学上看,郊狼、灰狼、亚洲胡狼、豺等都有可能是犬的祖先。著名动物学家洛伦茨曾认为狼在本质上过于独立,不能解释犬的友善性情,并提出欧洲的犬主要起源于豺的观点。也有研究认为豺、狼甚至南美狐狸都曾被驯化。但是1997年通过对犬、狼和豺等动物母本的DNA全测序发现,家犬起源于灰狼,与灰狼的基因组相似度高达99.96%。之后科学界对此进行了多项研究和论证,也没有对此提出异议。虽然还需要更深入的研究和更多的数据来论证,至少目前家犬起源于灰狼的观点在科学界基本取得共识。

二、家犬的驯化之谜

从性格和行为学的角度看,我们很难将犬和灰狼相提并论。狼通常被描述成野性和残暴的、敌对和富有攻击性的,而犬则是可爱和忠诚的、友善和活泼的。如果家犬起源于狼,那么人类是如何把狼驯化成犬的呢?

在过去的几十年中,世界各地一直在研究有关家犬驯化的历程,但这些都是推测。现代学者是绝对看不到早期人类驯化动物的自然过程的,所有的这些驯化发生在任何保留下来的文字记载以前。另外,现代对许多的动物驯服和驯化,包括白鼠、羚羊、狐狸和狼等,都是在现代科学实验精神指导下,有目的有计划进行的,早期人类不具备这些条件,更没有意识到已经发生的驯化事件所带来的结果,可以肯定的是对狼的驯化事件是在无意识状态下的自然过程。虽然无法复现曾经的驯化过程,但是现代科学实验的模型和地质学、考古学、生物学技术的进步和发展,可以为我们更准确地推测过去的驯化过程提供帮助。有研究认为,西南亚有可能是家犬的发源地,因为在2万年前大陆冰川没有覆盖这一地区,当1.4万年前大陆冰块开始融化,这一地区逐渐变得暖和起来,野草遍布山丘,这为人类和草食动物提供了丰富的食物来源。根据几千年来搜集到的残存的考古学和古环境学资料也发现,植物的栽培和猪、羊、牛等几种动物的驯化最早始于西南亚,并且在西南亚也发现了犬存在的有关证据。然而来自DNA方面的证据对这一推测提出了质疑,2002年(genetic evidence for for an east asian origin of domestic dogs)中国和瑞典的科学家利用线粒体 DNA 分析了 654 头不同地区犬和亚洲灰狼的基因序列,并通过单倍型比较,认为家犬起源于 1.5 万年前的东亚地区,并且认为家犬起源于亚洲灰狼。这一结果与王国栋(Out of southern East Asia:the natural history of domestic dogs across the world)的研究基本相似,王国栋认为家犬起源于 3.3 万年前的东亚的南方地区,大约 1.5 万年前,一部分原始犬(基于早期驯化的犬和现代犬的不同,我们将早期的犬简称为原始犬)从东亚进入中东、非洲和欧洲等地,大约 1 万年前经巴林路桥和阿拉斯加到达美洲。还有一些研究者采集了 38 个国家纯种犬和土犬的五千余份样本,通过全基因组比较分析认为家犬起源中东地区(Genetic structure in village dogs reveals a Central Asian domestication origin)。对线粒体 DNA 和全基因组的遗传多样性研究发现,犬的遗传多样性和品种间的遗传差异很大。在考古学上,从在德国发现的 1.4 万年前犬的骨骼,到 1.2 万年前以色列的合葬墓骨骼,再到美国犹他州丹格洞发现的 1 万年前犬的遗骸,甚至巴厘岛上的犬也是 1.2 万年前从内陆迁移过去的。这些地质学、考古学和生物学上的证据差异表明,犬很可能是在世界几个或者多个地方驯化的,要不然在交通很不便利的远古时代,犬不可能在一夜之间扩散到世界各地。

虽然目前的研究还不能推测出犬究竟起源于哪里,但是,如果犬是多起点驯化的观点是正确的,那么说明狼向犬演化的背后有着共同的驱动力量。动物的印记行为可能是其中一个重要推动力量。印记行为存在于很多物种中,从鸟类视觉印记的跟随现象,到哺乳动物的气味印记,印记行为可能在同种识别和亲子识别中发挥着重要作用而被自然选择所固定。对野生狐狸的驯养实验同样显示,在狐狸出生后的一段时期(约出生后 6 周),狐狸幼仔可以和人类相处得非常融洽,也不存在攻击和恐惧行为。现代的家犬和狼同样存在着印记行为,幼犬早期时,人类和它有过接触,就更容易建立起持久的社会关系。如果当时的狼也存在印记行为,就为人和狼的亲密接触奠定了良好的基础。在当时的猎守采集社会,猎人们捕获到狼崽应该是可能的,猎人们将狼崽带回村庄由妇女和孩子们抚养,在狼崽建立恐惧和攻击意识之前,人类和它们之间会有一段甜蜜岁月,其间具有攻击意识的个体可能被遗弃或者被杀死吃掉,留下一些相对温顺的个体。幼态持续化可能强化了这一过程,简单地说,幼态持续化就是减缓成熟,使得幼年的状态特征得到延长。这一现象与亲子矛盾理论恰好相反,因为在自然界中的很多动物,由于亲子利益的冲突,幼兽长到一定程度,母亲会拒绝哺乳并要求其离开。母猴会把幼猴的头推开使它的嘴唇脱离乳头,甚至会把幼猴从自己身体上扔到地上,幼猴总是会反复试探想重新回到母亲身边。雌猴通过这种机制强迫子代走向独立,这对于提高幼猴的适应性是有利的。然而人类不会强迫抚育的狼崽走向独立,使得狼崽建立恐惧和攻击意识的阶段大大后延,多出来的时间对培养人和狼之间的亲和关系更加有利。当狼崽长大后,它们会逃回野外,但是人类又会捕捉到新的幼仔重复上面的故事。如果印记行为可以发挥作用,那么那些由人类抚养长大的狼崽对人类的戒备性必定会大大减弱。同时,随着人类无意识地对富有攻击性的个体的淘汰,相对温顺的群体会越来越大。

随着性格的变化,必将推动另一个进程的开启,那就是人类和狼有了共处的可能。相对温顺的狼的活动领域越来越靠近人类的聚集地,对人类攻击性的下降使得人类对它在附近活动的容忍度提高,这可能是第二个重要的驱动力量。社会化对狼崽生存的重要性是不言而喻的,大部分的生存技能都是幼年社会化过程中习得的。由人类抚养长大的狼崽由于缺乏足够的狼的社会化,缺少了部分狼族应有的技能,就像由狼养大的人类"狼孩"一样,在残酷的生存竞争中是无法和野生环境中长大的狼相比的,再加上攻击性的减弱,迫使它们开拓新的栖息地,最理想的选择可能就是那个曾经生活过的人类的家及其周边。人类对狼容忍度的提高可能与"共情行为"有关。埃默里大学的灵长类学家弗朗斯·德瓦尔的研究认为,许多动物都有共情行为。僧帽猴会和认识的猴子分享食物,而不局限于具有亲缘关系的群体之间。人类的祖先猴子或猿在打架后,打输的那只常常会得到群体内其他成员的安慰,当它舔舐伤口时,另一只同类会走过来轻轻地触碰它,甚至将一只胳膊搭到它的肩上,这与人类安慰同伴的行为类似。人类的共情已经演化到了很高的境界,关键是对人类共情行为的研究发现,该行为是由基因控制的,这说明该行为在进化过程中发挥了有益的作用被自然选择固定了下来。当人类发现了曾被抚养的狼崽饥肠辘辘流浪在村落附近时,更有可能是有意投食而不是捕杀它。这种失去生存竞争力的野狼逐渐向与人类共生的土狼转化,当有野狼或其他危险动物侵入领地时,这些生活在村落周边的土狼会发出长啸进行警告,当然这些警告也提醒了人类危险的临近。或许人类和狼的合作关系就是以这种自然的方式开启了,当这种合作方式一旦形成,就会大大加速土狼和野狼的分化。

土狼向家犬转化还要跨越两个障碍——食物和繁殖。在 1.5 万年前,地球的天气比较寒冷,狼的体型很大,每天需要很多的食物才能维持生存。而在农业文明之前,没有证据表明人类基本解决了吃饭问题。如果土狼向人类争夺食物,那么向家犬的驯化不可能发生。食腐驯化假说为解决食物问题提供了一个可参考的解释,该假说认为土狼可以利用早期人类生活的副产物来度过艰难的日子,同时狼也不是严格的肉食动物,它完全可以依靠偶尔的骨头或碎肉配以植物性的食物过活。食腐驯化假说为解释人类和土狼共同生活提供了一种可能性,事实上现代家犬消化道的微生物菌群和狼已经有很大区别,犬生成淀粉酶蛋白的量比狼多 28 倍,生成麦芽糖酶 – 葡糖淀粉酶比狼多 12 倍,同时提高了肠道吸收糖蛋白的功能(The genomic signature of dog domestication reveals adaptation to a starch－rich diet)，这说明犬对植物性食物的消化能力增强了。但是土狼完全依靠人类的剩饭菜、骨头、腐肉甚至粪便等副产物生存是不太可能的，因为当时狩猎采集的生产方式不足以提供足够多的食物，它们还需要去捕猎。相对拙劣的捕猎技巧使得它们只能猎取较小的动物，再配合人类生活的副产物作为补充，为满足食物需要与人类形成相对的依附关系。这种依附关系必将使土狼的繁殖活动向人类聚集，随着适应人类生活方式狼的发展壮大，那些不适应的狼被淘汰或者离开，那些温顺、灵活和服从性好的原始犬将会从土狼群体中脱颖而出。

上面讨论的几种驱动力量，包括印记行为、性格变化、食物获得和成功繁育等，这些驱动力量同样可以作用于其他动物，比如亚洲胡狼、郊狼或野狗，为什么那些动物没能成功驯化而只有灰狼成功了呢？这个谜底至今尚未能揭开，家犬驯化的早期阶段发生的时间太早，以至于我们对其是如何发生的知之甚少。事实上，几种犬科动物和豺都曾被驯养过，只是没能成功。亚洲胡狼是新月沃土地区发现的唯一一种豺，它和灰狼具有相似的社会性，理应是驯化的最佳候选者，并且在土耳其的哥贝克利石阵的石刻上发现了一个人牵着一只"豺"的画像，说明胡狼和豺曾经也和人类密切接触过。最为典型是澳洲野狗，这个种群是几千年前重返野外的犬的后代。澳大利亚土著居民迄今为止依然是以狩猎、采集和农耕为生，他们经常把澳洲野狗的幼仔从野外带回并进行饲养的传统。但是这些野狗没有被驯化，它们成年以后会变得异常狂暴而被人类驱逐。目前还不能搞清楚为什么这些犬科动物不能像灰狼那样被成功驯化，也无法清晰地解释为什么人类驯化的动物中只有犬成功成为人类的伴侣。就像古猿的一些基因突变使得部分古猿获得更大的脑容量和直立行走能力最终进化成人类一样，研究推测原始犬一些基因的偶然突变使得它的社交智力获得突破，具备了同时与两个物种发生社会联系的能力，尤其是获得了对人类行为的理解能力和与人类的沟通能力，最终成就了这一驯化过程。

第二节　驯化对家犬的影响

驯化对犬的影响是全面的，从形态、毛皮到生长发育和行为方式。虽然犬的遗传信息告诉我们，它们的确就是狼，但是在过去的几十年里，科学家所研究的现代狼中没有一种可以被认为是家犬的祖先，这两类拥有共同祖先的犬科动物已经在数千年的进化中分道扬镳了,两种动物的生存方式和行为方式已经有了本质的区别,几乎可以肯定的是现代狼和它们祖先狼群的行为方式也已经截然不同。家犬的祖先早已灭绝,我们无法考证家犬的行为所发生的演变过程,只能通过比较犬和现代狼的行为差异推测驯化对家犬行为所产生的影响,尽管这一推测不一定完全符合历史事实。

一、驯化对家犬形态的影响

驯化在犬的形态上产生了很大的影响,家犬大小的差异远大于其他犬科动物,达尔文曾根据犬体型间的巨大差异推测,犬不只源于一个祖先,这与现在犬多起点驯化的观点是类似的。人类早期为了节约食物可能更倾向于选择体型小的个体,幼态持续现象可能在体型变异上也发挥了重要作用。体型的变化造成一系列的其他相关器官的变化,比如它们的口部变得更紧致,犬齿变小,特别是犬齿和裂齿,前臼齿的齿尖结构变得更少更简单,上齿排列变得更呈弓形。在头骨上,犬的颚骨和上颌骨部变得更短更宽,鼓泡变得更小更扁,眼眶角变得更大,下颌角变得更深并具有更突出的腹侧缘。部分的犬拥有下垂的双耳、卷曲的尾巴、长而松软的毛皮等,这些特征在野生动物中是不常见的。有研究认为毛色颜色的变化与恐惧性的降低及驯化有关特性的加强有关,外表上的这些变化是由于对温顺个体的选择造成的。比如琥珀色的狐比红色狐的攻击性低并且长得更肥,澳洲野狗、印度野狗和杂种狗的尾尖、口鼻或脚部会有白毛,驯养的狐狸身上也会有白色斑点。对于这一形态现象的解释还需要更多的科学研究支持。

人工选择对现代家犬的体型差异是起主要作用的。研究认为,在5000年前人类已经开始有意识地对家犬进行繁育。分子生物学家已经发现在线粒体 DNA 上所发生的变异比 Y 染色体上的要多,这意味着在整个家犬的历史中,只有部分雄性留下了后代。除此之外,有证据显示家犬已经开始用于不同的目的了,像用于打猎的长腿长鼻子的锐目猎犬,用于家庭守护的獒犬,作为交通工具的雪橇犬等。虽然那时犬的繁育行为较为混乱,不过一些受到偏爱的公犬显然有更多的交配机会,受欢迎的母犬繁殖的后代拥有更高的成活率。过去的 1 万年里,由于受到生产力条件的限制,人工选择的力度远远不够,家犬几乎是在自然条件下进行着演化。但近300年以来,随着生产力的快速发展,人类根据自己的需要对家犬进行有选择的选种选配,人工选择的强度空前提高,通过持续定向的高强度选择,满足人类需求与喜好的表型在短时间内固定。研究表明除了非洲和亚洲一些古老的犬种,绝大多数犬种均是在工业革命以后培育的,目前世界形态和大小各异的犬种已有数百种,从体重不足 2 公斤的茶杯犬,到体重达 100 公斤的大型青龙犬,仅美国犬业协会认证的犬种已有 200 多种,而且还在不断增加中。

二、驯化对家犬行为的影响

从遗传的角度讲,犬的行为在某种程度上与狼有很多相似之处,因为这两种动物的基因有相当多的重复并且有共同的祖先。但是基因序列的相似程度高并不意味着它们有共同的行为特征,事实上许多拥有相似基因的动物彼此之间的行为大为不同,人类和老鼠的基因相似度超过90%,和黑猩猩的基因相似度超过96%,但人类和老鼠、黑猩猩的行为早已有了本质的区别。即使是同科动物也大不相同,倭黑猩猩和黑猩猩共享了99.6%的DNA序列,并且它们在700万年前起源于同一祖先,但黑猩猩是建立在雄性联盟社会基础上的杂食动物,而倭黑猩猩是建立在彼此相关的雌性基础上的植食性动物。某些基因位点上的微小差异可能会造成难以预测的后果,人类的FOXP2基因所编辑的蛋白质和黑猩猩的对等蛋白质只有两个氨基酸的差异,但该微小变异让人类拥有了语言能力,ASPM基因的细微差别可能造就了人类和黑猩猩大脑发育的巨大不同。研究认为基因表达规则的变化、基因复制组建的新功能基因家族、关键位点的微小突变都会造成灾难性的后果。基于这样的现象,我们不能把狼和犬的行为进行再简单类比,实际上驯化已经将它们的社会结构、社交智力、觅食和繁殖行为等方面改变得完全不同。

(一)驯化对家犬社会结构的影响

自然界所有生物的社会结构的形成绝不是偶然,而是在生态压力驱动下自然选择的结果。社会组织的形式和复杂程度往往受到物种赖以生存的食物、物种生境季节变化以及最危险的捕食者的影响。狼是典型的社群性动物,通常一个狼群就是一个家庭,由一对成年狼及它们的后代组成。狼群有着一套严格的等级制度,成年的公狼既是成员的长辈也是群体的首领,所有的群体成员都要遵循这套制度并服从首领,严格的等级制度有利于维持群体和平和强化群体内的协作。这种社会结构的形成,和其他动物一样,也受到了食物能量、竞争者、繁殖和育幼等方面的影响。群体生活可以提高捕食效率,减少饥饿的风险。虽然孤狼也可以杀掉一只鹿,但这也会增加受伤的风险。通常情况下,三四只的小狼群是不会选择捕食角马或者斑马这种大型动物的,一旦捕食失败,可能会因没有足够的体力再次围捕而面临死亡。捕获猎物以后,还要准备对付鬣狗或者狮子的攻击,因为后者习惯性地尾随它们以夺取它们的猎物。在这种情况下孤狼是难以生存的,只有组建社群才是一个更有效、更安全的途径。在育幼方面,狼崽哺育期相对较长,一般1岁半以上才能成年,一头母狼无法获得足够的食物养育幼崽,通常是由父母双亲共同抚养,甚至还需要已经成年的子代共同抚育。为了提高后代的成活率,狼基本上是"一夫

"一妻"制的繁殖体系。

犬的社会结构已经发生了变化。家犬通过和人类协作，能够获得相对稳定的食物供应，生存上基本解除了食物的限制。繁殖上，在人类的保护下，即使在妊娠和育幼期，父母和幼仔被捕食的风险也大大下降。在这种宽松的环境下，狼群那种严格的"家庭社群"结构和"一夫一妻"制已经不能给家犬在生存和繁殖上带来足够的利益。恰好相反，社群生活会加剧群体内的竞争，尤其是在食物相对短缺的远古时期。除食物竞争外，社群生活也不能满足"繁殖效率"最大化的要求，只有当受集群保护的个体的成活率高于未受到集群保护的个体的成活率的情况下，社群行为才能够得以维持和进化。否则自然选择会朝着减小群体大小的方向进化，并可能导致群体消亡。家养条件下，群体越小，母犬的繁殖成功率越高，这是不利于自然选择维持社群结构稳定存在的。同时，在性选择的作用下，狼群的"一夫一妻"制在家犬中已经失去了存在的基础而瓦解。宽松的环境有利于个体做出更多的繁殖努力以获得更大的繁殖价值。家犬稳定而宽松的生存环境造就了犬混乱的交配体系，公犬在繁殖季节总是试图和更多的母犬交配，而母犬在一个发情期内也不止一个交配对象，公犬也不像公狼那样负责安全防卫和育幼。在性选择一节，我们还会再次讨论这种交配体制的优势和得以进化的原因。

驯化的作用已经使犬变成非社群性动物，虽然它们偶尔也会组成群体，但并没有严格的等级制度。对于一些将犬的行为类比于狼的等级制度的观点应该谨慎对待，尤其是犬会把自己的地位置于主人之上的想法。这样的想法会造成两个问题：第一是过于拟人化。有些人认为，犬会把人类当作它们种族的一员，如果这一观点是正确的，那么人和犬之间应该是普遍的竞争关系，至少家犬不应该出现普遍的讨好行为。第二是从生物学的角度讲，等级制度必将造成优势者对从属者的"支配权"和群体中的优势权，如果犬的身体里有追求"支配权"的基因，那么犬与儿童相处的时候无疑是最合适的时机以获得支配地位，通过警告或攻击以驯服它的小主人应该会成为家庭中常见的事情，然而这种情况几乎不存在。如果曾经发生过，携带有这种基因的犬也早就灭绝了，现代家犬中不可能携带有这种基因。否认支配权的遗传性并不等同于否认犬之间存在竞争关系。当一个家庭养育几只犬时，可能会基于威胁甚至打斗而建立起一种相对优势顺序，这种竞争几乎在所有的动物中都会发生，只要有两个及以上的同种动物在一起，总会有强弱的差别，但是我们不可能武断地认为几乎所有动物都有等级制度。

（二）驯化对犬社交智力的影响

社交智力的突破可能是将犬与其古代祖先分化的原因之一。几千年来，人类驯化的猪、马、牛、羊等几十种动物都没能改变它们与人类之间的社交智力,事实上除了家犬以外,还没有哪种动物对人的行为有如此深刻的理解。虽然研究普遍认为,家养动物的脑容量普遍变小了,大脑变小意味着动物智力也会下降。相比于狼,家犬的大脑确实变小了,不过对犬的智力评估可能并不适合上述模式。家畜由于不再需要躲避天敌、保卫领土以及觅食等,已经丢失了很多原本必要的遗传性状。另外家畜作为人类的食用动物,人工选择对家畜的选择并不在智力发育上,主要是在提供肉食性状上。生存环境的变化,家犬也像其他家养动物一样抛去了一部分已经无用的遗传性状。然而犬的情况与家畜完全不同,即使在远古时期也没有证据显示犬是作为食用动物而驯化的,近几千年来的文字记载表明,犬一直是作为伴侣动物和家庭助手而存在,从家犬丰富的表情中就可以看出,人类对犬智力的选择压力一直存在。犬的智力不是下降了,可能在以其独特的方式发生着变化,尤其是社交智力。这一推测得到了来自基因组研究上的证据支持,通过灰狼和家犬进行全基因组测序比对,筛选到 36 个受选择区域,包含 122 个基因,其中一半的区域与脑功能和神经发育有关,这一结果暗示犬的大脑和神经系统可能正在经历快速的进化(The genomic signature of dog domestication reveals adaptation to a starch – rich diet)。现实的情景也支持这一推测,自然界跨物种之间的友好互动是非常罕见的,想要成功,需要很好地同步交流,需要双方都必须准确表达自己的意图,并同时被双方理解。一些犬主把他们的犬视为家庭的一员,犬可以帮他们提篮子、玩拔河游戏、保护幼儿免受伤害,甚至可以陪他们踢足球,玩滑板车,犬与人类互动的能力是其他任何动物不可比拟的,驯化作用可能增强了犬在这方面的智力。

很多宠物主人倾向把犬的智商和人类作比较,认为成年犬的智力与七八岁儿童的智力相当,但没有证据显示可以把犬的智力和人相提并论,它们的智力和人并不一样,它们没有类似于人类的思维方式和逻辑思辨能力,也没有反思的意识。有些宠物主人可能会反对这一观点,因为他们经常可以观察到犬类似于"认错"或"内疚"的样子。一个常见的例子就是当主人离开家去上班期间,如果犬在家里做了错事或者咬坏了东西,当主人回到家中看到那一幕,犬会表现出"认错"的样子,似乎认识到了自己做错了事情。从表面上看这似乎是事实,也合乎逻辑,但如果犬有反思和认识错误的能力,为什么拆家的犬被训斥很多遍后还会继续拆家呢? 显然犬并没有认识到自己的错误。研究人员就这个问题进行测试以后发现,犬"认错"的样子并不是基于错误事实,而是取决于宠物主人的行为。只有当主人表现出不悦的情绪或者发怒的状态时,犬才会出现所谓"认错"的行为,如果主人对它所做的一切并没有不悦,犬就不会出现该行为。"认错"行为实际上是建立在对主人过往行为理解之上的一种躲避惩罚的应对反应,是从人的情绪和肢体语言上预感到即将发生的事情并做出预警。犬对过去的事件和对自己行为的记忆能力不尽如人意,除非从某一行为中得到及时的益处,这也是斯金纳的操作式的条件反射在训犬中得到广泛应用的原因。虽然犬和人类的行为模式不同,但也有一些相似性。我们让犬看着玩具并把玩具放在屏风后面,快速拿走屏风,当犬发现玩具不在时,它会像小孩子一样表现出惊奇的样子。犬对简单的计数可能也有一定的判断能力,研究人员在犬的前面放了一份食物,然后再放第二份食物,在犬与食物之间短暂放置一个屏风,当屏风移开时如果只出现 1 份食物,它们会很惊奇,表现出思索的样子,说明犬对简单数量的变化是有意识的。

目前科学界还不清楚驯化在犬的智力上是如何发挥作用的,不过在解读人类行为上,犬甚至超过了黑猩猩。它们是如此专注于人类的反应,以至于能快速调整自己的行为以适应人类,甚至一些宠物主人自己都没有留意的微小细节变化。它们从人日常生活的表情、语气和肢体行为中提取了大量的信息,它们时刻关注着人的表情、眼神和手势,它们会学着人的样子向远处凝望,会朝着人看的方向或者手指的方向去探查,主人开心的时候它们活蹦乱跳地配合,主人难过的时候它伏在身边,摆出一副同病相怜的样子。这些行为和现象让很多人认为,犬能与我们心灵相通,能感受到我们所经历的喜怒哀乐,将犬视为具有和人类相同的心理感受能力。从目前的观察和研究看,犬的确可以和人类一样感受到快乐、痛苦、愤怒、恐惧和焦虑等情感能力。然而,如果认为犬能感受到人类的痛苦和悲伤并表现出同情心,这有些夸大了事实,也缺乏科学证据证明犬拥有对复杂情感的理解能力,在现实生活中我们很难看到犬会对曾经的伙伴的死亡表现出悲伤。如果犬主人是第一次表现出难过或者哭泣行为,你的犬可能会非常困惑,或者漠不关心,而不是伏在身边"安慰"你,对于这种首次出现的情绪它不能理解,从而不知道如何应对。这说明所谓的"心灵相通"不是真的心灵相通,而是一种习得行为。驯化的作用可能强化了它们的学习能力,它们作为人类社会进化的一部分进行着协同演化。

可以肯定的是犬的嗅觉和听觉作为智力进化的一部分也参与了日常的社交活动。犬的嗅觉比人类灵敏 100 万倍以上,可在诸多的气味当中嗅出特定的味道。听觉也比人类灵敏数十倍,可以嗅到或者听到人类感知不到的气味和声音。目前还不知道犬如何根据气味的细微变化来提取人的信息的,但是犬会对主人身体气味的变化做出反应。1989年《柳叶刀》报道了一个案例:一位训导员的犬经常会对其腿上的一个黑痣吠叫,又抓又挠,甚至想将黑痣咬掉,这让这名训导员对黑痣产生了怀疑,第一次去医院检查并没有发现确切的病因,之后几个月犬对这个黑痣的情绪越来越激动,这再次促使训导员去做检查,后来经检测确定为黑色素瘤——皮肤癌中致死率最高的一种类型。经过几十年的研究,目前基本确定犬可以识别大部分癌症、糖尿病和其他疾病的气味,甚至可以在癫痫发作前做出预警,普遍的准确率在 90% 以上,远远超出了常规医疗设备的检测准确性(Diagnosis of head – and – neck cancer from exhaled breath;Human ovarian carcinomas detected by specific odor)。经过训练的犬获得检测疾病的能力并不让人意外,因为不同种类的疾病会代谢产生特殊的挥发性有机物,让人意外的是犬能对主人身体气味的变化自发做出行为反应,家养宠物犬对黑色素瘤、皮肤癌、痔疮、炎症反应等疾病做出预警并非首次见诸报端,这些犬都不是训练有素的气味鉴别犬。听觉在人犬沟通中所起的作用是显而易见的,犬可以在几十米以外分辨出主人走路的声音和频率,可以在嘈杂的环境中分辨出主人的呼唤声,它可以区别出节拍器每分钟振动数为 96 次与 100 次、133 次和 144 次,这对人而言是难以想象的。嗅觉和听觉可能是犬理解人类行为的一部分,至于如何在人犬社交活动发挥联动作用的,科学界还在深入研究具体的原因和机制。

(三)驯化对觅食和繁殖行为的影响

觅食行为并不是单一的行为,它包括搜索猎物、追逐捕捉、处理等几个阶段,还涉及食物选择、风险平衡、捕食策略等一系列的经济行为。自然状态下捕食,捕食者都要在食物处理中花费时间和能量,在众多的食物当中必须选择有利性更大的进食,特别是在有利性食物较多时。狼觅食的动机是饥饿,捕猎的速度、效率和甘冒风险的程度会随着饥饿程度的增加而增加。通常五六只小群体狼群会选择羚羊这种小型动物捕猎,如果是一二十只狼组成大的狼群,它们会选择捕食角马或者斑马这种大型动物,即使在捕食过程中会遇到大群的羚羊,它们也不会改变捕食对象,因为斑马的体重比羚羊大得多,可以为每个个体提供更多的食物;其次捕食过程中忽然改变围捕对象,可能会因注意力被分散造成围捕失败。为了应对未来饥饿的风险,狼像其他动物一样,也有贮食行为,尤其是在食物贫瘠的冬天。家犬也有贮食行为,但是已经不常见了,或者只能表现出不完全的贮食行为。在捕猎过程中,狼群通常会有严密的组织和分工,谁负责追捕,谁负责围堵,每只狼都有自己的职责和位置。家犬的组织形式没那么严格,甚至很多犬种已经丢失了群体围猎的技能,它们已经没有了"兵团"作战的机会。离开人类,家犬难以存活很长时间,因为驯化的作用已经破坏了它们的捕猎能力。即使是人类选育的专门用于捕猎的猎犬,虽然一些捕猎行为的元素被保留下来,也只有很少的犬能把定位、围捕、合作猎杀等众多元素集合起来。事实上,家犬大部分的群体狩猎事件是由人来指挥完成的。有些和觅食相关的行为活动明显违反基本的行为经济学法则,这在自然环境中是不可能发生的。但是把人的因素考虑进去后,结果可能完全不同,因为只要主人感到满意和开心,就可以为它提供额外的食物作为奖励,它不需要过分考虑行为本身的能量付出和收益之间的平衡。

春夏秋冬的季节变换,使得食物供应呈现出典型的周期性,为了使后代得以存活,狼必须选择食物丰盛的季节产仔,因此母狼的发情呈现出严格的季节性。通常冬季发情,春天产仔,公母狼共同抚育后代。然而,对德国牧羊犬、罗威纳猎犬等的研究发现,家犬的发情期正由季节性发情逐步向全年发情转变(潘彩霞《母犬繁殖规律探究及季节、年龄对繁殖指标的影响》)。由于人类参与了抚育仔犬,仔犬被捕猎的选择率降低,再加上食物供应相对充足,公犬已经丢失了大部分抚育后代的行为。

深刻认识驯化对犬产生的影响,对于指导训犬具有重要意义。许多训犬员喜欢套用狼的行为来解释犬的行为,这种做法需要谨慎使用。目前的证据表明,犬和狼在它们的社会生活、环境压力方面是极为不同的,那么行为的动机和目的就不会相同。几乎可以肯定的是,如今野狼的行为和它们的祖先截然不同,和如今的家犬相比更是大相径庭。认识到两者的不同有利于建立更为恰当的训练理念。比如对家犬护食行为矫正的训练,如果认为护食行为的发生是因为犬已经将自己的地位置于主人之上了,我们只需要施加一定量的、不可回避的体罚,重新夺回"霸主"地位就可以解决这一问题。实际上这种粗暴的体罚不仅无益于问题的解决,还会严重破坏犬和主人之间的信任。如果认为护食行为不是遗传造成的,那就是后天的习得行为,可以通过行为替换来纠正而不是体罚。同样的,很多训犬员经常提及"捕猎动力"这个词汇,他们认为犬喜欢和主人玩追球游戏或者拔河游戏是基于犬的"捕猎动力"和"占有欲",这种理念也是借鉴于狼的捕猎行为和支配行为。如果真是这样,那这种行为的动机是什么?目的是什么?动机和目的之间是否存在因果关系?捕猎动力的动机是饥饿,捕猎行为的结果是获得食物,显然追球或者拔河游戏并不符合"捕猎"的基本因果逻辑。即使是犬特别喜欢某一玩具,这种喜欢也很难持久。犬喜欢的不是球,也不是拔河用的毛巾卷,而是和主人的互动游戏、主人的抚摸和奖励。本质上,这不是一种捕猎动力,而是建立在人犬良好的亲和关系基础上的游戏欲。因此,在训练中需要更加注重人犬亲和关系的培养。

第三节　动物行为的进化

通常我们谈论的进化主要是说动物形态结构的进化,比如骨骼、大脑、犬的四肢等结构的进化,很少谈及动物行为的进化,事实上行为才是进化的代步者,也是表型中最容易随着环境的变化发生变化的部分,如果选择压力发生了变化,通常是行为先出现变化,然后才是形态结构发生变化,所以用进化的观点分析动物行为的变化是非常重要的。当然,导致行为发生变化的事件发生在过去,已经无法准确地重复这些事件,只有根据行为的进化史和根据行为对动物存活和繁殖所起的作用来了解行为。达尔文曾对加拉帕戈斯群岛4种(大、中、小地山雀和仙人掌地雀)地栖地山雀的喙的变化做过深入分析,他在进行环球考察时发现,加拉帕戈斯群岛4种地山雀的喙的大小各不相同,各适应于吃不同的食物,吃大种子的山雀喙更大一些,吃小种子的山雀喙更小一些,而仙人掌地雀主要以球仙人掌果为食,因此它的喙特别大而尖。在一些缺少大地山雀的小岛上,因为能吃到更大的种子,使得该小岛上中地山雀的喙比其他小岛上中地雀的喙更大一些。而在一些小地山雀缺失的小岛上,中地雀的喙比其他小岛上中地雀的喙更小一些,从而能吃到更小的种子。可以确认的是这几种地栖地山雀是由一个共同的祖先演化过来的,那么这些山雀之间喙大小的差异是怎么造成的呢?达尔文认为,虽然造成喙大小变异的原因可能不止一个,但是有理由相信觅食对象的改变是造成这种变异的一个重要原因。当最初的山雀进入该岛屿的时候,丰富的食物为物种的过度繁殖提供了有利的条件,造成了群体数量的快速增加。当食物不能满足群体需要的时候,喙大小的遗传变异为该群体提供了其他食物选择,喙小的山雀可以食用较小的种子,喙大的山雀可以采食较大的种子,这种觅食行为的改变导致喙性状的遗传改变,从而出现了以不同种子为食物的地雀亚种。显然,达尔文地山雀亚种之间喙大小的差异是一种行为进化适应,如果个体行为之间的差异是一种可遗传差异的话,那么自然选择的作用就可以作用于行为,造成行为的定向改变。

一、基因与动物的行为

基因与动物行为之间的关系是复杂的和间接的。首先,动物的行为是由动物各器官系统的发育决定的,基因通过影响器官系统的发育来影响行为的发生。比如家猪和野猪,在人工驯养的选择下,家猪失去了锋利的獠牙,使得家猪和野猪在采食行为上变得不同。其次,基因的表达受环境因素的影响,同一基因型个体在不同条件下可以发育成不同的表型,环境通过影响基因的表达来影响表型的改变。比如喜马拉雅兔的毛色是受基因控制的,环境温度为25℃左右时,身体体温较低的部分,头部的尖端、四肢、尾巴和耳朵的毛色是黑色的,其余部分全是白色的,当环境温度为30℃时,长出的毛全部为白色的。像狼这样的野生动物,一旦进行笼养甚至是在原产地近乎自由的环境里饲养,其生殖能力会大大下降,雌雄交配困难甚至无法生育。虽然目前的研究还不能对这种现象给出详细的解释,毫无疑问的是环境的改变导致了动物机体内稳态的紊乱,影响了其生殖行为。再次,基因突变或染色体结构的改变也可以影响动物的行为。一些患有精神分裂症的人,由于体内能分解多巴胺分子的酶特别少,这种酶的短缺导致局部多巴胺的积累,过量的多巴胺可破坏大脑正常的信号传递,从而引起精神分裂的行为症状。单胺氧化酶(MAO)通过氧化脱氨基作用降解脑和外周组织内生物胺,它是5-羟色胺(5-HT)、去甲肾上腺素及多巴胺的降解酶。这种酶与精神紊乱之间存在着明确的关系,有些人或家族该酶的活性很高,而在有些家族则活性水平很低,在低 MAO 活性水平的家族中,自杀和企图自杀的发生率要比高 MAO 家族成员高出 7 倍。在犬中,MAO 和 5-HT 的变异与犬的攻击行为有关,某些位点的变异可以导致犬情绪焦虑、冲动和攻击行为的增加。染色体的改变对行为的影响通常是非常严重的,人的第 21 号染色体多复制 1 个就会引起唐氏先天愚症,造成智力迟钝和行为异常,患者的智商往往不到 20。如果女性缺少一个 X 染色体就会发生特纳氏综合征,表现为性机能发育迟缓,视觉的空间感受能力障碍。如果男性多一个 X 染色体,则其睾丸发育不全、抓握失准、语音障碍、精神分裂和不正常的性行为。基因与行为相互作用,共同推动了行为的进化。

二、动物行为进化的动力之自然选择

(一)自然选择的作用机制

自然选择学说是由达尔文于 1859 年在《物种起源》一书中提出来的,该学说开创了生物学发展史上的新纪元,引起了整个人类思想的巨大革命,在世界历史进程中有着广泛和深远的影响。自然选择学说主要包括:过度繁殖、生存斗争、遗传、变异和适者生存。达尔文发现,地球上的各种生物普遍具有很强的繁殖能力,都有依照几何比率增长的倾向。即使是繁殖率很低的大象,如果它一生可以生 6 头小象,并且可以活到 100 岁,那么750 年后,这个世界上会有将近 1900 万头大象生存着,并且均来自最开始的那一对象。如果环境适宜,这些动物就会出现惊人的繁殖速度,但是环境的承载能力是有限的,因此生存斗争不可避免。事实上,每个动物的后代能够生存下来的很少,生物需要和无机环境作斗争,为食物、配偶和栖息地等同种内个体斗争,以及生物种间的斗争。由于生存斗争,导致生物大量死亡,结果只有少量个体生存下来。那些在生存斗争中具有有利变异的个体,容易在生存斗争中获胜而生存下去。反之,具有不利变异的个体,则容易在生存斗争中失败而死亡。换句话说,只有适应环境的生物才能生存下来,对环境不适应的个体最终会被淘汰。

如何衡量一个新的行为是否具有环境适应性呢？这取决于新的行为能否提高动物的适合度。适合度包括个体适合度和广义适合度。个体适合度是指在动物种群中个体间都会存在变异，一些变异个体的生殖成功率会大于另一些个体，因此会产生更多的后代，那么这些个体的适合度就比较大。个体适合度主要取决于个体的生存能力、繁殖成功率以及后代的繁殖成功率等。广义适合度是对个体适合度的进一步扩展，是指一个个体在后代中（不一定是自己繁殖的后代）成功传播自己的基因或者是与自身的基因相同的基因的能力。它不以个体的存活和生殖为尺度，而是以个体在后代中传播自身基因或与自身基因相同基因的概率为尺度。Bill Hamilton 指出自然选择常常不是使动物的个体适合度达到最大，而是使它的广义适合度达到最大。即使是一个动物没有留下后代，它的广义适合度也不会是零，因为它的基因也可以靠侄子、同胞兄弟姐妹、侄女等旁系亲属传递下去。广义适合度很好地解释了动物界的利他行为，利他者因利他行为降低了自己的适合度，即使自己不能繁殖后代，但如果利他者通过利他行为帮助了与它具有相同基因的亲属，通过其亲属的生存和繁殖，同样能够把与它相同的基因传递到下一代。比如，大草原黑尾工作犬和北极黄鼠见到捕猎者时会发出报警，因为这些动物位于栖息地的入口处或在入口处之外，更容易逃跑，所以其报警行为被认为是利他行为，有利于族群成员的逃跑，从而提高了和自己拥有相同基因的个体的成活率。如果一个新的行为特征会给动物个体带来基因传递上的好处，具有这一行为特征的个体或族群具有更高的生殖成功率，后代具有更高的成活率，那么这一行为就是适应性的行为，通过自然选择保存下来的行为特征也具有适应性。

我们以黑头鸥为例来说明自然选择对行为进化的选择作用和行为适应的价值。在生殖期间，雏鸥出壳后不久，双亲就会把破蛋壳从巢中叼走并丢弃到离巢较远的地方。这一行为要花费成年鸥几分钟的时间，不仅减少了觅食时间，而且在离巢期间也增加了雏鸥被捕食的风险。那么自然选择为什么会保留这一行为呢？Niko Tinbergen 等人的研究发现，蛋壳内面是比较鲜艳醒目的白色，容易吸引捕食者的注意，从而增加雏鸥遭捕食的风险，因此把破蛋壳丢弃到巢外的行为就可以提高后代的存活率，具有了保护后代的适应价值。而不具备这一行为的黑头鸥由于后代存活率较低，在群体所占的比例会越来越小，直到消亡。自然选择使得丢弃破蛋壳的行为得以保存和进化。

（二）自然选择对犬行为进化的作用

近几百年来，由于生产力发展、技术的进步以及人类改造自然的能力越来越强，人工选择对犬施加了极大的选择权,培育了数百种大小不同、特征各异的家犬品种,以至于有人怀疑,在强大的人工选择之下,自然选择的力量是否还能在家犬身上发挥作用。毫无疑问,人工选择在推动家犬进化中发挥着重要作用,但是人工选择仅能作用于外在的以及可见的性状,即使在生物技术发达的今天,我们依然无法全面掌握基因间的互作关系,无法精确预测选择的结果。而"自然选择"就像达尔文所描述的那样,可以对各种内部器官、各种细微变异还有生命的整个组织产生各种各样的作用,它总可以使有利的变异得到积累,同时对不利的变异逐步剔除,它的作用是人类力量所不能代替的。

自然选择始终缓慢地发挥着作用,有时恰好符合人类的愿望,有时则会抵制人工选择的作用。比如自然对犬食性的选择就促进了家犬的驯化。在远古时期,因为食物相对比较匮乏,犬选择吃什么食物是不完全自由的,它必须吃一些人类生活的副产品,比如植物性的剩饭剩菜或者排泄物,那些对淀粉、糖类和纤维素消化能力差的犬就会因生病而死亡或者在生存斗争中失去优势,这些犬就会被自然选择所淘汰。所以今天的家犬已经完全可以适应植物性食物,对淀粉和纤维素的消化分解能力已远远超过了狼。自然对犬攻击性的选择也符合人类的利益。毫无疑问的是,家犬的攻击性普遍降低了。攻击性是建立在争夺食物、交配权和被动防御的基础之上的,食物、交配权、领地这些关键的资源已经掌握在人类的手中,即使在远古时期,人类至少也掌握着关键资源配置的主动权,犬已经失去了通过提高攻击行为而提高生存适合度的基础。另外,较高的攻击性对于提高犬的饲养密度是不利的。自然状态下,一个中等规模的狼群要占领数百公里的领地,如果犬依然保持较高的攻击性和领地意识,几十只犬不可能在一个小部落里共存。在现代兽医技术出现之前,那些善于打架的犬迟早会在战斗中死亡。

大部分犬的运动能力可能下降了。正如达尔文按照"用进废退"原则所描述的那样,家养动物的运动能力普遍衰退了,家养的鸡、鸭、鹅几乎失去了飞翔能力,家鸽的胸骨、肩胛骨、叉骨以及翅膀的长度同野鸽相比都缩小了。基因上的证据也显示相似的现象,肌肉生长抑制素蛋白(MSTN)在多个物种中都是很保守的基因,该基因的突变可以提高肌肉比例和力量,而迄今为止,该基因的假基因化都只发现在家养条件下的动物中(赵越,2019)。虽然犬以嗅觉灵敏著称,但犬的嗅觉可能处于衰退之中。嗅觉受体基因家族的进化状态、动物的生理功能需求和所处的生态环境密切相关,野生状态下需要依靠嗅觉进行信息交流、觅食和进行生殖活动等,而家养状态下,犬对嗅觉的依赖性大大降低了。基因分析显示,相比于大鼠、小鼠、黑猩猩等哺乳动物,犬的嗅觉受体基因显著减少了,人工选育的品种犬的平均假基因比例显著高于灰狼,而嗅觉受体基因的SNP多态性比狼显著减少了,并且受到了负选择的作用(Hayden S,2010;陈睿,2012)。

自然选择有时会抵制人工选择的作用。比如对鸡、鸭、猪等家养动物生长速度的选择,人工选择已经迫使这些家禽、家畜在生长速度上的遗传效应接近极限,带来的结果就是动物免疫能力的下降,骨骼和其他器官发育的不充分。这些动物一旦回归自然,要么死亡,要么磨灭原来的选育成果,重新建立机体新的平衡。有些人更喜欢纯白色的小猎犬,而犬瘟热对于白色小猎犬的危害比其他颜色的犬更厉害。有些城市的人喜欢"蠢萌"的小犬,比如斗牛犬、八哥犬、茶杯犬等。这些犬种可能符合了部分人的审美,但是它们更容易猝死、患上心脏病或者先天性的遗传病。近年来,令人印象深刻的大嘴巴和具有强健肌肉的美国恶霸犬颇受人喜欢,它综合了美国比特斗牛梗犬和美国斯塔福郡梗犬的特点,大大的头和嘴巴,兼具敏捷的身手和友善的性格。但是这个创立于 20 世纪 90 年代的犬种,因其较大的头部骨骼,容易造成母犬难产。还有意大利灵缇犬、无毛的土耳其犬等多数人为的犬种显然不能在自然状态下生存,这些犬种独特的行为性状便不能得到保存(见图 1 - 3 - 1)。

图 1 - 3 - 1

第二章　犬的行为生理

第一节　犬的生理特点

一、犬的感官特点

(一)犬的嗅觉

犬嗅觉器官的解剖结构主要包括鼻腔、犁鼻器(VNO)、鼻甲骨、鼻窦、筛骨、嗅黏膜和嗅球。犬嗅觉系统主要有两个部分:主嗅上皮(MOE)和犁鼻器。MOE位于鼻腔尾部背侧黏膜色素沉着的部位,VNO是一个管状的细长器官,位于鼻腔和口腔之间,靠近犁骨,在口腔顶部的上方。从上颚的上门牙后面开始,由鼻腭管连接着嘴巴和VNO。

嗅觉上皮细胞由嗅觉受体细胞(ORCs)、支持细胞和基底细胞组成,ORCs是双极神经元,延伸到空气中与气味相互作用。ORC的寿命只有几个星期,新的ORC从多能的基底细胞中产生,这些细胞能够分化为ORC或支持细胞。支持细胞包裹ORC,提供结构支持,并参与死亡神经元的吞噬、气味和外来物质的转化。纤毛位于ORC表面,每个ORC只表达一种类型的嗅觉受体(OR)。犬类的嗅觉系统能够识别的气味比嗅觉受体还多,不同的嗅觉受体可以产生特定的交叉反应,从而建立起与不同气味相联系的独特系统。正确识别一种气味需要激活一种独特的ORs组合。气味的强度与激活的ORC数量有关,但是气味强度和激活ORC的数量之间的关系不是线性的。此外,感受到的气味强度还取决于一些外部因素,如暴露在气味中的时间和浓度。

与人类相比(见图2-1-1),由于嗅觉神经元的密度和数量、鼻腔气流的改变以及大脑处理的差异,犬能检测到更低浓度的气味。犬鼻较长,每次吸入空气的量很大,长长的鼻腔提供了巨大的内部空间,鼻腔内又包含了几个小室,而每个小室内壁皱褶丛生,这样就极大地增加了其工作面积。在鼻腔内壁的皱褶上附着约 2.2 亿个嗅觉细胞,占的面积达 150 平方厘米左右,约有 1000 种不同的嗅觉受体,能接受和分化形状、大小各异的约 200 万种气味种类。人的嗅觉细胞只有 500 万个,覆盖着鼻腔上部黏膜的一小部分,面积仅有 5 平方厘米左右,而犬的嗅觉细胞大约为 12500 万～20000 万个。除此之外,在嗅探过程中,犬鼻孔吸入的空气分成两种不同的路径。上面的气流路径直接进入嗅觉区,气味分子在那里沉积和积累,阻止它们被呼出,大约占每次呼吸的 12%～13%。剩下的空气,在较低的通道中顺着咽流到肺部。这条路径也用于呼气,因此当呼出的空气流经犬的嗅觉区时,不影响吸入的空气长时间暴露在嗅上皮的化学感受器区。犬吸气时的鼻腔气流模式使得每个鼻孔获得单独的气味样本,以便双边比较刺激强度和定位气味的来源。研究显示,经过训练后的工作犬其嗅觉浓度可达到 10^{-11} ppm,而人对醋酸酐的感受浓度是 10^2 ppm,即犬对醋酸酐的识别能力是人的 10^{13} 倍。

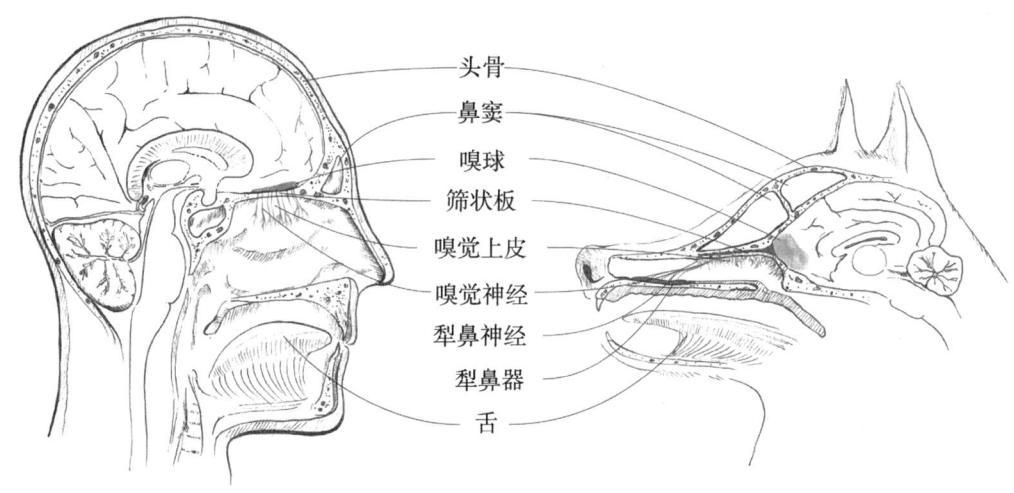

图 2-1-1 工作犬和人类嗅觉系统的示意图结构(引自 Paula Jendrny,2021)

犬嗅探时存在嗅探偏侧现象,这种现象与犬的听觉、视觉感知相似。犬有强烈的右鼻孔偏向,它们第一次嗅,使用的是右鼻孔。如果气味是一种熟悉的或非厌恶的气味,比如食物,他们就会转向使用左边的鼻孔。如果气味是新的、危险的或令其兴奋的,比如肾上腺素,犬继续只使用右鼻孔。从鼻腔的探测区到大脑的感知区,嗅觉通道是同侧引导的,也就是说右鼻孔是右脑半球的信号来源,左鼻孔的感受器将信息传递给左半球。因为大脑右半球控制新信息处理,左半球负责对熟悉刺激的行为反应,而右半球保持对交

感神经 – 下丘脑 – 垂体 – 肾上腺轴的支配地位。行为偏侧化直接反映了大脑功能的不对称,大脑半球的特化和化学信号参与了犬和人之间的化学交流过程,使关于情绪状态(压力或快乐)的信息得以传递。在人类中,鼻子对挥发性化学物质的检测是由嗅觉和三叉神经系统介导的。只有当嗅觉刺激物同时刺激三叉神经体感觉系统时,才能探测到气味。然而,在犬身上,气味探测只能通过嗅觉神经实现。

(二)犬的听觉

犬可以分辨更低分贝和高频率的声音,而且对声源的判别能力也很强。据测试,犬的听觉是人的 16 倍,它可以区别出节拍器每分钟振动数为 96 次与 100 次、133 次与 144 次的区别。人类根本不具备这样的分辨能力。晚上,犬即使睡觉也保持着高度的警觉性,依靠灵敏的听觉对半径 2km 以内的各种声音都能分辨清楚。立耳犬的听觉要比垂耳犬更为灵敏。犬听到声音时,由于耳与眼的交感作用,有注视音源的习性。这一特征,使猎犬、工作犬都能够准确地将接听到的声音用注视行为为主人指明目标,以追踪和围攻猎物。犬对于人的口令或简单的语言,可以根据音调和音节的变化建立条件反射,完成主人交给的任务。犬完全可以听到很轻的口令声音。过高的音响或音频对犬是一种逆境刺激,使犬有痛苦、惊恐的感觉。以致产生躲避甚至逆反行为。只有为了禁止或纠正犬发生的错误行为时才可以用较严厉的口令。

(三)犬的视觉

对比犬和人类的解剖特征可以发现,与人类一样犬的视网膜上也分布有视杆细胞和视锥细胞,但是犬眼的视杆细胞对 506 ~ 510nm 波长的光敏感,而人眼对波长 496nm 附近的光敏感。人类平均视神经纤维数为 $(10.08 \pm 1.61) \times 10^5$,而犬视神经纤维数则少得多,动物视觉神经纤维数量表明了双眼视觉能力的强弱。犬眼的晶状体相对较大,晶状体和眼球之比是 1:10.2,而人眼为 1:18。与人类比较,犬没有视网膜黄斑,视网膜黄斑发挥着提高双眼视力的作用。犬眼的调节能力只及人的 1/5 或 1/3,它们无法将双眼聚焦在 33 ~ 50 cm 处的物体上,但可以看清 25 米之内的静止目标,超过这个距离就看不清了。对运动的目标,则可达到 800 米远的距离。犬的视野非常开阔,单眼的左右视野为 100° ~ 125°,上方视野为 50° ~ 70°,下方视野为 30° ~ 60°,双眼观察角度是 60° ~ 116°,不同犬种由于头部形状差异,视觉盲区则会在 70° ~ 120°的范围内变动。新生犬的眼皮是封闭的,说明犬出生时视觉系统发育并不完整,但幼犬出生时就已经有了眼睑反射,而其他保护性反射直到后来才逐渐出现。即使幼犬睁眼后,保护性反射还在不断发育。犬和人一样有睫毛反射,当幼犬睫毛被碰触时,会通过眨眼来保护眼睛。如果幼犬在生长过程中有一只眼没有睁开,幼犬将无法使用另一只眼看清事物,即使这只眼睛后来完全睁开,犬也不再具备正常的视觉能力。

犬是红绿色盲,能够分辨深浅不同的蓝、靛、紫色和不同色阶的灰色,但是对于光谱中的红绿等高彩度色彩却没有感受力。这是因为人与犬的眼球细微构造不同所致,人类的视网膜上分别有棒状细胞及锥状细胞,前者感受光线的亮度,后者分辨不同的色彩。人类的锥状细胞有 3 种,分别分辨红、黄、蓝色,所以人能看到各种颜色。而犬的视网膜上大部分是棒状细胞,锥状细胞只有两种,故犬对颜色的辨别很不完善,只能辨别短光波和中长光波。因此,犬所能辨别的颜色与人类红绿色盲所看到的颜色一样。但犬可以通过亮度不同分辨红色和绿色,这是导盲犬能"看"红绿灯的原因。犬视觉的另一个特征是暗视力比较灵敏,在微弱的光线下也能看清物体,犬视网膜成像所需光的最小阈值比人类大约低 80% 。这主要得益于犬的眼睛包含较多的光检测细胞,角膜也较大,容许较多的光线进入眼球。同时,犬的视网膜有个脉络膜层,有强烈的反光性。通常情况下,光线进入眼睛会撞击视网膜上的光线收纳器,但是也有一些光线会穿透视网膜,因为犬有脉络膜层,所以穿透视网膜的光线会通过脉络膜层再次反射到视网膜上,造成所谓的第二视力,增强了犬的夜间视力。犬的脉络膜层也是强光照射犬眼睛时,眼睛呈现黄、绿、红等目光的原因(见图 2 - 1 - 2)。

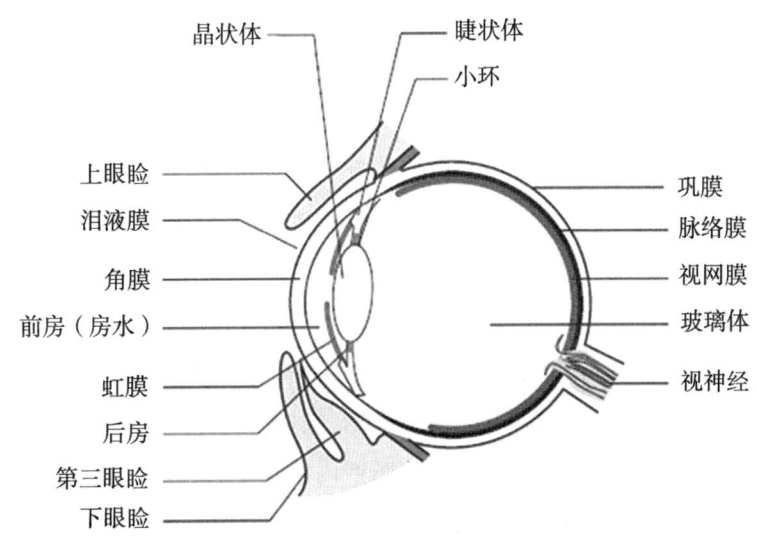

犬的眼睛结构

图 2 - 1 - 2　犬眼睛的解剖示意图(引自:https://petssky.com/class/health - 2946)

二、犬的行为生物学

犬的行为是犬利用环境的手段。犬通过它的行为来利用环境所提供的各种条件以满足自身的需要。这就要求它的各种组织器官的功能活动准确及时而又协调一致,使犬作为一个整体来适应环境与利用环境。犬的神经系统与内分泌系统在协调体内功能以及犬与环境的关系上,具有非常重要而又相互补充的作用。神经系统的作用迅速而持续时间较短,内分泌系统的作用则一般较慢但持续时间长,这是它们作用上重要的区别,而对犬来说则是分别用来应对环境迅速变化或缓慢变化的工具。

(一)神经系统与行为

犬能适应不断变化着的生存环境,首先是凭借它的感受器来感知来自体内外的各种刺激,通过其神经系统,作出各种各样的反应。它们之间的关系可用下面的示意图表示(图3-1-3):

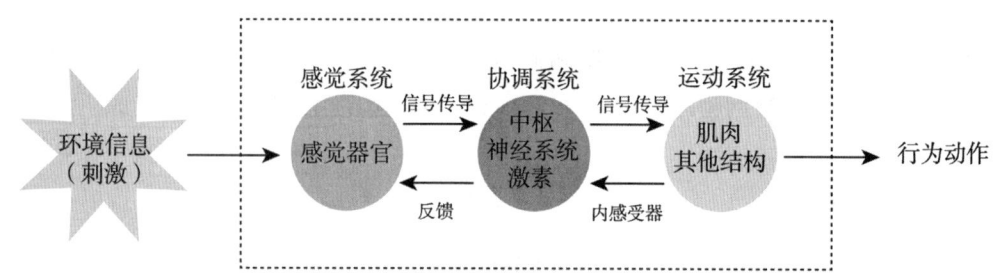

图2-1 3 感觉系统、协调系统、运动系统与犬行为关系的示意图

犬的感觉器官。犬的感觉功能具有重要的生物学意义,因为犬的活动大多是对外界环境变化所产生刺激作用的规律性反应。丧失感觉机能就不可能对内、外环境变化作出反射性的反应,从而无法适应环境,并难以生存。感觉机能与运动机能间的紧密联系保证了动物的正常生命活动以及适应的机能。根据刺激来源及感受器的解剖学位置,将感受器分为以下几种:①外感受器,皮肤感受器提供接近并作用于体表的环境变化信息;②距离感受器,如眼、耳、嗅觉感受器等感受较远的环境变化信息;③本体感受器,位于肌肉、肌腱、关节的感受器以及前庭感受器(也有将前庭感受器除外),感受身体在空间运动和位置的变更,向中枢提供信息;④内感受器,包括各种内脏感受器,如分布在血管系统内的压力感受器、化学感受器、分布在胃肠壁内感受张力和收缩的机械感受器等。虽然内、外感受器各有分工,但往往在同一刺激作用下,不同部位的感受器可同时产生信号,并将其完整信息统一传递给神经中枢,从而产生综合反应。

犬的神经中枢。内、外界信息通过感受器传到中枢神经系统。感觉器官所接受的刺激,本质上是多种多样的,有化学的、温度的和机械的。在正常的情况下,犬的神经系统结构及其机能的复杂化,决定了犬以较为完善的方式适应面临的非常多样而又经常变化的生存环境,这就使工作犬训练成为可能。大脑皮层有对刺激进行高度分析综合的机能。主要是保持犬机体与生存的环境之间的统一,并能协调有机体本身各部活动的统一。依据大脑皮层不同部位具有优势性的感觉能力,可以将大脑分为枕叶视觉区、额叶嗅觉区、颞叶听觉区和顶叶体感区,这是依据客观实际对大脑感觉功能进行的分区。而皮层下部脑的各级中枢的主要机能,只是保持犬机体本身各部活动的统一,即主导着先天性的本能活动。也就是说,皮层下部各中枢主要是在不同等级上协调犬的身体和内脏的活动。较高级的部分也具有协助大脑皮层,保持有机体与外界环境统一的联系机能,其活动称为低级神经活动。皮层与皮层下中枢的活动是密切相关的,要联系起来,全面地看中枢神经系统对犬行为的作用。

(二)内分泌系统与行为

内分泌的作用途径。内分泌与中枢神经系统及犬行为之间是相互影响的,其作用途径不外乎三个方面:激素作用于感觉系统,从而改变输入的感觉信息;或者作用于神经中枢;或者作用于效应器。但是,内分泌对这三方面的影响作用不是相等的,其中有的很显著,有的差一些。甲状腺分泌的甲状腺素对神经中枢的作用比较大,它首先影响高级中枢的活动,然后间接地影响有机体的新陈代谢。它对维持规律性的母性活动、公性的性周期以及两性个体的性驱力是重要的。甲状旁腺、胰岛腺、肾上腺、脑垂体及生殖腺分泌的激素,主要是作用于效应器,直接促进或抑制组织的新陈代谢和行为活动。脑垂体所分泌的促性腺素和促乳激素及相应的其他激素,对犬的生殖行为、性行为、母性行为、择食行为及其反应强度和形式等,都有重大的影响,同时也与犬的正常生长发育、两性行为差别等直接相关。

内分泌与中枢神经系统的联系。内分泌活动对犬体生存是绝对重要的,但是,内分泌系统的活动只有同中枢神经系统的活动相互联系,并在中枢神经系统的主导调节下,才能使犬达到适应生存条件的目的,这可从两方面说明:一是由于内分泌腺同外界环境缺乏直接的联系,致使对外界环境的任何变化,只能通过感受器和中枢神经系统的传入神经作用于内分泌腺,或者经由传出神经直接到达(也可通过神经——体液传递途径传达)。同时,中枢神经系统在协调犬体各部活动时,也离不开内分泌腺的配合。因为中枢神经系统本身同样需要受有关内分泌腺的反馈影响,而且神经细胞的新陈代谢也有赖于正常的内分泌作用;二是从进化过程看,内分泌系统与神经系统可能是相互关联进化起来的,而且体液因素的存在比中枢神经系统还早。在高等动物身上,内分泌腺的结构和机能的进化是很有限的,而中枢神经系统,特别是高级部位却有了高度的发展:其中有些神经细胞或神经元已经改变成为产生一定化学物质的神经分泌细胞,它们丛生成腺体,既与神经相接,又与血管相连,例如,脑下垂体腺就是由神经组织与上皮组织融合而成的,并与丘脑相连接。

三、犬的行为动机

(一)行为与动机之间的关系

劳伦兹和廷伯根于20世纪初提出动物行为学的动机学说,为动物行为学的研究开拓了新的思路。犬的行为是犬对环境变化或刺激所表现出有规律的适应性反应。对同一头犬来说,同样一种刺激应当每一次都会引起同样的行为反应。但实际情况并非如此,例如同一头犬在饥饿时与饱食之后对食物的反应就不相同;同一头犬在求偶期与非求偶期中对母犬的出现反应也不一样。这是因为犬不仅对环境刺激要加以筛选,选择具有生物学意义的刺激,而且刺激还要其本身的结构及其功能状态在空间上与时间上互相配合、互相作用,才能表现出具有适应意义的行为。在犬行为学中,将这种以结构特征与生理状态以及后天经验(学习)为基础的,在表现某一种特定行为之前的犬内部待机状态称为行为动机。它是犬行为的内在因素。环境刺激与动机两相结合、交互作用才引出行为。

犬与其他生物相同,要求体内环境(如体温、体液的 pH 值与渗透压力等)保持稳定,保证本身的新陈代谢反应和生理活动顺利进行。体内循环稍有改变便通过中枢神经系统的协调与反馈作用形成能引起相应行为(如饥求食、渴求饮)的冲动。冲动就是具体的行为动机,如性冲动,摄食冲动等。冲动引起寻求行为与完成行为。任何一种行为方式(如摄食、求偶等行为方式)都具有这两种先后连续的行为(或行动)。如在犬的摄食行为方式中,首先必须寻找恰当的食物(行为的目标),在求偶行为中首先必须寻求配偶,这就是寻求行为。寻求行为的形式因环境条件的变化而多种多样(如当犬猎捕猎物时的潜伏、蹑行、尾随、追逐等)并往往受后天经验影响。犬一旦发现目标后其寻求行为即告终止而转为完成行为,例如吃掉猎物是摄食行为的完成行为,交配是求偶行为的完成行为。完成行为的形式一般是刻板不变的,在行为学中称为固定行为方式。

寻求行为与完成行为的生物学意义并不相同。寻求行为是引向或发现目标(如发现猎物),并不完成生物学目的(如消除饥饿、补充能量等);而完成行为则是为了完成某种行为方式所指定的生物学目的。因此两者在先后次序上是寻求行为在先,完成行为在后;结果也不相同,寻求行为可反复发生,因为它并不减弱冲动(相当于提高阈值);完成行为则直接或间接使冲动减弱或暂时消失,因而短时间内不再发生。因此常将犬的行为分成三个阶段:寻求——完成——静止。

一般情况下,犬在某一时间内总是按一定的先后次序对外界刺激作出行为反应。例如当面临食物、配偶与敌害同时出现时,犬的选择是逃避敌害。这种行为动机的优先权,或者说在一定的环境条件下采取什么样的行动,是由犬本身决定的,既早期行为学家称之为"本能"或心理学家称之为"动机"所决定的。犬的本能或动机是多种多样的,如摄食本能(或动机、冲动)、攻击本能、繁殖本能等。在这些本能(或动机)之下,又有其各自的特殊行为,例如犬的繁殖本能就包括发情、求偶、抚幼等一系列相关行为。本能或动机所具有的能量(激发能或动作特异势能)就是行为的动力源泉。所谓动机之间的竞争也就是这些本能(或动机)之间能量大小的较量,能量最大、冲动最强烈的就在行为上得到优先表现。

矛盾行为是不同行为动机之间竞争的另一种形式,即两种动机,或两种不相容的行为倾向之间彼此势均力敌时所发生的情况。这时便会产生下列几种主要矛盾行为:改向行为、趋避行为、转移行为。

改向行为:犬在彼此争斗时,即将失败的一方往往不向对手进攻而是改向第三者(弱者)。如在犬群体情况下,几头犬同时发现一食物,往往是最凶猛、体强的犬对来争夺食物的其他犬给以威胁或撕咬,而有的犬被威胁或撕咬后,不是反抗而是反过来咬比它弱的犬。这种"欺软怕硬",不敢反抗而往往找一些等级低于自己的犬"泄愤",这就是改向行为的表现。

趋避行为:这种行为多发生在同一事物能刺激两种行为时,如异性的出现既能引起求偶行为,又能引起进攻行为,竞争对手的出现能同时引起进攻行为或逃避行为。当一条饥饿的犬看到可吃的一块骨头同时又发现在可吃的骨头旁坐着一头大犬,在这种情况下,食物与对手提供了不同的刺激,食物是趋近刺激,对手(等级较高的犬)是逃避刺激,在这样两种不同刺激源相距很近的情况下,往往可以看见饥饿的犬在周围不停地走动,同时又表现出逃跑的意图。趋避行为是犬在进化过程中矛盾行为的某些部分结合起来的结果。

转移行为:常常看到犬的某一行为活动受到某些影响而突然停止转变为另一种行为活动。例如,当实验者给犬以铃声的条件刺激而发生食物性条件反射时,突然从门外进来一个生人,引起犬的视、听、嗅觉兴奋而发生探求反射,犬的听觉兴奋被生人刺激所抑制,甚至听不见铃声,使已建立起来的食物条件反射停止出现。再如,当训练员正在训练犬某一科目时,突然跑过来一只猫,这只猫引起了犬的注意(探求反射),这时犬对所进行的科目兴趣产生了抑制。转移行为,一般是在两种互不相容的行为方式同时出现而且动机又同等强烈时发生,因此是彼此抑制的。

(二)影响犬行为动机的因素

通过犬的行为活动,可以推断犬的行为动机。当知道了导致行为的目的,动机就明确了。动机表现有特定的方向,在行为学中某特定的动机被定名为驱力。成年犬的行为,是由先天遗传的成分与后天获得的成分复合而成的。先天的成分包括各种简单反应和本能行为。获得的成分包括各种条件反射、学习得来的反应的习惯。

犬的行为动机虽然形成于犬体内部,但它起源于为数众多因素的共同融合。这些因素包括各种刺激、犬当时的生理状况以及遗传或经验而来的性状。动机值反映动机水平,它取决于下列关联因素的影响,示意图如下图所示(图2-1-4):

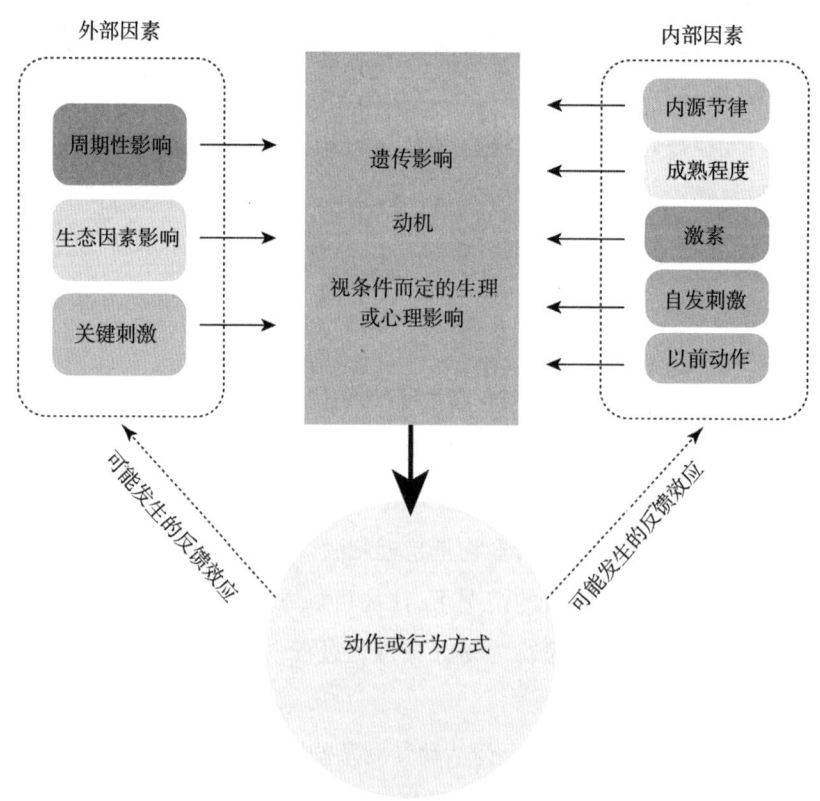

图2-1-4　行为动机及其影响因素的相互关系

1. 内部感受到的刺激。即由犬的内部感受器所感知的刺激能影响某些行为动机。例如有些内感受器能感知血压、肌肉紧张程度、血液渗透压和血糖浓度的变化,其中血糖浓度和渗透压的变化就与犬的饥渴动机有关。

2. 外界有无特定的关键刺激。关键性刺激能影响犬由其他刺激引起的行为动机。例如敌害出现能影响犬的摄食或求偶动机,使它改变为逃避敌害;仔犬是引发母性反应的关键。这类刺激有时还能降低与其刺激相对应行为的刺激阈值,使之更容易表现。外界的某些关键刺激对幼犬的成长起着关键的作用。在不同环境条件下长大的犬,其行为特点不同。没有经过环境锻炼的犬,行为谨慎,总是先探求后行动。

3. 血液中的激素水平。血液中激素浓度对犬的行为动机影响很大。如性激素对求偶行为动机有极大的影响。在研究犬行为与激素的关系时,一般多采用外科手术摘除有关内分泌腺或者引入激素的方法,观察经过这样减除或增加激素后犬行为发生了什么变化。就犬的性激素而言,雄激素只有一种,即促进精子和副性征发育的睾酮。它在睾丸和肾上腺皮质中合成(肾上腺皮质能分泌几种性激素,包括雄激素与雌激素,其中主要是雄激素,雌激素量少)。将犬的睾丸切除后,既不再能合成这种激素,也就无从进入血液并发挥作用。切除睾丸后或施用抗雄激素后犬的性冲动和性行为逐渐衰退,最早消失的是交配行为。幼犬的睾丸切除后还影响其性器官及副性征的发育,其中副性征是与性成熟有关的外表特征,易于觉察,因此,常用来判明性激素的作用。

施用雄激素(睾酮)能促进雄性动物的性行为及与性行为有关的活动。例如幼小的公犬在排尿时和母犬一样,都是采取后蹲姿势,但施用雄激素后,小公犬也像成年公犬那样抬起后腿排尿,这表明雄性激素对雄性动物所持有的性行为以外的行为也有影响。对切除睾丸后的动物施用雄激素后可使某些丧失的性行为逐渐恢复,恢复的次序与丧失的顺序相反,即最先丧失的行为最后恢复。

4. 内源性节律(生物钟)的周期性。生物经常遇到环境的周期性变化,如季节、潮汐、昼夜等,因而生物具有某种内源性节律(即生物钟)以应对这些周期性变化,即内源性节律应当能为生物制定行为程序以便与外界环境周期性变化同步运行。犬也是如此,某些行为只发生在一定的时间或时期,无论在频率上还是强度上都表现出有规律的周期现象,如犬的昼伏夜出的日周期行为及母犬的发情期和孕产期的周期节律。

5. 个体的发育成熟程度。犬行为动机和它的正常发育过程有关,例如它的性行为动机和性腺发育程度有密切关系。由于犬行为必须有感觉器官、运动器官以及神经和激素参与而又都受神经系统的支配,所以在犬行为学中除另有所指外,一般所谈的发育成熟程度是指神经系统的发育成熟程度而言。神经系统在犬的不同生长期有着不同的变化。同一头犬在不同的发育期,对同一刺激会有不同的反应。如仔犬与母犬的母子关系行为,会随着仔犬的发育和母犬的断奶,相互渐趋松弛直至解体、仔犬行为的幼稚特征也将逐渐变化。

6.行为的时间性与既往经历。行为的时间间隔(即行为上一次发生到下一次发生的时间间隔)对行为动机有很大影响,一般说来时间间隔愈长,该行为的动机也愈强烈,阈值降低,行为很容易发生;时间间隔愈短,行为动机减退(相当于阈值增高),行为也难以再度发生。例如摄食与求偶行为都是如此,又如犬有时叼拖鞋或其他物品摆动就是由于长时间没有捕捉到猎物而发生的行为动作,这种动作是犬捕捉猎物时为了咬断猎物头部,破坏其运动平衡使之无法反抗。在这里拖鞋或其他物品作为长期未捕捉到的自然猎物代替物起到关键刺激的作用。

由于行为的时间性而引起的行为反应的衰退现象又称为特异疲劳。它分为动作特异性疲劳和刺激特异性疲劳两种。犬大量摄食后或交配后短期内的疲劳现象(即暂不进食或求偶)就属于动作特异性疲劳。如果反复给予某种刺激引起疲劳现象后再施加另一种刺激又能引起行为反应就属于刺激特异性疲劳。另外,犬以往的行为经验对动机的引发有潜在影响,如寻食经验有强化食物动机的作用。

7.中枢神经系统自动产生的兴奋性也能影响自发行为。影响犬行为动机的各种因素,并不是各自孤立的,而是彼此相联系的,并对犬的行为动机发生影响。例如内源性节律和激素水平有关,或者说内源性节律就是激素水平的直接结果。又如发育成熟程度和中枢神经系统以及内源性节律等有关。另外,这些因素固然影响行为动机,反过来,行为动机又能通过行为结果对这些因素发生反馈调节作用。

第二节　犬的行为规律

犬对自身所感到的刺激,所做出各种简单或复杂的应答性动作的总和,称为犬的行为。犬的行为发生、变化都受其一定的内在和外界条件的制约,并依赖于这两者的密切结合与协调。犬的行为是个完整的统一体,它的生存活动有着一定的规律性。通常遵循三项基本规律,即主导律、适应律和因果律。

一、主导律

主导律是指犬的行为完全是在神经系统,特别是中枢神经系统的主导作用下进行活动的。前苏联生理学家巴甫洛夫的神经论思想和反射学说的基本理论,阐述了大脑两半球在高等动物有机体本身各部分的联系作用,以及在有机体的整体和周围环境的联系上,所起的主导作用。指出有机体在结构上和机能上,它的各部分之间紧密地联系着,不断地保持着动态的平衡。这种平衡是通过神经系统,特别是中枢神经系统的活动体现。中枢神经系统活动的基本方式是反射,有机体通过反射协调着各部分的活动。神经系统以其特有的机能,及时感知、调整、贮存、传递信息,并下达行为指令,同时又通过效应反馈,不断地对行为效果进行调整校正,从而保证了犬的行为能更好地适应变化着的环境条件。主导是指神经系统,特别是中枢神经系统对犬行为的指导,犬的行为就是以此为统帅和指南。

二、适应律

适应是指动物机体的活动,必须与其生存环境保持动态的平衡。生命活动的基本特征主要有新陈代谢、兴奋性和适应性,而决定生物存亡的关键是适应性。犬的适应性的获得包括种族遗传育成和个体行为发育两个途径,即一方面要通过遗传变异、生理结构、行为反应等的综合变化来实现;另一方面,还有赖于犬的个体在短暂的一生中,受生存环境的影响,以自身的行为应变力来实现。前者需要经历种族世代生存的长期进化发展,受系统发育的惰性与生态压力的相互作用,方能逐渐得以形成。例如,犬被家畜化就是经历了万年之久的延续变异过程,才产生出现代犬所具有的形态、生理和行为适应性的。后者要随着犬的生理及行为的同步发育,并借助于先天本能与后天学习的协调,就能导致行为适应性的不断完善和发展。犬的行为应变力是适应后天生存条件,实现与外界环境保持动力平衡,表现最多、最快、最灵活、最有效的重要手段。

犬的适应律活动表现主要有三个方面。

第一,超前预见。犬能对有利害关系的刺激形成信号联系,产生预见性的行为。这种表现是通过后天学习所获得的个体经验,具有极大的灵活性、主动性。例如,犬能根据某种动物的气味或叫声,预知猎物所在,从而有效地捕获猎物;也能从意欲打犬的人所表现的行动中,预见到伤害性刺激即将临头,超前产生防御反应。

第二,趋利避害。犬总是根据外界刺激,对自身利害关系的生物学性质,以及相应的行为求得动态适应。不论犬是自然生存或是人为驯养的条件下均有这一行为表现。但是,这种适应性多见于被动性的本能反应,经常是与利害相关的刺激直接作用下表现出来。例如,犬总是主动积极地趋有利生存的食物,或对能引起性欲的异性感兴趣,而对那些不利于自身的刺激,如人为的痛打、自然的伤害因素等,则以躲避或逃跑的消极行为进行反应。

第三,灵活应变。犬通过对环境的探究可以及时觉察出外界条件的变化情况,随之主动调整和修正原已不适应的行为,或产生新的行为方式。例如,工作犬原有随地捡食的不良习性,本来是犬对地面食物正常反应。但每当犬出现随地嗅寻或捡食时主人就及时给予惩罚禁止,结果犬就会随着这种条件的变化而改变其原来的行为,不再去随地捡食,以保持动态的平衡。当犬被家畜化后,犬的行为适应性虽然在一定程度上摆脱了某些自然选择的压力,但却相对地加重了人为选择的压力。训练的实质在于适应,训练对犬来说就是学习、培养和塑造的过程。即根据人的需要与犬的实际能力,有目的地对犬施以人为影响,使其学会规定的科目,养成良好的生活习惯和特殊技能。犬的学习水平的不断提高,标志着行为的适应性的日益增强。但犬行为的适应性是有限度的,过度的生态压力,不仅不能改善和发展犬的适应性,还会适得其反,导致严重的行为应激和失常。

三、因果律

因果联系制约是事物发展的规律,具有客观而普遍存在的性质。任何物质运动都是相互联系、相互制约的,表现出广泛的因果性。犬的行为活动也是一种物质运动,同样受这一规律的支配与制约。犬的一切行为活动的产生、表现、变化,直至每一个动作的完成,都有其一定的发生原因及条件。有其因就必有其果,无缘无故地发生的行为活动是不存在的,只是有的因果性表现得简单、直接、明显一些,有的则错综复杂、层次重叠,甚至出现逆向状态等。因果律在犬的行为活动中起着主要作用。其联系制约作用主要取决于三个方面的相互关系:即刺激性质及强度、犬体内在生理活动状态、人为影响手段效果。三者相互依存相互影响、相互制约,忽视任何一方都是片面的。这三个方面的相互关系对犬的影响表现如下。

第一,刺激与感受的关系。行为产生于刺激,一定的刺激引起相应的行为。无论刺激是来自犬体外部或其内部,前提是要有刺激。刺激能否起作用,还取决于是否被犬所感受。一般地讲,在正常情况下,刺激被犬感受是自然的,犬不感受刺激的现象也是存在的。比如耳聋的犬就听不到声音,失明的犬感受不到物像。

第二,刺激性质及强度与行为的关系。犬的行为受刺激性质所制约。对犬有生物学意义的刺激,犬都表现反应敏感,并引起相应的行为。有的中性刺激,如果与对犬相关的有效刺激结合联系后,也同样会具有生物学的信号。但是,被犬惯化或已消退了信号意义的刺激,就成为无关刺激,不再引起相应的行为。犬并不完全采用所有感官收到的信息,而是只对其中最有关的刺激予以反应,这种现象叫作"选通"。同时,刺激的强度也是重要的原因。犬对刺激强度的反应,是以其物理强度、生物强度、感受阈值予以分别对待的。对犬有利害关系的刺激,并不完全受物理强度的限制,即使强度弱的也能引起犬产生强的反应。相反,物理强度强而生物强度弱的刺激犬也不一定产生强反应。在正常情况下,犬对刺激强度的反应表现为:强刺激引起强反应,弱刺激引起弱反应,阈限上或阈限下的刺激都不能引起犬的反应,这种现象叫作"强度相关法则"。但犬感受刺激的强度存在着个体差异,并不是等同的。此外,刺激强度还有累加增效作用,它是由同一刺激同时作用于犬的不同感官或刺激频率的累积所造成的。

第三,犬当时所处的生理状态与行为的关系。刺激的性质、强度虽然对犬的行为将起重要影响,但是还必须同犬当时所处的生理状态相联系,否则,也不会产生应有的行为效果。这里所指的生理状态,主要是指犬当时对相应刺激选择与反应的可能性。当犬处于饥饿状态时,食物刺激对犬的作用就大;反之,犬在饱食后,对食物的反应就弱。当犬处于性冲动状态下,除对性刺激反应强烈外,其他刺激对犬的作用几乎都可能弱化或失效。此外,犬处于疲劳、应激、病态、老龄、哺乳等生理状态下,也会程度不同地出现因果联系的反常、变异或逆向等情况。

第三节　犬的自然行为

一、觅食行为

野生犬的采食是不定时、不定量的,饥饿后即四处寻食,一旦找到食物,便尽力吞食。这种多变的采食行为在家养犬身上还依稀可见。当人们饲喂味美可口的食物时,许多犬往往狼吞虎咽,饱食为止。不同品种、不同个体犬的能量需求有很大差异。健康犬在没有食物的情况下,可存活两个月或更长时间,断食一周对犬几乎没有严重影响。然而,当犬体重下降到低于正常的15%时,则很少能抵抗得住这种饥饿。

新生幼犬最初的采食行为便是吃乳反应,这也是一种最基本的采食行为。当新生幼犬的头触及母犬腹部时,幼犬便开始搜寻乳房,一旦触及乳房,幼犬的两后肢用力前撑,保持这种姿势,并且头部不停地摆动,上下左右搜寻乳头。幼犬一旦发现乳头,在衔住乳头前,常会经多次尝试。在尝试过程中,嘴不停地发生吮吸现象,直到衔住乳头。幼犬吮吸时常伴随着前肢有节律的运动,这种前肢的节律运动直到幼犬已吃饱不再吸乳时才停止。在幼犬出生的最初几天内,每次吃奶时间约 20 分钟,吃饱后仍用嘴衔住乳头,睡眠时乳头常从口内脱出,但如果将幼犬移到另一个乳头处,幼犬马上又开始吃乳。一些学者认为,竞争行为可导致幼犬采食量的增加。在共同采食的饲喂状态下,幼犬始终处于过饱状态,采食量可比平时增加 30% ~ 200%。同时,群体饲喂容易造成幼犬群形成社会优势关系,这种关系一旦形成,居于统治地位的犬采食就较多,而居于服从地位的犬则往往采食很少,甚至饥饿。

成年犬每天饲喂 1 次,哺乳母犬每天饲喂 2 次。但所饲喂的饮食中要保证具有一定的营养物质。通常,小型犬较大型犬每公斤体重需要更多的能量。自由活动的犬较圈养犬所需能量约高 25% ~ 35%。饲喂过多的食物,将导致犬的肥胖,饲喂量的多少取决于饲料中所含营养物质的多少。研究表明,犬能自我调节身体所需的营养物质,在一段时间内,犬的采食量是恒定的。在采食无效食物后,犬常增加采食以满足应用需要。犬还可自己感到胃的扩张程度,明白饥饿感的存在,并可据此来调节自己的采食量,控制饮食能量的摄入。对大多数正常状态下的犬饲喂全价配方粮是比较理想和健康的。研究人员对犬饲料的风味进行了大量的研究,发现了许多影响犬饲料风味的因素。肉味、鱼味的提取、饲料的含水量及饲料的湿度在饲料风味中都有一定的作用。犬生来就有其偏爱的饮食风味,乐于吞食肉类食物,但人们通过训练可使犬适应采食全价粮。

二、排泄行为

18 日龄之前的新生幼犬并不具备自主排泄粪尿的能力,通常是在母犬舔舐其腹部及阴部的刺激下,才能将粪尿排出体外。对人工饲喂的幼犬,可用潮湿而温暖的棉花刺激其会阴部及腹部诱发幼犬排泄。但是外部刺激也并非排泄所必需的,粪尿滞留过度引起幼犬生理明显不适时,幼犬也可自行排泄粪尿。18 日龄后,幼犬的自我排泄能力日趋成熟,可自主地排泄大小便。该阶段幼犬开始蹒跚学步,它们常将自己的粪尿排泄在产箱的某一角落,甚至窝巢外面。母犬总是不定时地吃掉幼犬的这些排泄物,但此时不再发生舔舐幼犬阴部的行为。3 周龄以上的幼犬已不在窝巢内排泄大小便,通常将粪尿排泄到窝巢外较远的某一角落。幼犬群往往有固定地点大小便的习惯,在犬窝巢附近往往有一种特殊的气味,这种气味是犬群中成员的排泄物所形成的。这种排泄粪便作气味标志的行为,有利于幼犬识别,并在指示犬窝巢所在地方面有着重要的作用。尽管幼犬排泄时都是蹲坐姿势,但公犬与母犬间仍存在细微的差别。母幼犬往往表现较明显的深蹲坐姿势,并且在其以后的生活中都保留这种排泄姿势。公幼犬排尿时往往向后伸展两后肢,仅呈不明显的轻度蹲坐姿势。随着幼犬的生长发育,公幼犬排尿时身体发生扭转,并轻度提起一侧后肢,最终发展为提起一条后肢,旋转身体使尿呈水平射出。

母犬的排泄行为通常呈深蹲坐姿势,成年公犬则是抬起一条后肢,将尿液对着某一物体排出,进行自身的气味标记。公犬排尿行为的发育是逐步的,通常5~6月龄的幼犬才表现出成年犬的排尿姿势,但达到后肢抬到水平状态则约到8~9月龄才能形成。然而,如果从幼犬出生第3天便开始服用睾丸激素,则幼犬早在第39日龄时,排尿时便可出现抬起一条后肢的行为。公犬每次排出少量尿液,可能是进行气味标记的需要或者有助于在同一地点反复进行气味标记。犬在兴奋或应激状态下也可能发生排尿现象。幼犬在兴奋或表现屈服姿势时,常出现不自主地排尿,成年犬在争斗时或抗拒惩罚时,也可发生排尿行为。

三、攻击行为

犬在4~5周龄时,就有了最初的攻击行为迹象。攻击行为主要包括以下几种形式:领域攻击、优势攻击、亲本管束攻击、断奶攻击和防御攻击。

领域攻击是指领域保卫者在驱逐入侵者时采取的一种行为信号。失败的一方会发出顺从信号,以避免遭到严重的身体损伤而逃离现场。

优势攻击是指处于相对优势地位的犬对群体内其他成员的攻击和炫耀,在许多方面与领域保卫者的行为相似,但其目的不是保护领域,而是为了拒绝其他个体所期望得到的东西。

亲本管束攻击是指亲本以温和的攻击形式使后代留在其身边、督促后代活动、阻止后代打架或终止后代过于粗鲁的吮吸动作等。

断奶攻击是指子代的年龄超过了断奶期,若子代还乞求吸奶时,亲本会用恐吓甚至轻微的攻击阻止子代这样做。通常情况下,子代被亲本照顾的时间越长,子代的个体适合度越大,但是这会降低亲本的适合度,这种利害冲突可能引起了断奶攻击行为的进化。

防御攻击是指受到攻击的动物采取的攻击行为,动物纯粹的防卫方式可以提升到对攻击者的全面反击,这可以看作一种报复行为。

攻击的近因

攻击行为不是像心脏跳动那样作为连续的生物学过程,而是作为应急反应而进化的。攻击是由动物内分泌和神经系统控制的一套程序化的复杂反应,主要由外部因子(遭遇、食物、拥挤、季节变化)和内部因子(学习经历和内分泌变化)诱发。

外部诱发因子中,攻击反应最强的是遭遇陌生者,特别是遭遇领域入侵者。犬的领域行为虽然不像狼和狮子,但是当一只陌生的犬突然闯进犬主人的庭院时,犬会迅速活动起来进行一系列的吠叫怒吼和恐吓威吓动作。食物是诱发攻击行为的另一原因。通常情况下,犬对食物的争夺也符合"尊重所有权"的经济学法则,在一根骨头已被一头犬占有的情况下,即使是强壮的犬也不会去抢夺已经被占有的骨头。但是食物相对短缺可强化攻击行为,犬对有限玩具的争夺也属于这一范畴。当犬的生活区域比较拥挤,彼此靠得很近时,攻击行为频率会呈指数上升。季节变化作为攻击的诱因,主要是因为繁殖季节雄性争夺交配权引起的攻击行为。犬是混交动物,母犬对公犬的选择强度远远大于一雄多雌制的物种,自然状态下为争夺交配权,雄性间的敌对行为达到高潮,大量的战斗发生在繁殖季节。

犬的许多经历可以影响其攻击行为的强度和形式。假设两只幼犬在争夺同一食物,如果一只犬第一次通过低吼警告或者攻击对方可以将竞争者吓退,那么这一行为就会被该犬所习得,在下次遇到同样的情景时,该犬就会"故技重施"以达到吓阻对方的目的。试验研究发现,断奶后隔离饲养的小家鼠的攻击性,要比在社群状态下饲养的弱。这些小家鼠与其他家鼠共同生活的时间越长,以后对陌生者的攻击性越强。同样的,隔离饲养条件下会降低犬的攻击技巧。

内分泌对攻击行为的调节体现在三个水平,第一个控制水平决定了攻击的准备状态,发挥作用的主要是雄激素和雌激素;第二个控制水平决定了对胁迫产生快速反应的能力,主要激素是肾上腺素;第三个控制水平决定了对胁迫产生缓慢的、较能容忍的反应能力,发挥主要作用的是肾上腺皮质激素。试验表明,注射外源性的雄激素,可以增强公犬和母犬的攻击反应。给母鸡注射小剂量的睾酮,它会更具有攻击性且在鸡群的等级系统中的地位会有所提升;注射雄激素的雄性松鸡不仅更具有攻击性,其领域约增加一倍。肾上腺激素是一种儿茶酚胺类物质,它与交感神经一起可以迅速地使机体投入到"战斗或逃跑"状态,使心跳加快,血压升高,肌肉供血能力增加,在攻击行为发起时,可以使攻击变得更有效。在胁迫条件下,肾上腺皮质产生皮质类激素,当胁迫延长时,肾上腺重量增加,并维持着肾上腺皮质类激素的高产出,遏制机体的应急系统,促进糖原在肝脏的储存,维持血液和组织液的离子平衡,降低炎症反应,为应对攻击行为的持续进行提供支持。

四、游戏行为

对犬的游戏下定义是比较困难的,对游戏加以归类也不容易。有人把它归入学习,可是它又有某些先天本能的特征。所以,游戏也许是介于本能与学习之间的行为,或者说它是对本能的练习与自学。游戏总是以同群的伙伴为对手,通过游戏互相结识和建立友好关系,所以,犬的游戏也应当算是一种社会行为。

游戏行为的表现

犬的游戏表现为花费时间和力量反复地做一些并无直接目的的活动,如相互捕咬、反复斯闹、转圈追逐等。游戏通常是发生在没有其他重要行为而内部又有愉快的情绪或多余的能量时,因此有游戏表现的犬肯定是健康无病的。游戏的内容是从成年的行为中拼凑起来的,如片段地模拟"攻击与逃走""捕猎"或"性"的行为。大犬与小犬游戏时,总是收敛其力量与技巧,或者自取劣势。犬在开始游戏之前,常用低伏前肢、高抬身躯、竖立尾巴和要躲闪的"邀请"姿态来引诱对方参加游戏。

犬在游戏时常常衔一件东西边炫耀边跑,希望对手来争抢,偶尔故意掉落而给对方一个捡拾的机会,然后由它来追逐,并发出大口的喘气声,以夸张其活动量。在捕咬的游戏中,不时地向对方袒露腰窝以示善意,摇尾只是一般的情绪激动,并不表达任何信号。游戏过程中也有发生误会的情况,例如在攻击与逃避的游戏中,一方如果误击了另一方,这往往能使游戏变成半真半假的斗争。恼怒的一方在发出恐吓的吠声时用嘴空咬几下,并用两眼凝视对方。

在社会游戏中使用一些玩具会使犬的游戏变得更为有趣。这些玩具能被拖、咬、衔起,这比用其自身做玩具灵活得多。当然,它们的游戏也可以是简单的翻滚、转圈或用口角力。游戏行为比实际需要的显得夸张一些,而犬的身份也如游戏一样发生着戏剧性的变化。有时一头犬会将口中的玩具作为奖励给另外一头犬,这样使得另外一头犬有更多的机会衔起和玩耍,从而增加乐趣。在社会化时期,游戏行为的意义远超过取乐。这种活动是技巧的来源,是获得同伴信息的途径,倾向于自然性的攻击。幼犬也借此过程形成了不同的社会地位。通过玩耍敌手会试验其社会地位的情况,也能教会其如何合作。尽管在社会化的阶段这种游戏的性别差异不大,但这种游戏对于正常的性行为与社会行为的发展都是必要的。

五、母性行为

(一)分娩行为

妊娠母犬在怀孕期内,尤其是在怀孕后期,休息和睡眠的时间较平常大为增加。分娩即将开始时,母犬则表现出一定的行为特征,主要表现为活动频繁,烦躁不安,经常改变姿势,喜欢生活在阴暗而安静的地方。野犬在临近分娩时,则常在野外掘地做窝,据洞做巢。当子宫开始收缩时,母犬往往每隔 10 分钟或更长时间努力一次,频繁撒尿,并撕扒垫褥,重新整理犬床。分娩依赖于子宫及腹肌的全力收缩。在分娩过程中,母犬往往呈蹲坐姿势,有时也是小便状姿势。在阵痛间歇期,母犬往往气喘吁吁,左顾右盼,并且常舔破阴户。极少数母犬,尤其是玩赏犬,在分娩时,发生嚎叫。产程的长短取决于幼犬的多少、幼犬大小和犬腹部的收缩力,并且不同品种犬的产程也不尽相同。母犬的产仔数多少不一,品种内和品种间均有差异。分娩 5 头幼犬时,平均产程约为 3 小时;分娩更多的幼犬时,产程可历时 10 小时或更长。

在幼犬娩出过程中,有一定的时间间隔。通常幼犬娩出相互间的间隔时间为 20 ~ 60 分钟,很少为 5 ~ 10 分钟。当产出第一头幼犬时,母犬往往会回头咬断幼犬脐带,吃掉胎衣,并用力舔舐幼犬全身,直到幼犬身体干燥,并用爪或嘴将幼犬置于腹部乳头边。母犬咬断脐带的速度是很快的,在几分钟内便能将脐带咬到距幼犬躯体 1 ~ 2 厘米处。当完成上述一系列动作后,母犬则安静地休息片刻,等待下一个胎儿产出。第一次分娩的母犬,往往不能连贯地发生上述一系列分娩行为。有分娩经验的母犬往往能熟练地接生自己的幼犬,并能给幼犬良好的护理。

(二)照料行为

母犬照料幼犬的行为。这种行为受到众多因素的影响,包括基因、荷尔蒙、感觉和环境等。具体行为表现包括以下几个方面:舔幼犬的生殖器部位,以刺激幼犬排尿或排便;舔幼犬的脸部,并清洁犬的身体;用鼻子推动幼犬,调整幼犬的位置,以使其获得食物并取暖;衔回离开窝的小犬;保护幼犬的安全;身体向一侧躺着,以使其幼犬能够吸乳;呕出食物喂饲幼犬;为幼犬带回食物。

幼犬的寻找照料行为。这种行为也是基因和感觉影响的结果,但更为简单,最开始的构成因素如下:寻找其母亲的爬动。以笨拙的动作爬行,颈部和头部不断地晃动,以寻找温暖和乳头;舔母犬的脸、鼻和唇;用爪按压母犬的乳房;如影随形地跟着母犬。

随着幼犬逐渐长大,母犬与幼犬的关系从"照料－依附"到"统治－服从"转变。最明显的特征是母犬在幼犬企图吸乳时开始躲避。这通常出现在第 4 ~ 5 周。有研究者曾观察了照料期间母犬与幼犬的相互作用对于幼犬的影响,观察了 6 种不同的母性行为,分别是对幼犬的"喂犬""制止性轻咬""低吼""口头警告""游戏式轻咬"和"舔"。当小犬试图吸吮时,一些母犬用"制止性轻咬"的方法来"惩罚"那些幼犬。这些幼犬开始用以背躺在地上被舔的方法表现出被动的屈从。而"低吼"和"口头警告"也会导致幼犬的屈从行为。经研究 600 头幼犬,观察到母犬对幼犬的"制止性轻咬"和"口头警告"的方式当幼犬长到 7 周时达到最多次数,从而将"照料 – 依附"关系转化为"统治 – 服从"关系。

母犬用来转变这种关系的方法有着重要的结果,就是犬对这种形式的印象会影响其对人的行为。在实验中,有一些特别"残酷"的母犬在幼犬停止动作时,仍会惩罚幼犬;而有一些则很"慈祥",会在同样情况时表现出较少的攻击,并会安抚幼犬。在幼犬期受到较多的"制止性轻咬"的犬很可能成长为不善于交际的个体,它们往往不会主动地接近人,在"衔取网球"实验中,这些幼犬的表现没有其他个体突出。

(三)护仔行为

在分娩后的最初几天内,母犬很少离开窝巢,几乎整日躺在产犬箱内哺乳或舔舐幼犬。但犬的攻击性增强,常驱赶靠近窝巢的其他动物或人,甚至对陌生人发起攻击。在人为移动幼犬时,母犬会发生保护性行为,并立即护理那些叫闹的幼犬。幼犬爬出窝外,母犬有可能将其衔回,但绝大多数母犬没有这种衔回迷路幼犬的行为。衰竭的弱胎幼犬常被母犬拒绝护理,这些幼犬体温偏低或活动能力很弱,母犬可能会将其衔出窝外,甚至将其咬死或将其埋藏于窝外。从进化意义上讲,母犬的这种行为减少了不必要的投入,有利于提高其他幼犬的成活率,从而提高个体适合度。年轻的母犬总是经常强迫幼犬离开,以活动身体,并且每隔一段时间便舔幼犬,以帮助其排出大小便,保持幼犬的清洁。随着幼犬年龄的增大,母犬花费在幼犬身上护理的时间逐渐减少,而在窝外活动的时间增多。到幼犬 2 周龄时,母犬每次在窝外活动的时间可达 2 ~ 3 小时。

在幼犬 4 周龄时,随着幼犬迅速生长的需要,母犬往往呕出自己胃内的食物供幼犬食用。特别是当母犬吃食不久便返回窝内时,常发生这种呕食行为。在哺乳 5 周后,母犬乳汁急剧减少,而幼犬生长所需营养进一步增加,幼犬的求食欲望更为强烈。如果幼犬频繁吮吸其乳房,母犬会用咆哮来拒绝幼犬的采食。随着幼犬长大,母犬会减少每天饲喂、护理幼犬的次数和时间。在这段时间内,有些母犬则傍着幼犬一同外出采食。有些犬拒绝幼犬与己在同一盆内采食。在幼犬学会自主采食时,母犬便完成了护理任务,不再对幼犬进行护理。

(四)假孕行为

假孕现象在母犬中较为普遍。母犬在发情后一个月或排卵后,母犬腹部增大,乳房也出现妊娠时的类似变化。这种现象可出现多次,甚至在未经交配的处女犬中也可发生。这种症状可持续一个月或更长时间,在一段时间内,常不发生行为学上的变化。一些母犬的乳房变化明显,甚至可以挤出乳汁。此外,腹部症状也很明显,常会误认为已经怀孕,但在临近分娩日期时,腹部突然缩小,而且母犬没有任何幼犬产出。假孕母犬临近预产期时,也常表现出一些分娩时的行为变化。主要表现为休息减少,经常翻动,撕扒窝巢,呻吟,气喘,乐于生活在安静场所等。伴侣犬或玩具犬则常撕坏家中一些物品,在某一偏僻处筑巢,并衔取玩具或其他物品置于其身边。在这种情况下,母犬对其主人的感情较平常犬更为冷漠。这种症状可持续一周或更长时期,有时直至下个发情期到来才消失。就品种而言,比格犬较易发生假孕。

六、性行为

(一)性行为的发育

公犬在6周龄时便可表现出独特的性行为。这种性行为表现为幼犬在其小伙伴内寻找一头异性幼犬作为性对象并爬跨。如果被选择的性对象处于顺从姿势,静立不动,则幼犬将发生骨盆部的冲插动作。年龄稍大的幼犬在游戏过程中,常爬跨儿童或其他动物。如果这种爬跨行为不被及时制止,那么幼犬将经常出现这种性行为。大多数公犬在10~12月龄时,才具备爬跨配种的能力,但存在品种间的差异。公比格犬在6~9月龄便能爬跨配种,有些品系的公犬到2~3岁时才具备这种性能力。母比格犬在9~12月龄达性成熟,约6个月发情一次,经过对400头比格犬观察,发现发情常见于早冬和晚春。然而,大多数家犬的发情常集中于某一月,并且呈一定的季节性。母幼犬的性行为和公幼犬完全不同,当母幼犬被公幼犬选择作为性对象时,母幼犬可表现自立、顺从的行为,母幼犬的求爱行为常在其第一次发情时才开始出现。

(二)性行为的形式

1. 求爱行为

在犬场内,母犬发情进发情期后,常被带到种公犬的犬舍内进行交配。在自由活动状态下的母犬发情后交配地点的选择千差万别、各不相同。公犬常在母犬尿液气味最强烈的区域滞留,或沿着母犬尿液的气味标记进行追踪,故常见在发情母犬的居住地会聚集许多公犬。公犬的初期求爱行为表现为嗅闻母犬的颈部及肩,并摇动尾巴。母犬在公犬求爱时,常短暂地站立,任公犬嗅闻,以后便很快躲开奔跑。此时,公犬则在母犬身后紧紧追随。称这种行为是"互相追逐"。公犬与母犬间常互相试探性亲近。在边闹边追逐过程中,常表现互相面对面地向前伸开两前肢,臀部抬高并又突然恢复正常姿势,即互相追逐的特征性行为方式。公犬经常中断求爱行为去排尿,但常有意识地朝着母犬撒尿。有时公犬还接近母犬,并将其前肢跨于母犬背部。

母犬的求爱行为与其所处的发情期有着密切的关系。处于发情前期的母犬可以和公犬逗玩、嬉闹,允许公犬舔其外阴部。但在这一时期,母犬拒绝交配,往往表现为后躯蹲伏或迅速地偏离,并对公犬作出恶意的攻击行为。随着时间的推移,母犬越来越接近发情期,此时,母犬在与公犬的互相追逐和性试探过程中,母犬在公犬作性要求时,保持静立顺从的次数越来越多。若母犬已决定接受交配,在公犬的性刺激下,常静立不动,并将尾偏向一侧。通常母犬允许交配的时间和排卵时间基本一致。

图 2 - 3 - 1

2. 交配行为

在公犬爬跨时,一旦阴茎插入母犬阴道,公犬骨盆会做有节律的冲插运动。阴茎插入阴道深部后,阴茎尿道球腺在阴道内迅速膨胀,并被收缩的阴道肌肉紧紧地握住成锁配状态,这种锁配行为是犬的特征性表现。在公犬插入没有成功的情况下,母犬常主动挑逗公犬,舔舐公犬的生殖器,摩擦公犬的阴部或胸部,并且经常做出性交姿势。有配种经验的经产母犬在接受交配时,完成插入过程所需的时间不到1分钟。在完成插入并锁配后,公犬常常保持爬跨姿势1分钟左右,然后从母犬背上拿下前肢,公、母犬呈尾对尾的锁配状态。几乎在锁配开始的同时,精液开始射出,并且一直持续到锁配结束。锁配状态常持续10~30分钟,射精完成后,尿道球腺收缩、阴茎从阴道内拔出后,交配行为完成(见图2-3-1)。

七、等级行为

犬在原始状态下为群居状态生活。一个群体的形成,基础可能是一对犬和它们的后代。群体中,必然要通过一定的"竞争"来分出等级序列,竞争的形式多采用争斗的方式,通过争斗,一方取胜,另一方屈服,甚至死亡。当一个家庭中有两只以上的犬共同生活时,它们之间一定会出现一个社会等级。

犬在自然界属于弱势的肉食性动物,必须依靠群体的力量才能确保自身的生存,为维持群体的良好秩序以最大限度发挥群体的力量,在漫长的进化过程中,形成等级行为。主要表现在群体内,强势个体地位高于弱势个体,弱势个体必须服从强势个体,在食物、配偶、居住地、游戏等各方面都要屈从于首领。

犬的等级行为最初是在同窝犬内部产生,然后才扩展到整个群体。在仔犬哺乳时期,仔犬之间就存在争夺乳头的行为,需要注意的是,此时的这种争抢行为属于无意识的行为,但就是这种无意识的获利行为,为后来的等级划分打下了基础。仔犬能够做游戏以后,相互之间的身体接触增多,身体强壮的大犬容易占据优势,在游戏中获胜,慢慢地形成了一种优势心理,在以后的游戏、哺乳、摄食、休息等行为中,开始了其"领袖"生涯。其他的犬也在同窝内部逐渐形成了不同的等级。这种行为一直延续到成年,在整个群体内部始终存在这样一种等级行为。但在成年以后,更多的是表现为对配偶和领地的争夺。

在幼犬阶段,犬的等级行为正处在形成和发展时期,从对犬的使用角度讲,级别低的犬会表现得懦弱、胆小,不利于人们的使用。因此,分析等级行为的发生规律,克服对犬的影响,是养犬者必须要做的工作。在实践中,经常采取的对策是"抑强扶弱"。在犬的进食、游戏、哺乳等行为中,帮助弱势个体,抑制强势个体,把等级行为对个别犬造成的不利影响降到最低。

八、通信行为

犬有多种感官上的语言。它们所运用的交流方式主要取决于两个个体的距离。在距离相当近时,它们往往采用三种方法:身体姿势和面部表情、声音及气味的交流。当两个个体互相不在视觉范围内时,发声的方法对确定远距离动物的位置起着主要作用,嗅觉则起着辅助作用。犬可以留下一种可以维持几天的气味标记,这种标记可以在几米或更远的地点被另一条犬嗅到。下面从几方面说明犬的信息交流。

(一)视觉通信行为

视觉形象是通信的一种手段,通常这方面是指身体上的标志、颜色、结构、动作姿态等。动物有些行为有视觉表示功能,这些行为可以传递种属、年龄或性别等信息。动物的有些视觉行为还能传递情感和动机信息。狼在愤怒时会将上牙床和上齿完全暴露在外,用以警告不友好的同伴或其他入侵者;犬在邀请同伴做游戏的时候会有明显的前肢向下,后肢直立,尾巴向上,欢快跳跃的姿态,半吐石头,表达"Play—bow"的游戏邀请之意思。

大多数犬的表情和身体姿势是它们意图和感情状态的反映。一些明显的行为是显而易见的;一些则在技巧和表达意思方面都很微妙;当然,也可能还有人几乎没有注意到的信息表达行为。身体语言的全部技能在犬家族的成员中是完全统一的。一种动物的社交性越强,它的视觉信息系统就在社会交流中发挥着越大的作用。然而,这种说法并不适合所有情况,因为一些品种在表达感情上比较受限制:一些犬有短削的耳朵,所以它们竖直耳朵且有了做细微动作的能力,而一些犬却有长而下垂的耳,当然就没有用耳朵表达情绪的能力;一些犬根本没有尾巴,就谈不上摇动尾巴了。犬的面部肌肉群能做出多种表情,但这并不是人类做出的那些面部表情。犬能精细地做出各种微妙的面部表情,耳朵和尾巴的位置和整个身体都起着重要的信息表达的作用。

(二)听觉通信行为

声音是动物通信中最常见的形式,因为声音能在空气、水等媒介中很好地传播,因此,许多陆生和水生动物常借助声音进行通信。人犬之间的通信与沟通在很大程度上依赖于声音的传递,有些是人可听见的信号,有些是只有犬听见,人听不见的信号,如利用"静音哨子"秘密指挥工作犬执行任务,也有猎人利用"静音哨子"指挥或者唤回猎犬。

犬的叫声在传递信息中发挥多高的效能是很难估计的。犬的几种典型的声音,发声方法独具特色,各有含义。

1. 啜泣声:幼犬在生病、饥饿、冷或疼痛时,发出吱吱声,随幼犬的长大,就不再一味用吱吱声表示痛苦,而是更有分别:一种是当犬受到社会侵犯时,发出的一种柔弱的哀鸣,另一种是当犬受到突如其来的痛苦,如蜂蜇或爪被踩痛即时发出"暴发性尖叫"。

2. 嗥叫:哀鸣和啜泣是需要和友善的服从关系的表示,嗥叫与此不同。它常形成威胁,预示一种对抗性的意向。多数犬在发起进攻前常给对方足够的警告,是一种低吼声,它们在进攻前常发出这种嗥叫。

3. 吠:在犬的驯化过程中,犬的叫声也受到选择。可能因为最切人驯化犬是为了让它们牧羊和看户,在这样的功能中,吠是对入侵者的一种有效的制约因素。犬在兴奋时吠声短促而尖利,成犬更喜欢用吠来作为向主人发出的要东西的信号。犬用嘶哑的吠叫,作为一种低级的威吓。

4. 嚎叫:往往是对同类或远方神秘声音的一种回应方式,也有驱逐的作用。

(三)嗅觉通信行为

化学通信在低等动物中比较常见,尽管从原生动物到高等哺乳动物都会利用这种通信方式。通常是由动物在体内产生一些化学物质然后分泌到体外,我们将这些化学物质称为信息素。

犬是极度的嗅觉动物,嗅觉是犬探知世界的主要手段。当犬相遇时,互嗅对方的身体,如对方犬的耳后,它们还轻触口鼻。在互相了解的基础上,紧接着是相互对阴部的嗅查,就这样简短的相遇,两条犬就交换了很多信息。对犬来说有许多发挥信息作用的气味:尿—阴道分泌物、粪便唾液和身体的其他腺体。尿液在所有有效的气味散发物中是最重要的一种。尿液有吸引异性的作用,特别是母犬;划定区域的作用;布设环境的作用;回程标记的作用。

(四)触觉通信行为

触觉信号是一种在近距离多用于定位的信号,有时就是身体的直接接触。一头犬尤其是一头母犬将前肢搭在一头公犬的肩上,想表达的是对对方的支配,传达"我是老大"的意思。母犬将仔犬(幼犬)的脖颈处的皮肤衔住,或者将低级犬的吻部咬住,表达的都是一种惩罚含义。再者,幼犬或者级别较低的犬对另外一头犬的舔舐行为,都是一种传达示好、讨好的行为(见图 2 - 3 - 2)。

图 2 - 3 - 2

第四节　犬的学习行为

当认真观察自然界的动物时就会发现,学习行为使得动物对不断变化的外界环境产生了更好的适应。从低等生物到高等生物,其学习能力越来越强,学习对动物适应复杂环境的作用越发重要,如果自然选择是使动物的行为适应环境条件的一种机制,那么自然选择就必须强化学习行为。学习不只是把每个经验重新"描绘"在大脑中的简单过程,否则自然选择的作用必定使新生大脑保持成洁净而易变的白纸状态。事实上,大脑只有很少一部分处于白纸状态,其余部分就像要投入到显影液中的底片,已经被"描绘",只需要环境刺激将其显现出来。当我们试图揍犬时,大部分犬的表情和躲避反应基本是一致的。这些犬可能相隔千里且素未谋面,但对某些刺激的行为反应大部分是一致的,这说明犬的大脑中已经有了应对惩罚的某种机制。如果某一开拓性行为导致动物的广义适合度增加,那么这一开拓性行为就可以在自然选择过程中得以扩散,逐步使这一行为定型,转化为"本能"行为,使调控这一行为的生理基础成为机体的一部分并可进行遗传。在学习行为的进化中,学习不是使机体或大脑逐渐增加的基本性状,而是行为上一系列特定的适应,因此学习所进化的是学习的方向性。

犬的学习是指犬借助自身的生活经历和经验使自身的行为发生适应性变化的过程。所有的动物都存在学习过程,根据神经系统的发育程度不同,不同的动物具有不同的学习能力。犬属于高等级的综合学习者,它具有足够发达的大脑以实现广泛范围的记忆,具有从一种模式推到另一种模式的综合推理能力,具有对复杂环境的认识和适应能力。犬的学习方式主要有印记学习、习惯化、试错学习、玩耍学习、模仿和推理学习、社会化学习等。需要说明的是,对学习方式进行定义和分类只是为了研究和交流的方便,实际上并不存在这种明确的区分,犬的行为发生适应性变化的过程可能涉及不止一种学习类型,而不同的学习类型可能涉及相同的神经生物学机制。

一、学习敏感期

学习敏感期是指学习发生的特定或最佳年龄时期。一定的学习过程只能发生在一定的年龄段,而不是生命历程的任意阶段,通常敏感期是在动物发育的早期,即出生后的几天或几周之内。对犬来说,虽然没有明确的时间界定,通常认为犬学习的敏感期在四月龄以内,甚至更短。为什么犬早期学习能力最强呢?对于这一现象目前还没有满意的解释,目前认为一方面可能是中枢神经系统的发育过程起着关键作用,另一方面可能是幼年时期与同种的其他成员密切生活在一起,更容易习得知识和经验。对人类大脑发育的研究发现,婴儿出生时神经元数量约230亿个,每个神经元都有大约2500个突触,脑重量约350~400克,约是成人脑重的25%,出生后神经网络和大脑获得飞速生长(图2-4-1和图2-4-2)。到2岁龄时,神经元数量达到近800亿个,每个神经元的突触数

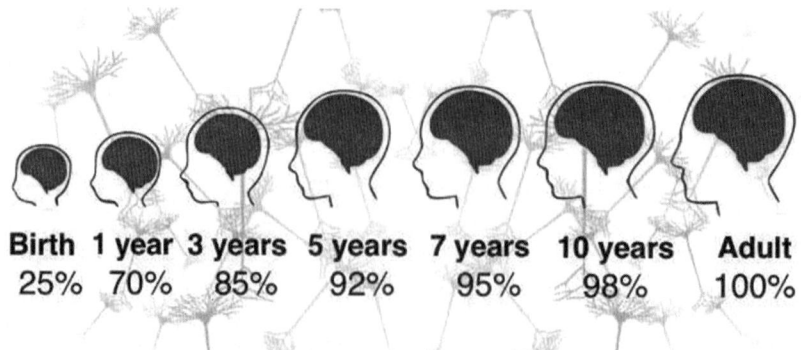

图2-4-1 人大脑发育规律图

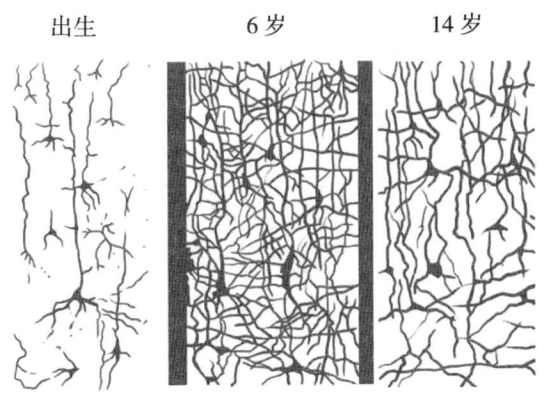

图 2 - 4 - 2　人大脑神经网络发育规律图

量增加到 15000 个，脑重量约达到成人的 75％。瑞典神经生物化学家海登（H. Hyden）训练小白鼠走钢丝的研究发现，练习走钢丝的小白鼠，脑内与平衡活动有关神经元的 RNA 含量显著增加，控制平衡系统的脑区显著增大。而将抑制该 RNA 产生的化学物质注射到动物脑内，会使动物的学习能力显著减退甚至完全消失。在另一项试验中，实验者将刚出生的一窝小白鼠分为两组，一组放在有各种玩具和设备，环境丰富的条件下饲养；另一组放在没有任何玩具和设备的贫瘠环境中饲养。结果发现，前一组小白鼠的大脑皮层比后一组小鼠的厚且重，神经突出数量显著增加。这表明丰富的环境刺激可能促进了小白鼠神经系统的发育，进而促进超强的学习能力的产生。

二、印记学习

印记是动物学习行为的一种类型，主要发生在动物生活的早期阶段。一只小绵羊常常跟着用奶瓶喂养它的人，即使是断了奶进入羊群之后，也常常会走近以前喂养过它的人；刚刚孵化出的绿头鸭在与母鸭隔离的情况下，将会跟着一个粗糙的模型鸭走，也会跟着一个缓慢步行的人走，甚至会跟着一个移动的纸盒子走；当小鸡在接近一个物体的同时能得到食物，小鸡对这一物体的依附性就会更强。在自然条件下，大多数的有效刺激都是母亲提供的，而接近母亲通常会得到食物和温暖，可见犬借助于此，有利于形成对母亲的依附性。但是随着身体发育的日趋完善，这种依附性和印记学习会逐渐减弱。在群体中饲养的小鸡，孵化 3 天后便不再有跟随反应，但隔离饲养小鸟的跟随反应所维持的时间要长得多。犬的印记学习敏感期大约在 3～10 周龄，在此期间犬通过相互接触，会建立起各种社会关系，在它的学习敏感期与人有过短时间的接触，就会与人建立起持久的社会关系。随着年龄的增加，印记学习的敏感性逐渐下降，这可能和探索行为的发展和害怕心理的产生有关。1 月龄左右的幼犬对陌生的物体并不回避，而常常是走近和探索它,但3月龄以后就会变得胆小和害怕,对任何不熟悉的物体都会这样。害怕心理的产生可能影响着动物的印记过程,导致印记学习敏感期的结束。

很多鸟类发育成熟后对配偶的选择也受到早期印记的影响,这一现象常被称为性印记。在家养的鸡、鸭和鸽中,把幼鸟让具有不同颜色、不同品种的养父母去喂养,结果被喂养的幼鸟长大后,对养父母所属的种群有很强的偏爱性,更喜欢选择具有养父母颜色的异性个体做配偶,而不愿与自己所属品种颜色相同的个体交配。性印记通常可以维持几年,被其他种类的鸭或鹅养大的绿头鸭总是试图向其养父母所属物种的异性个体求偶,即使得不到对方的响应与合作,也会坚持这样做。在一项让斑马雀和孟加拉国雀相互交叉养育的试验中,雏鸟长大后,都让它们与本种成员生活在一起,并与它们养父母所属物种的成员相隔离,多年以后,虽然发现它们之中的大多数个体都能与本种异性个体成功地进行繁殖,但当最终让它们在两物种异性成员间进行选择时,它们仍然会对养父母物种表现出强烈的选择性。

印记学习对于动物亲子识别、种群特征识别和避免近亲交配方面具有适应性意义。从进化的观点看,双亲只抚育自己亲生的后代、同种的异性交配是极为重要的,无论是跟随反应、早期气味刺激还是性印记,都涉及学会识别双亲和同种其他个体的基本特征。比如,幼犬对母犬气味和母犬对幼犬的气味都极其敏感,母犬只要与出生后的幼犬短暂的接触就会记住其身体气味,并认同是自己的后代,如果不发生这种接触,母犬就不允许幼犬吸吮奶水,甚至攻击幼犬。性印记有助于个体识别同种特征,以便以后选择同种异性进行求偶和交配。著名动物学家劳伦兹曾观察到对人产生了性印记的斑马雀长大后,不仅会向人的手指求偶,而且试图与人的手指交配。为了进行种群特征识别,性印记敏感期的时间应该和近亲个体发育到出现成年特征的时期相一致。鸭和鹅类的性印记敏感期和亲代抚育期完全一致,一旦离开家庭进入群体生活,印记学习的敏感期就结束了。绿头鸭的性印记敏感期约持续到8周龄,因为8周龄时幼鸭已具有成鸭的基本特征;家鸡需要较长时间才会出现成年鸡的基本特征,因此家鸡性印记的敏感期相对较晚,大约在第5~6周才出现。这些早期印记行为确保了双亲所抚养的后代是自己的而不是别人的,同时性印记确保了繁殖的成功率并避免了近亲交配。

三、习惯化

习惯化是指当刺激连续或重复发生而不伴随强化时,所形成的一种本能反应的持久性衰退甚至丧失。典型的例子是犬对鞭炮、铁盆的撞击声、枪声等声响的反应,起初任何异常的声音都会引起犬的警惕、恐惧或逃跑反应,给予多次的轻微声响刺激,当犬逐渐适应后,加大声响刺激,犬逐步适应这种重复出现而没有恶果的刺激,即习惯化了。又如犬初次到一个陌生的房间里可能会害怕的,但经过重复或连续多次地接触这些陌生房间环境刺激,可减轻犬的恐惧行为,逐步习惯新环境的存在。对习惯化来说,时间性是关键,持久性是其典型特点。对于枪声的适应,如果每隔几分钟响一次,那么可能经过二十次左右的刺激就可以习惯。如果每隔2天响一次,可能要经过五六十次甚至更多的刺激才能习惯。持久性是指习惯化一旦产生就会持续相当长的时间。

习惯化是最简单、最常见的一种学习类型,因此具有很大的适应性意义。如果犬对某些无害刺激总是重复做出反应,那么就会浪费很多的能量、时间和注意力,从而减少了花在其他活动中的时间和能量,注意力的忽然转移也会导致其他活动的效率下降。在种内关系方面,如果犬不能对陌生犬产生习惯,那么争吵甚至战斗就会无休无止。在种间关系方面,犬的生活环境总会有鸡、鸭、鹅和陌生人等其他动物的存在,犬需要对这种环境熟悉和习惯,才能生活下去。

四、试－错学习

试－错学习是由美国著名的心理学家桑代克提出的,设计了有名的"迷笼饿猫试验"。桑代克制作一个有开关的箱子,箱子里关着一只饿猫,笼子附近放着一条鲜鱼,当猫碰到开关笼子门就可开启,猫即可逃出箱子并得到箱子外的鱼。饿猫刚进入箱子中时,只是无目的地乱咬、乱撞,在这个过程中,不小心碰到了机关,侥幸逃出了笼外。接着第二次,桑代克又把饿猫关在箱子里,如此多次重复,猫不断地在一次又一次地尝试中打开了笼子。慢慢地猫被放进笼子后做出的无效行为越来越少,最后猫没有任何的尝试,直接用一种正确的方式打开了门。桑代克通过猫的不断尝试学习行为,提出了学习上的"尝试－错误"理论,也称为试－错学习。试－错学习的实质是在每次尝试中,构建一种刺激－反应联系,通过环境给予的反馈,放弃错误的尝试而保留正确的尝试,从而建立起正确的联结。试－错学习中,欲求行为动机和行为的后果是影响学习的关键因素。刚出生的小犬起初不能准确找到奶头,什么都会吮吸,但有些地方吮吸不到奶水,有些地方可以吃到奶水,逐渐它就学会把奶头的特征和奶水联系起来,找到奶头的准确率越来越高。在这个学习过程中,欲求行为动机在先(饥饿),诱发寻找奶头的行为,最后成功吮吸到奶水是动机行为的后果,这是试－错学习的固定程序。

试－错学习现象在鸟类、鱼类、哺乳类等各种动物上均广泛存在,对提高动物的行为效率和增强环境适应具有重要意义。在犬的训练上,试－错学习理论同样具有重要应用意义。以训练犬跨越1米高的栏板为例,将栏板固定在两堵墙间,把犬喜欢的玩具或食物放在栏板的一侧,把犬放在栏板的另一侧,犬只有跳过栏板才能得到喜欢的玩具或食物。起初犬可能会到处乱扒,直到犬趴在栏板上试图翻过去,如果第一次跳过去并得到了奖励,那么第二次犬的尝试时间会明显缩短,如此反复尝试,直到其不再尝试直接跨越过去为止。

五、玩耍学习

玩耍学习是动物建立社会行为的重要学习形式,是一种高兴状态下的随意行为。当处于环境稳定和安全状态下时,犬的奔跑、跳跃、打斗以及追捕玩具等都是典型的玩耍行为。玩耍学习主要有以下四种形式:其一就是打斗和追逐,小犬进行自娱自乐的方式之一就是互相打斗和追逐,通过这种游戏有利于提高犬的力量、耐力和行为的协调能力,也有利于改善整体的感知能力。两个小犬相互啃咬的过程中,可以提前练习啃咬的力度,通过相互抱握翻滚提高身体的感知能力,促进感觉神经系统的发育。其二是演练玩耍,犬在幼年时很多技能尚未完善,需要不断进行演练提高技能的熟练程度,相互打斗的过程也是练习捕食技巧的过程,这对未来的捕食、领地防御和战斗行为等各种生存技能都有重要作用。其三是探索玩耍,幼年时期犬对环境中的各种物品比较好奇,新的物品可吸引犬去触摸、嗅探、啃咬等不同的角度去观察和认识它,利用犬探索玩耍的学习规律可以培养犬对物品的占有欲和衔取欲,为以后的训练打好根基。其四是社会玩耍,通常是指亲代与子代或子代之间进行的玩耍游戏,有助于社会行为的发展,比如仪式化的行为、性行为等,同时对群体等级秩序的建立有着重要意义,及早确立个体在犬群中的地位和优势,避免成年以后因地位争夺造成伤亡。

玩耍学习的主要特征表现为:玩耍不是简单的反射,是一种自发自愿的随意行为;通常与正常的行为顺序相背离,具有明显的随机顺序,比如犬在追逐打斗过程中,如果一方将另一方咬痛,很快会过渡到具有攻击性质的反击行为,一方认识到用力过度后,会再转化为安抚和亲昵行为;玩耍行为比正常行为要表现得更为夸张,常以特定的信号为先导。

六、模仿学习

模仿学习是指动物通过观察其他个体的行为,从而增加经验和获得新技能的学习方法。模仿学习在动物世界中很常见,比如黑猩猩可以模仿照片中猩猩的表情和动作,山雀可以模仿其他山雀开牛奶瓶盖行为从而习得这种技巧,小山羊模仿羊妈妈跳跃低头的动作从而学习打斗技巧。在犬身上,模仿学习同样发挥着关键的作用,幼犬能通过模仿,从自己母亲的行为中学到许多生活经验,从观察同伴的活动中学会某些动作。在犬的训练中,采用以老带新、观摩学习的方法,从而让一些犬快速学会跨越栏杆、追逐玩具等行为;让不会爬跨的公犬观摩其他公犬的爬跨行为,有助于其学习爬跨行为。犬还可以模仿主人开门、关门的动作,从而习得这些行为。但是模仿学习如果引导不当,会造成犬的某些不良习性的养成和固定,比如随地大小便,有固定排便习惯的犬如果经常和随地大小便的犬在一起,可能会造成随地大小便行为的发生。

模仿学习的适应性意义是显而易见的,动物通过模仿同种个体可以学会吃什么、到什么地方吃以及什么食物不能吃,因此节约了觅食行为所需的时间和能量。通过观察同伴对其他物体或动物的行为反应,可以学会躲避危险,提高了生存的概率。模仿使得动物能从同种其他个体的经验中学习知识,绕过行为遗传机制的途径,更快的习得某些技能,这对提高个体的适合度大有益处。

七、推理学习

推理学习是学习的最高级形式,是动物将两个或两个以上独立经验结合起来形成新经验的学习过程,包括了解问题、思考问题和解决问题。推理学习是高级动物的一种学习方式,比如简单的绕路取食行为,在食物和动物之间设置一道障碍,动物只有绕过障碍才能获得食物,低等生物便不能解决这个问题,而鸟类、哺乳类动物则可以。推理学习在犬的训练中比较常见,其中最典型的例子就是犬对气味的泛化和特化。在一项训练犬识别人类肺癌气味的研究中(赵勤涛,2021),小 Q(犬的名字)首先学会了从几块干净纱布和含有肺癌病人气味的纱布中找到含有肺癌病人气味的纱布,然而将干净纱布换成含有健康人气味的纱布后,小 Q 最初几次分辨均以失败告终,因为健康人的气味和肺癌病人的气味差距很小,小 Q 还不能从各种气味中勾勒出肺癌气味的图像。然而随着训练的进行,用大量的不同肺癌气味和健康人气味样本让它去识别,识别正确给予食物奖励,识别错误不给食物,以此告诉犬哪些是正确的,哪些是错误的,慢慢的小 Q 便能从众多人体气味中准确识别肺癌气味。小 Q 的推理行为表现在从众多不同的复杂气味中,推理出气味之间的关系,对目标气味逐步泛化,勾勒出肺癌气味的图像。除了气味泛化以外,对其他复杂行为的训练过程中,犬也会表现出推理学习现象。比如训练犬"跳舞",大致的训练过程如下:第一步是让犬喜欢站在一块铁板上吃食,或者只有站在这块铁板上才能吃到食物;第二步把铁板加热,因为热的铁板会烫脚,所以犬就会在铁板上蹦蹦跳跳,跳动的过程中就给它食物吃;第三步当犬站上加热的铁板立即播放音乐,犬跳动的过程中给它食物吃;第四步铁板不再加热,只放音乐,只要犬随着音乐跳动就给予食物奖励;第五步是让犬站在地上并播放音乐,如果犬开始跳舞就给予食物奖励。犬"跳舞"的行为是由几个简单行为组成了一套行为链,该训练涉及了条件反射、操作式条件反射、试 – 错学习等多种学习理论,当然推理学习也参与了其中。

八、社会化学习

社会化学习也称文化传承,是指动物通过复制其他个体的行为而学到某些东西,是改变个体发育的全部社会经验的总和。通过社会化学习可以使一些新的性状在种群中快速散布开来,也可以使各种信息在世代间得到传递。社会化对于动物(尤其是幼年动物)正常的生长发育是至关重要的。在一项关于恒河猴"母爱"和其他社会化方面的研究中说明了这种重要性,幼猴出生后被带离它的母亲单独饲养,用铁丝网和布分别做成两个"猴妈妈"模型,幼猴明显地更偏爱"布妈妈",尤其是在受到惊吓时,它总是紧紧地抱住"布妈妈",可能是"布妈妈"柔软的材质起了决定性的作用。由于两个模型不会活动和交流,当幼猴长大并将其与其他猴放在一起生活后,该猴的社会行为是很不正常的,类似于人类的精神病。它总是处于极端情绪当中,时而极度攻击时而孤独害怕。在这种环境中长大的雄猴和雌猴都是性功能不健全者,雄猴不能完成正常的交配程序,要么不知道如何爬跨,要么找不到正确的交配位置。雌猴在发情期拒绝接受爬跨,哺乳期有虐幼行为或不完全的哺乳行为。幼年时期隔离时间越长,造成的创伤越大,隔离超过 6 个月,将会造成广泛的永久性创伤。在人类身上,社会化同样起着重要作用,广为流传的印度"狼孩"事件体现了社会化对人类生长、发育、行为等全面的综合性影响。"狼孩"是指由狼抚育起来的人类幼童,1920 年在印度东北部发现两个由狼抚养长大的小女孩,其中大的七八岁,小的两三岁,他们使用四肢行走,怕光怕火,不会人类语言而是像狼那样嚎叫,吃东西时不用手拿而是放在地上用牙齿撕开吃,很多行为更像狼而是不是人类,大女孩在孤儿院经过 7 年的教育才掌握 4、5 个词,勉强地学会几句话。这些现象说明人类的语言、技能、知识传递不是生来就有的,而是社会化的产物,脱离了人类社会环境和集群生活就不能形成"人"的特征,就不能发育形成人的大脑意识、心理和行为。

对犬来说社会化同样重要,社会化学习贯穿生命始终,但通常 6 月龄以前是社会化的关键时期,也是神经发育的关键时期。幼犬的印记形成是靠嗅觉刺激,如果主人和幼犬在 1 月龄左右保持密切接触,有利于建立良好的人犬关系,并且这种关系一旦建立很难打破,就像刚出生的小鸡、小鸭子把看到的第一个移动物体当作自己的妈妈一样,幼犬凭借主人身体气味的刺激建立亲和关系,产生情感上的依赖。幼犬断奶(通常为 7 周龄)以前应尽可能地保持和同伴生活在一起,在这一时期,幼犬之间通过玩耍、模仿等方式学习很多生活的技巧和犬的语言,如果 20 日龄之前将幼犬单独饲养并且和同类玩耍交流比较少,那么将会对它在心理上产生严重的,甚至是不可逆的损伤,像上文讲述的"狼孩"一样,它可能会失去犬的行为特性,出现排斥同类、拒绝交配或异常的母性行为等。7周龄后,幼犬开始独立探索并逐步适应外面的世界,在此期间应尽可能让犬见识新的环境、人类和物品,提高犬对事物的认识水平和对新环境的适应能力。这种独立探索阶段通常会持续到14周龄,如果这一时期和外界接触过少,会造成胆怯和敏感的性格。3~6月龄,犬的感觉系统日趋完善,基本的学习能力已充分发育,基本行为模式已不会改变,犬开始学习周围的一切,并对碰到的情况表现出相应的适应行为。探究行为增加,开始出现大范围的活动。通过群内玩耍、惯化、模仿等学习方式,犬的捕食技能、基本的性技能和互动规则日渐成熟,群体的等级地位基本建立。到6月龄时,行为上的大部分技能与成年犬非常接近。6月龄以后,犬的发育进入青年期,这一时期生长发育快,活泼好动,行为技能更加成熟,直到出现性行为,达到性成熟。犬到1.5~2岁时,生理机能才发育完全,达到体成熟,进入成年期。犬的老年期,因品种不同而有所差别,通常8岁龄左右进入老年期,感觉开始迟钝,行动迟缓,各项行为能力减弱。

社会化和犬的个体学习是不相同的,首先个体学习学到的东西会随着个体的死亡而丢失,个体技能不会在世代间或跨世代进行传递。社会化不是这样的,社会化的影响远远超过一个个体的生命周期,可以使新的行为或技能迅速传遍整个群体,并且进行世代间传递,这是个体学习做不到的。社会化更像是一个"容器",里面包含了所有"犬"的行为特征和特定犬群的行为技能库。

第五节　犬的情感与行为表达

犬虽然不能像人一样说话,但是,犬可以通过吠叫、动作、姿态等许多体语来表现感情、意愿和心理状态,而这些复杂的内心活动外化于可直观的行为。同时,犬也是通过这些方式实现与同类的交流。这些方式中,最主要的表达方式就是吠叫和体语。

一、犬的吠叫

吠叫是犬的本能。犬的吠叫类型通常与其所属的种类相一致,但同一品种中的每只犬的吠叫也有一定的区别。优秀主人不仅能分辨出灰猎犬和比格犬的声音的不同,也能分辨出其所饲养的每条犬的声音。实质上,只要在注意倾听犬所发出的声音(吠叫声)

的基础上,再仔细观察犬的表情与动作,人就可以大致猜测出犬所要表达的情感。

(一)犬通常只在其势力范围内吠叫

比如,陌生人进门或要靠近犬舍时,犬就会奋力地发出吠叫声;而两只犬在路上碰面时,一般都不吠叫。

(二)小型犬和大型犬的吠叫有所不同

一般小型犬的吠声高而尖锐,而且喜欢乱叫;大型犬的吠声粗而低沉,而且性情较沉着,通常不会乱叫。犬的吠叫与警戒心是一条看门犬所必须具备的条件。犬会看家,它看见陌生的人立刻吠叫不停,这是犬的语言,叫声是报警,它要唤醒同伴注意,同时告诉主人要提高警惕;叫声还是一种示威,带有助威和恐吓的作用。同类之间相距很远的时候,也用叫声互通信息。

(三)犬显示强者时会咆哮或低吟

犬对于弱者表示权威时会咆哮,如猎犬追捕猎物时,最容易发出这种声音,表示权威和发出恐吓。而犬在相互攻击或表示愤恨的时候,会发出呻吟声,这也是一种表示厌恶或愤怒的声音。

(四)犬在示弱时会哀叫、哼哼或发出鼻音

当犬被欺凌时会发出"噢噢呜"的哀叫声;当幼犬离开母犬、感到寒冷或生病时,会发出一种"哼哼"的高调声音;当犬悲伤的时候,会发出鼻音,表示"悲哀"或"难过"。

二、犬的身体语言

犬的一系列心理活动,喜、怒、哀、乐等都会通过姿势、肢体动作及声音等形式表达出来,以此来和主人、同类及其他动物进行沟通。由于犬语言匮乏,所以肢体语言就更加丰富,透过这些肢体语言,有利于驯导和与犬相处。

犬的身体特别具有表现的部位是头部、嘴部、眼睛、耳朵、尾巴和四肢。不同的动作都代表不同的感情和意义。

（一）面部的表达

1. 高兴：

面部放松，嘴微张，舌头有时可见，或微微伸出覆在齿下（类似人类的笑脸）。尾部有节奏地摆动，甚至略高于水平面。

2. 注意或兴趣：

嘴闭合，舌头或牙齿不见，朝某个方向看，稍前倾。

3. 警告：嘴多闭合，唇缘曲卷，暴露几颗牙齿。

4. 主动进攻：犬嘴张开，唇缘曲卷，暴露犬齿和前臼齿，鼻子上出现皱褶。

5. 攻击：犬唇缘曲卷，露出所有牙齿，暴露前排牙齿上部的牙龈，鼻上皱褶明显可见。

（二）嘴巴的表达

1. 嘴微张

当犬嘴微张，并不伴随其它动作时，表明它此时感到无聊，此时要防止爱犬自己寻找一些破坏性游戏，如啃电线、拖沙发套等。

2. 张嘴露出牙齿

嘴张得很大并露出牙齿，表明犬心里非常害怕，只要有机会就会逃跑。如果强大的犬看到弱小的犬害怕时，就会打哈欠告诉对方自己并无恶意。

3. 嘴唇上卷，露出部分牙齿

当犬的利益受到侵害时，它会用这个动作表示自己的不可侵犯，所以是一种示威的表现。

（三）眼睛的表达

1. 瞳孔的变化

兴奋、兴趣或比较强烈的感情会使瞳孔变大，高兴的时候，目光晶亮。比较生气或有挑战性的时候，瞳孔先收缩，然后再变到最大。

2. 眼睛凝视的方向

目光直视以示挑战，如果别的工作犬把目光移开或表示服从，则不会发生冲突，否则互不服气，一场打斗不可避免。我们不要目光直视陌生的工作犬，让其认为是对它的挑战而引发不必要的危险。而对于我们自己的工作犬，可以通过这种方式制止它的错误行为。

3. 回避对方视线

表示犬的害怕、紧张，做错事时因害怕惩罚会出现这种眼神。对爱犬要奖惩分明，不能因为它的求饶而逃避应有的惩罚。

不停眨眼：表示它被冷落的不安和对你不停忙碌的不满。犬生性贪玩，不能因为你的忙碌而忽视了它的感受。

眼睛湿润：悲伤和寂寞时，眼睛湿润；当受到不公正的对待或无端的指责时，犬会委屈和难过，眼睛会湿润，楚楚可怜，这时应花点时间去安抚它。

（四）耳朵的表达

耳朵竖起，或稍微前倾："什么"或嘴巴微张"这真的很有趣"；耳朵向后摊平"我很害怕"我正保护自己避免遭受可能的攻击"；微微后倾，耳朵眼微向两边张开"我不喜"欢这个"或"我已准备好打架或逃跑"；当耳朵有力地向后贴紧时，表示它想攻击对方；而当耳朵向后轻摆时，表示高兴或是在撒娇；耳朵向下、向后，表示服从。

（五）尾巴的表达

1. 僵硬的平伸：一般具有进攻的含义，在面对陌生人和入侵者这是一种挑战的方式。也可用于两头互不相识的工作犬在初次见面时比较谨慎的一种问候。这种情况他们往往在估量自己的胜算并往往有一头犬退却。

2. 斜上举：这是一头占统治地位的犬所传递的信号。

3. 尾自然下垂并偶尔摆动：这是一头无忧无虑的犬，可以理解为"我很放松"。

4. 夹尾：这种姿势可以理解为"我很害怕"，同时可以帮助制止其他犬进攻及作为传达和平信息的信号。

5. 尾尖竖毛：这种情况并不多见，仅尾巴尖上的毛竖起，是在进攻基础上多了焦急、恐惧、不安的意思。

6. 尾巴小幅摆动：犬向人进行问候，一般是对陌生人，主人的偶然注意也会使犬产生这种回应，以示寻求友谊支持。

7. 尾巴的毛几乎呈水平状散开，但不僵硬，代表"有趣的事情可能要发生了"。

8. 垂直竖起，散开：遇到陌生人或入侵者。

9. 尾巴举起微微朝背部弯曲：自信、强势、觉得自己握有掌控权。

10. 尾巴放得比水平线低,但离腿部还远:"我很轻松""一切都很好"。

总结一般的情况是:

– 尾巴摇动,表示喜悦;

– 尾巴垂下,意味危险;

– 尾巴不动,显示不安;

– 尾巴夹起,说明害怕。

(六)鼻子的表达

1. 嗅认

如果一只陌生犬对你嗅来嗅去,说明它试图接近你;当然一只熟悉你的犬对你嗅来嗅去,可能是你身上有别的气味,如抱过别的犬等。

2. 推撞

当爱犬用鼻子撞你,是表达喜悦的一种方式。当然如果持续猛烈的撞击,也可能是一种愤怒,这时就尽快安抚它。发出"呵呵"声,撒娇地表示,希望你放下手头工作,陪它玩。

(七)其他身体动作行为

1. 腿僵直,直立位置或慢速僵直着腿向前。

这是一个支配欲强的工作犬试图表达:"这我说了算"。另外的意思是:"我要挑战你"。但这种体态不一定意味着一定会发生肢体上的争斗。工作犬一般不会打架,只要另一方服软就可以。当然如果避免不了,工作犬也会打一架的。

2. 身体轻微前倾,腿绷直这通常是被挑战的工作犬表达:"我接受你的挑战并且准备战斗"。

3. 肩膀和背部的毛直立表示支配欲较强、比较自信的工作犬的挑战意味增强,随时准备战斗。

4. 降低身体或畏缩同时向上看:主动表示臣服以讨好支配欲较强的工作犬。

5. 用鼻子轻碰嘴唇通常伴随的降低的身体。这表示地位低的工作犬接受别的工作犬高于它的地位。

6. 当别的犬接近时,一只犬坐下并允许被闻:这时两个自信程度接近的工作犬相遇时,其中一个工作犬觉得自己地位稍低,但无需完全臣服,就会坐下,以示承认对方较高的地位。

7. 工作犬侧躺下或翻过来露出肚皮,并避免目光接触:这是工作犬完全臣服的一种表示方式。有的工作犬为了加重程度,还会滴几滴尿这时处于支配地位的工作犬会用鼻子轻拱它的喉咙、私处、肚子或舔它的脸,以示接受它的臣服。

8. 站到躺下的工作犬的身上、头在别的工作犬腹部或肩部上方、爪子在别的工作犬肩上或身上,这几个都是显示自己支配地位的方法。

9. 肩撞或依靠显示自己的更高的地位,用肩撞让别的工作犬让路,依靠比较温和。如果你工作犬依靠你,说明他认为它比你地位高,要求你让路。

10. 工作犬转身侧面向别的工作犬:比较自信的工作犬接受别的工作犬比它的地位高。

11. 工作犬前腿伸展,后腿和尾巴抬起这是邀请玩耍的表示。

三、犬的气味表达

犬的嗅觉是了解世界、完成各种任务最重要的功能。从一生下来幼犬就知道如何使用嗅觉找到母犬的乳头,不用过多久就可以区别母犬和其他犬的不同体味。犬通过特殊的气味进行交流。这些气味信息除了代表着性方面的详细信息(性别、是否处于发情期)外,还包括是否怀孕、是否临产等信息。犬在生气、恐惧或非常自信等不同状态下会释放不同的激素,犬龄的大小也可以从散发的气味信息中得以区别。

犬喜欢嗅闻东西,包括嗅闻领地记号、新的犬、食物、异物、粪便、尿液等。犬在外出漫游时,几乎是依靠"嗅迹标志"行走,不仅用尿,而且还会用粪便来为自己的领地或其他重要地方做标记。(见图 2 - 5 - 1)

图 2 - 5 - 1

犬的领地习性,就是利用肛门腺分泌物使粪便具有特殊气味,用趾间汗腺分泌的汗液和用后肢在地上抓划,作为领地记号。犬会经常在人身上蹭,在人身上留下自己的气味,从而确认这个人是属于其集体中的一员。

四、犬的情感表达

犬的情感世界非常丰富,它与人一样也有喜悦、愤怒、警觉、恐惧、悲伤、寂寞等。我们只有了解并读懂犬的情感信息,才能科学、合理地饲养管理好自己的爱犬,才能更好的与它们交流相处。

1. 喜悦

犬表示喜悦的声音和姿态多种多样。

(1)不停地摇尾跳动,身体弯曲扭动,用前腿踏地或者尾巴使劲地左右摇摆,或在主人四周跳跃,耳朵向后方扭摆,眼睛炯炯有神,发出甜美的鼻音。

(2)有的犬在喜悦的时候发出的吠声是一种明快的"汪汪"声,吠叫声短促、快速,声调高而尖,像在愉快地哼唱歌曲,大型犬还可能把前腿抬起或去舔主人的脸。

(3)过分喜悦时有的犬可能会尿失禁,这种情况多发生于幼年犬,随着年龄的增长会逐渐消失。

(4)有时候犬会先用脚推挤脸部以摩擦鼻子,用胸部摩擦地面,或者用前脚揉搓脸部从眼睛到耳朵的部分,然后背部朝下,这也是一种表示内心满足、喜悦及放松的方式。

(5)犬有时还会发出一种细小的呜咽声,同时垂着舌头"哈哈"地喘着气,慢慢地摇尾巴,喉咙中发出轻微的"呜呜"声或发出轻快的"汪汪"声,有时甚至不停地舔主人的手和脸,以表示其愉快、兴奋,对人表示好感。

(6)有时候犬趴下来,把头枕在前脚上,眼睛半张半闭发出叹气的声音,尾巴放得比水平线还低,但是离腿部仍远,这也表示犬的心情愉悦。

(7)犬的嘴部放松微笑,舌头隐约可见,或者舌头略盖过下排牙齿,这也是表示心情愉快高兴。

(8)犬会因喜悦而撒娇。犬在撒娇的时候,最典型的姿势是前腿向前伸展,臀部抬起,把脚搭在主人的膝上或在主人面前挥舞脚掌,头部靠近地面或钻进主人的手中,同时会用鼻子发出"阿呵"的声音。在请主人宽恕而撒娇时,则会把尾巴垂下来。而在它想得到什么,或者要催促主人和它一起玩而撒娇时,会轻轻地摇动尾巴,不再垂下去。而既自信又要对主人撒娇的犬会将尾巴举起,微微朝背部弯曲。

(9)犬在向人或者其他动物示好时,表现为嘴微笑着向后咧,同时配合着安详的眼神、向后倾的耳朵以及翻卷的舌头。也可能会转过身将屁股靠在主人身上，头与人之间保持一定的距离，这种姿势正好方便主人轻抚它的背。

2. 愤怒

犬在愤怒时，全身僵直变硬，四肢伸开直踩地面，背毛直立、倒竖散开，身体放低，尾巴也会轻微地摇动，同时嘴唇翻卷，露出牙齿，两耳竖立朝向对方，发出威胁性的"呜呜"声。

3. 悲伤

犬在悲伤的时候，吠声就会不稳定，由鼻部发出"咕咕"的叫声，同时低垂尾巴，前脚猛抓地面，以求救的姿势摩擦主人的身体，呈现一副倾诉的姿态，希望得到主人的接近，以"诉说"自己的哀伤、痛苦和不幸。如果后腿仍然直立，而尾巴微微前后摆动，意味着"不是很舒服"或"有点悲伤"。

4. 警觉

犬在警觉的时候，头部高扬，尾部摇晃，耳朵会竖立起来，嘴里会发出"汪汪"的吠声。在外敌接近的时候，会发出连续的"汪－汪－汪"的吠声，吠叫声变得低而短，两次吠叫的间隔时间变长，而且发出连串的吠声（每次3～4声），中间有稍微停顿，音量较低，这是一种表示不确定的报警信号。此时只是出于兴趣，尚无敌意。当叫声急速，音量稍高时，才是最基本的吠叫警告。若是有两只互不相识的犬靠近，它们多会避免目光接触，不直接走向对方，而是绕到侧面再接近，这样可以避免直接刺激或激怒对方，引发打斗。人站立时由上往下看犬、摸犬，也会让犬感到威胁。所以在与陌生犬接触时，最好先放低身子，让它消除警戒。如果此时犬声音的频率提高了，发出的汪汪声短促而强烈时，说明犬比较激动，是在表示戒意和警告，则不能靠近。当犬闭嘴发出压抑的鼻息，同时头部指向声源，则表示有陌生人或动物走近或什么地方有可疑的声音。

5. 遇到威胁

当犬遇到威胁时，犬会轻柔、低音调地吠叫。如果同时皱着鼻子，龇牙咧嘴，毛发耸立，这是警告对方使之走开，但仍留了一点余地（退路）给对方。如果唇部卷起，露出部分牙齿，但嘴巴仍然闭着，同时从喉、齿间发出低声怒吠，这是对威胁一方发出进一步升级的信号。另外，当犬坐着，一只脚微微举起，也是代表威胁和压力的信号，但是，此时多伴随着犬自身的不安全感。当威胁者进一步接近时，吠叫声变得更快，音调稍高且尖细，上下颌猛咬。如果威胁者到身边时，则犬的吠叫声更加厉害。当犬的吠声从较大声变低沉、同时牙齿外露，即代表咬斗开始。有些犬当肩部的毛竖起时，就开始咬斗。另外，也有些犬先吠叫，唇部向上卷，露出门牙，鼻子上方皱起，嘴巴张开一部分，然后龇牙咧嘴，毛竖起后开始咬斗。但犬攻击前最危险的表情是唇部上卷,不仅露出所有的牙齿,还包括上排牙龈。鼻子上方出现皱纹,这是犬准备发动暴力攻击的主要信号。如果遇到这种情况时,千万不能转身就跑,因为转身就跑可能会引发犬追逐攻击的反应,此时应该将目光微微朝下,稍微张开嘴巴,然后慢慢退后。

6.恐怖

犬在恐怖的时候,因程度不同会表现不同程度地垂尾。犬在恐怖的时候常把尾巴夹在两腿中间,身体缩成一团,躲在屋角或主人身后,以减少被伤害的面积。若耳朵同时也扭向后方呈睡眠状,则表现出极端的恐怖。另外,犬的尖叫声也是恐怖(害怕或者伤痛)的表现。

7.寂寞

犬在寂寞的时候,全身松弛而瘫软,像打哈欠一样发出"啊啊"的冗长且不间断的吠叫。吠叫间隔较长,表示孤单、需要伙伴。因为犬有强烈的群居欲望,当单独留在家里时,往往会因寂寞而害怕。表现为吠叫、嚎叫、惊慌失措甚至随地大小便。有些单独留在家的犬感到寂寞时,会把主人摸过或用过的东西搜罗到一起,将主人的气味环绕起来形成一座屏障,若东西太少不足以形成一个保护圈时,犬就会把它们撕咬成碎片铺开。

8.犬不舒服(受伤或生病)时,会发出轻柔的低吠

这种声音经常可在兽医院里听到,这种吠声通常是表示犬觉得疼痛。一只屈服的犬,置身于具有威胁的陌生环境中或幼犬在寒冷、饥饿、沮丧时,也会发出这种吠叫。另外犬低低的、拖长的呻吟哀叫声,也表示不舒服、不满意、不耐烦,但同时有恳求同情与关照之意。

犬不懂得人类的语言,我们看到的犬能听懂人类的口令是学习的结果。在驯犬的过程中,我们应该了解犬的语言,以便在驯犬的过程中与犬良性互动,收到事半功倍的效果。

第三章 动物行为动机理论和激励理论

第一节 动物行为动机理论

犬的行为受到内在因素的驱使,无论是静态行为,如睡觉;还是动态行为,如奔跑。这种内在因素可以是内在的心理状态,也可以是内在的需求,该需求通过外在行为表现如欲求行为(appetitive behavior,动物积极寻找和探索目标)及完成行为(consummatory behavior,完成行为系统生物学目的)来满足心理需要。所以,犬即将发生某个行为的内部预备状态,是导致个体发生行为的内在原因总和(隋国旗,2008)。

有机体的一切行为都是由目的来指导的。猫之所以设法逃出猫笼,老鼠之所以探索困难的迷津,人类之所以爱好音乐等等,都是包含着目的,或者在于达到某种目的。美国的心理学家爱德华·托尔曼,是目的性行为主义的创始人,他提出对于行为的最初原因以及最后引起的行为本身,都应予以客观的观察,并在操作上给以规定。在托尔曼看来,对行为的最重要描述在于说明有机体正在做什么,目的是什么,指向何处。只有研究整体行为,才可能把有机体所追求或回避的目的确切地描述出来。为此,行为的目的性描述可以用非常客观的行为数据来表述。例如,老鼠坚持不懈地走迷津,错误量逐渐减少,达到目标的速度越来越快,这就是行为指向目标的客观数据。

一、动物行为动机理论概述

动机理论是指心理学家对动机这一概念所作的理论性与系统的解释,用以解释行为动机的本质及其产生机制的理论和学说。在心理学中,动机是指引起个体活动,维持自身引起的活动,并导使该活动朝向某一目标的内在历程,这里提到的活动就是指行为。

动机是由需要产生的,当需要达到一定的强度,并且存在着满足需要的对象时,需要才能够转化为动机。换句话说,动机就是指行为的内部动力。

动机有两种,一种是持续赋予行为以目标方向的行为动机,另一种是旨在开拓的行为,作为内部刺激的生理性动机。当有犬体出现缺少或过剩状态时,就会产生生理性需求,如营养枯竭会导致饥饿动机,因而产生了食物的需求,只有得到了食物才能达到新的平衡。犬的捕猎、进食、求偶、交配、产子、哺乳等行为的背后都有以上动机的支撑。

研究动机的理论主要有:本能论、驱力论、唤醒论、诱因论等。不同的心理学家以及行为学家对分析行为的动机既有相似点又有区别。无论怎样行为的动机(力)都不是单一因素在起决定性因素,类似于"微效多基因学说"一样,是多种因素共同作用,且处于动态的平衡之中。

托尔曼不同于 J. B. 华生与斯金纳,他反对 S - R(刺激 - 反应)心理学家简单地把驱力和强化等同于动机的看法,他认为对目标的期待是行为的决定因素。托尔曼认为应该用 S - O - R(刺激 - 机体内部变化 - 反应)来解释人类的学习和行为,因此他也被称为是认知心理学的先驱,他提出的期待—价值理论也是最早的一种动机认知理论。他认为行为的最初原因是由五种自变量组成的:环境刺激(S)、生理内驱力(P)、遗传(H)、过去的训练或经验(T)、年龄(A)。行为就是这些自变量的函数:

$$B = f(S. P. H. T. A)$$

按照上述公式,其中行为是环境刺激、生理内驱力、遗传、过去的训练或经验以及年龄等的函数。也就是说,有机体的行为,或者说因变量,是随这些自变量的变化而变化的。以此为基础,托尔曼提出,介于自变量和因变量之间的有两个主要的中介变量:需求变量和认知变量。需求变量就其实质而言意指动机,包括性欲食物欲、安全欲、休息欲等;认知变量包括对客体的知觉,对探究过的路径的再认,如动作、技能等。后来,托尔曼修改了他的中介变量,提出了三种主要范畴:(1)需求系统,指有机体的生理需求或内驱力。(2)信念价值,指有机体宁愿选择某些目标物的那种欲望之强度,以及这些目标物在满足需要中的相对力量。(3)行为空间,指有机体在一定时间内所知觉到的,存在于不同地点、距离和方向的各种事物。

1. 生理需求(内驱力)、环境刺激。托尔曼和洪兹克做过一个关于生理需求(内驱力)和需求强度的关联实验,对 4 组实验对象老鼠进行了研究,第一组的老鼠既有生理需求(内驱力),又有满足相应需求的奖励物(简称 HR 组);第二组的老鼠既没有生理需求(内驱力),又没有满足相应需求的奖励物(简称 LHNR 组);第三组的老鼠有生理需求(内驱力),但没有满足相应需求的奖励物(简称 LHR 组);第四组的老鼠没有生理需求

(内驱力),但是有满足相应需求的奖励物(简称 NHR 组)(E. C Tolman,1930)。实验是以老鼠时间内犯错分数来加以区分实验效果的,最终实验结果得知,第一组的老鼠,即既有生理需求(内驱力),又有满足相应需求的奖励物的老鼠单位用时最小,犯错次数最少,学习的效率最高的;而且所有实验组的错误分数都是随着实验时间的延长而减小。这也从实验的角度说明了环境刺激(S)、生理内驱力(P)、过去的训练或经验(T)之间的相互关系及影响。

2. 年龄及经验

前面我章节们已经讲述了犬的起源,普遍认为起源于古代灰狼,犬的行为表现具备狼幼崽时期的特征,换句话说我们的犬相当于幼狼,该现象称之为幼态持续(Neoteny),所以犬不完全等同于狼,在保留狼的诸多行为痕迹依然可以与人类亲近和利用。

前面章节我们也谈到了犬的敏感期,该研究起于 50 年前。很多幼犬的经验起始于 3 周龄,并且犬的固定行为是随着年龄的变化而变化的,如犬的高抬后腿排尿和气味标记的行为,无论公犬还是母犬在一定年龄后均会出现,所不同的是公犬后腿向外,而母犬更倾向于后腿向后,但是仔犬及幼犬却不会出现该行为。仔犬从出生后并不会出现我们在成年犬身上经常看到的行为,如摆尾。初期该行为对犬而言并没有任何意义,也就没有任何动机,直到 3 周龄仔犬需要通过尾巴传递信息才会开始出现该行为。再如幼犬并仔犬在 12 日龄后才能出现抬头及聆听的表现,甚至直到幼犬能够自由行走的同时就开始了与同伴间的游戏,比如翻滚、嬉戏打闹等。

在一般的情况下,犬的经验会随着年龄的增加成正比关系(除在特殊的情况下如与世隔绝以外),一头有丰富的学习经验,并获得不断强化的中年犬,其行为模式已基本固定下来,其行为的动机及行为模式较强烈而稳定。

3. 遗传

世界养犬联合会和美国养犬俱乐部公布的世界名犬名录居然高达 500 多个品种,其中绝大部分是人工选育的结果。比如著名的德国牧羊犬,繁育一种理想的多用途的工作犬是 Von Stephonitz(冯.斯特凡尼茨)毕生的追求,于是享誉世界的全能型工作犬——德国牧羊犬诞生了。而拉布拉多犬、纽芬兰水犬等具备显著特性的犬种也是经过类似的选育过程。值得一提的是,大多数犬种是经 150 年以来培育而成的,甚至有的犬种以其培育人的名字而命名,如杜伯文犬(Doberman Pinscher),杜伯文犬又具有罗威纳犬(rottweiler)的血统,所以杜伯文犬具备天生优良的护卫犬素质就不难以理解了。育种人通过选择一些遗传性稳定的性状获得新的品种,有些品种具备天生的行为动力,如牧羊(牛)犬的放牧行为、雪橇犬的耐力奔跑行为、蹲坐猎犬的指示行为等。英国边境牧羊犬的牧羊行为堪称将犬与生俱来的猎杀本能行为和攻击行为完美的平衡，其低俯身姿并隐藏自己的动作以及佯装攻击的动作都是在围猎状态，但是捕杀和攻击猎物的动作被完美地"卸载"了，对于个别"出格"的目标只会轻咬一下后肢以示惩戒，其中长期的选育、遗传力以及与羊群共同生活等因素都起到了决定性作用。

狼只要看到一只小动物逃离它们，就会本能地去追逐，正如猎犬一样。其他的工作犬，尤其是一些护卫犬，似乎完全不感兴趣。虽然训练可以起到重要作用，但这些品种间的捕猎动力上的差别本质上是由遗传决定的。许多工作犬或者运动犬（主要用于运动赛事）一旦获得冠军等头衔，其子代也顶着"荣耀家族"的光环自然也容易被世人认为其获得了上一代优秀的品质。

多年来相关的研究人员及学者对犬行为性状的遗传力评估进行了研究如 Goddrd 等（1985）人的测试中估测出胆量的遗传力为 0.46；Lindberg 等（2004）用枪声对瑞典卷毛寻回犬的胆量进行测试，对枪声的反应的遗传力为 0.37。更有学者对一些重要的工作犬行为性状，如衔取行为游戏行为和胆量的遗传力相对较高，而服从性、搜索和追踪行为等的遗传力较低。甚至一些研究人员筛选出了一些相关的候选基因，如单胺氧化酶（monoamine oxidase MAO）基因、儿茶酚甲氧位甲基转移酶（catechol－O methvltransferase.COMT）基因、5－羟色胺能系统相关基因、多巴胺能系统相关基因（蒋志刚，2020）。

二、本能论

本能是反应的种类和方面，反应包括来自遗传的本能以及来自环境自发的习惯，学界对本能的描述从未停止过。弗洛伊德将心理结构中的无意识指心理结构的深层，它是动物体的生物本能、欲望的储存库。达尔文认为生物的本能是唯一的，利己性是生物的唯一本能。威廉·麦独孤最早提出心理学是行为科学的理念。不同于华生的行为主义思想，他不承认本能之说，在麦独孤看来，行为的特征是追求一定的目的，这样就必须考虑引起目的性行为的基本动力。而华生认为个体的本能性行为也是在环境适应中学习来的。麦独孤主张本能是天生的倾向性，即对某些客体格外敏感，并在主观上伴随着一种特定的情绪。英国哲学家斯宾塞引进了达尔文的进化论，从进化论的观点出发，用本能理论来解释动机激发。他认为人与动物的行为都是为了适应环境，生命要同环境永远适应下去，就需要进取、能动这类活动。激发动机的根本原因是人类的根本性动机——本能性动机，所以动机激发不是靠外部影响，而是靠自身的本能行动（俞文钊，2020）。

以摄食反射为基础的食欲动力、以防御反射为基础的护卫及阶级动力、以猎取反射为基础的捕猎动力、以自由反射为基础的自由动力、以探求反射为基础的探求动力，以姿势反射为基础的舒缓动力,以性反射为基础的性动力等构成了犬自我求生以及适应生存环境的本能反应。

进食本能。这里的进食本能也包括捕猎本能,无论从犬的演化过程中认同一元学说还是多元学说,犬维持生存最基本的本能都是要从捕猎开始的。

性及繁殖本能。犬体最初的生理状态是腺体和生殖器的内在失衡,它提供一种自然的生存需求,即达到性静止的种补充的生理状态。

探求本能。犬探知世界和了解世界的主要动机,以达到机体与周围环境相统一和平衡的状态。

防御本能。是犬具备生存条件的基本条件,当犬认为周围的环境没有安全感,或者有威胁到自己的事物时,一般都会发出警告的声音,做好随时应战的准备。为了保证自己的群体成员不受威胁,犬类也会对入侵者作出恐吓,甚至随时准备作战。某些护卫犬在"假想敌"尚未进入防御范围(领地)时保持警戒状态,一旦有人侵入领地,犬便开始反击。

搜索和追踪本能。犬类喜欢用自己敏锐的嗅觉来搜捕和追踪猎物。现代的工作犬中的追踪犬、搜捕犬、缉毒犬都是利用了这一本能。

游戏本能。是犬从小学习"社交"语言以及"捕猎"本能的预习动作,展示自身的体力以及智力,有利于自身的生存条件更好发展。

服从本能。服从是犬类深入骨髓的一种本能。工作犬会自动听从强大的主人的吩咐,认为只要听话,就不用自己去为生存费尽心机。在强大的主人身边他们会觉得有安全感,能够睡得很踏实。由此可见,犬类喜欢把自己放在被领导的位置,以避免各种压力。

逃避本能。任何生物都是趋利避害的,由此产生了盾壁生命危险,维系犬体健康的基本能力。

群居本能。犬是高度社会化的动物,即便在家养的情况下,犬会视主人为首领,从小就和人类长大的犬很可能认为自己与人类是同伴。一旦离开了自己的同伴,许多犬会患上"分离焦虑症"。

排泄本能。是维持犬自身健康的本能,对于未经特殊训练的犬来说,排泄就像反射一样,需要立即"解决"。而对于经过训练的犬来说,似乎经历一种实际的需要,在合适的地方实施这种行为,在某个合适环境地点进行完美的"排泄"反应,动物期望这种排泄会带来静止状态。

休息本能。由疲劳引起的特定的生理失衡之中。它具有达到健康(休息)的生理静止这一补充目标。

三、驱力论

美国心理学家赫尔是早期行为动机理论代表之一,他提出了驱力理论。驱力理论指的是当有机体的需要得不到满足时,便会在有机体的内部产生所谓的内驱力刺激,这种内驱力的刺激引起反应,而反应的最终结果则使需要得到满足。机体的活动在于降低或消除内驱力刺激,内驱力降低或消除的同时使行为得到强化,从而提高了行为概率的条件。这些内驱力产生于机体组织的需要状态,如饥饿、口渴、体温调节、大小便、睡眠、活动、性交、回避痛苦等。比如犬感到非常饥饿(饥饿是内驱力刺激),然后它跑到食盆处吃食物(内驱力引起吃食物的行为),吃完食物以后饥饿感消失了(饥饿感得到满足,内驱力刺激降低)。

赫尔的动机理论可概括为两点:1. 有机体的活动在于降低或消除内驱力。2. 内驱力降低的同时,活动受到强化,因而是促使提高学习效率的基本条件。赫尔的理论体系可用下列公式来表示:

该理论体系可以用以下公式来表示:

$$SER = K \times D \times SHR \tag{1}$$

$$SHR = 1 - 10^{-0.0305N} \tag{2}$$

其中 SER 表示在刺激 S 得到反应行为 R 的潜能大小 E,即一个已经习得的反应是否发生的可能性。D 表示与需要相关的动机状态,称为驱力。K 表示诱因,是指能满足个体需要的刺激物,具有激发或诱使个体朝向目标的作用,如诱人的美食激发人的进食欲望,美食即诱因。SHR 表示习惯,是指特定刺激引发特定反应的倾向,N 表示得到强化的尝试次数。公式(1)(2)表明行为再次发生的潜能和驱动力、诱因动机、强化的次数有关。

驱力(D):增强驱力,个体降低驱力刺激的动机就越强,行为发生的可能就越高。研究者把一只饿了两天的老鼠放进笼子里,这种笼子的四周是接了电的栅栏,再在笼子远处放上一两粒食物,老鼠直接是抓不到食物的。当老鼠饿到第三天时,为了想取得在笼子远处可望而不可即的食物,老鼠在接了电的栅栏上乱抓,不惜使它的爪子触电。这项实验证明了老鼠饿的时间越长驱力越强。

诱因(K):诱因是这一理论公式的中间变量,奖励的大小,会对 K 产生影响,当奖励增大时,K 值增加,当奖励减少时,K 值下降。关于诱因的影响,我们用克雷斯皮的实验加以说明。克雷斯皮训练三组小白鼠走通道,各组小白鼠得到不同的强化量。第1组到目的箱后只得到1粒食丸;第2组得到16粒食丸;第3组得到256粒食丸。经过20次尝试之后,各组小白鼠的操作水平明显地各不相同。在小白鼠尝试了20次之后,改变了强化量,每一组都给16粒食物。小白鼠的操作水平迅速发生变化,各组小白鼠都很快地调整了自己的奔跑速度。第一组速度明显提高,第二组无明显变化,第三组速度明显降低。第一组和第三组的操作水平与原来的速度有很大的反差。

内驱力是在需要的基础上产生的一种内部唤醒状态或紧张状态,表现为推动有机体活动以达到满足需要的内部动力。内驱力与需要基本上是同义词,经常可以替换使用。但严格地说,需要是主体的感受,而内驱力是作用于行为的一种动力,两者不是同一状态,但两者又密切相连,因为需要是产生驱力的基础,而驱力是需要寻求满足的条件。既然构成一切行为基础的基本内驱力或动机可以被构想为某些与生俱来的一般的生理需求,这些基本的内驱力又可以细分为两类:爱好和厌恶。爱好是循环的,厌恶是相对连续的。托尔曼将内驱力分成一级内驱力(first - order drives)和二级内驱力(second - order drives),由饥饿等生理需要而产生的内驱力称为一级内驱力,又称基本的、原始的或低级的内驱力;一级内驱力包括了喜好和厌恶特性。而由责任感等后天形成的社会性需要所产生的内驱力称为二级内驱力,又称社会的或高级的内驱力,如归属及认可二级内驱力包括了好奇心、合群性、自卑性、爱模仿等。高级内驱力对低级内驱力起调节作用,二级内驱力从属于一级内驱力。

爱好有三个组成方面:第一,一种最初的生理状态,以循环形式出现,受新陈代谢的制约,当它出现时便引起;第二,对特定的生理静止状态的需求;第三,对追求的和已经进行交流的完美刺激物,以及为了获得这种追求的完美物体而探索已经交流的物体的一种或多或少有点模糊的准备状态。在犬的爱好例子中,饥饿和性欲是典型的例子,"食物和性是犬活动中最重要的两件事",一件维持自身的生存和发展,另一件延续犬家族的发展以及遗传物质的世代传递。

厌恶也有三个组成方面:第一,一种最初的生理状态,对任何特定的有机体来说比较持久且强度不变;第二,与一种特定的生理扰乱相对抗的需求;第三,对这些"威胁到"扰乱的"回避物"的准备状态。在犬的厌恶例子中,恐惧和争斗是典型的例子,以恐惧和争斗为基础的动机并不是件坏事,了解和发现其客观规律,人类利用其特点可以达到目的和期望。

无论是宠物犬的行为矫正还是工作犬的科目动作的训练,都需要犬具备较为强劲的内驱力。关舒文等人探讨了关于增强犬的内驱力的方法,主要有人物增强法、物品增强法、环境增强法、特殊刺激增强法 4 类(关舒文,2015)。以上方法主要用于工作犬的搜索动力上,如增加犬对物品的占有欲、游戏欲、衔取欲等。在工作犬增加内驱力的一个普遍方法是刻意增加犬获得强化(如食物)的阻力,如在犬进食的时候不能使得犬立即、容易得到美味的食物,拉住或者抱住犬增加犬前去进食的阻力,只有当犬加大力量克服"阻力"才能得到食物,一般情况下在幼犬的时候就有目的性开展该训练。再如,治安防范犬的训练,在犬咬合助训员的时候,用橡胶绳或者专用带有弹力的扑咬杆来增加犬扑咬前阻力才能得到扑咬的强化,其理念相同。

四、诱因及动机唤醒理论

英国行为主义心理学家贝里尼完善了诱因驱力论。贝里尼在对人的感觉经验进行考察时发现,人对新奇的刺激的感觉,是随着刺激的重复出现和历史的长短而展开的,刺激重复得越多,时间越长,感知表象的新奇性就会逐渐降低。个体活动空间逐渐缩小时,其唤醒水平随之上升。当个人活动空间缩小使之感到不便或困难时,就会产生攻击行为(林玉莲,2000)。环境刺激对人产生的直接效果是提高唤醒水平,无论刺激是令人愉快的还是不愉快的,对提高唤醒水平的作用是相同的。

凡是能引起机体动机行为的外部刺激,均称为诱因。诱因是指能满足个体需要的刺激物,它具有激发或诱使个体朝向目标的作用,诱因与驱力分不开,它由外在目标所激发,只有当其成为个体内在的需要时,才能推动个体的行为。内驱力存在于有机体内部,诱因存在于有机体外部。诱因之所以能够影响内驱力,归因于内驱力释放的无方向性。20 世纪 50 年代以后,许多心理学家认为不能用驱力降低的动机理论来解释所有的行为,外部刺激(诱因)在唤起行为时也起到重要的作用,应该用刺激和有机体的特定的生理状态之间的相互作用来说明动机。例如,吃饱了的动物在看到另一个动物在吃食,将会重新吃食物;由于多种原因而造成一头完全没有经历"性"刺激的犬,对发情母犬的反应并不是想象中的强烈,但是一旦一头公犬有过类似的"经验",该犬的性动力获得突破性的提升,这种痕迹根深蒂固地影响着犬的一生。所以为了避免受到不良影响,许多地方和家庭会对犬一律进行阉割。

第二节　动物激励理论

如果动机成为生物体(犬)行为成因的天然因素及内在因素,激励则为其外在因素和人为影响因素。如同前面内容所述,犬更趋向于群体生活,尤其是与人类的关系。犬类在长期的驯化中,其社交能力得到了长足的发展,尤其是与人类的交往。其结果就是犬与人类的关系的亲密度甚至超越了同类,从人类得到了高度的社会认同感。犬的行为受人类的影响是深远的,人类对其行为的塑造成果是显著的,尤其是体现在对整体的目的行为(预期行为)的激励上。西方学者将激励划分为内在激励和外在激励,心理学家将个体行为动力同样也分为外在动力和内在动力,而在运动赛事、竞技赛事中尤其看重犬的内在动力以及外在动力(压力),将强劲的动力、清醒的头脑以及强大的抗压能力集于一体,这也基本符合激励具备方向性及能动性的特点。

激励是引起个体产生明确目标指向行为的内在动力。需要引发动机,动机引发行为,行为指向目标。奖励(激励)可以引发、指导和强化个体的原驱动力,使其保持良好状态,产生积极效应,对犬完成更为复杂、更为困难的行为保障可行性。克服不良情绪和挫折感以及带来的消极情感,在完成目标行为的过程中并不总是一次性成功的,所以犬的行为矫正以及训练中无论对犬还是对于主人而言,坚持可能是成功的第一个诀窍。奖励有助于强化犬的主体角色意识。人类为自己的犬都定位和赋予好了各种角色,如宠物犬、伴侣犬的家庭成员角色,这种角色可能是多种的,既是儿童的保姆和保镖,又是家庭成员的朋友;工作犬是其所有者的战友或者合作者。能够按照角色要求而予以行为的认识就叫作角色意识。我们将从激励因素、激励过程、激励层次三个方面进行阐述。

一、市场动力理论(内外激励)

行为主义的激励强调外在激励,认知主义的激励强调内在激励,而心理学家勒温将两者统一起来。他认为个体的动机行为是由其"心理生活空间"决定的,所谓"心理生活空间"是指在某一时刻影响行为的各种事实的总体,既包括个体的感情和目的等(即内在"心理场"),也包括被知觉到的外在环境(即外在"环境场")。只要个体内在"心理场"存在需求,就会产生内部力场的张力,即"紧张系统"。个体动力的产生就是源于自身内部心理紧张系统的释放,在此过程中,环境起着导火索的作用。勒温将心理紧张所产生的张力称为"引拒值"。正引拒值具有吸引力,负的则具有排斥力,"心理场"需求的强度越大,与该需求有关目标引起的正引拒值也会越大,而引拒值增加又会反过来影响需求的强度,其为公式:$B = f(P \times E)$。其中 B 代表行为方向和力量,P 代表内部动力,E 代表环境刺激,即个体的行为方向和力量取决于内部动力以及环境刺激的共同作用。

环境刺激在动物学习以及行为实验中可理解为直接作用于动物机体的强化及厌恶刺激,具体分为:非条件强化物、非条件厌恶刺激、条件强化物、条件厌恶刺激。条件强化物(条件厌恶刺激)其形成的过程遵循一定的价值改变,由一个中性刺激转换成一个习得性强化物或者厌恶性刺激。条件强化物本身对犬个体是没有意义的,一定要经过非条件强化物的反复结合,所以条件强化物也称二阶强化物,具体的作用及使用见后两章内容。

从犬的动机(力)角度而言,首先犬自身具备强烈的欲望、需求等素质,而外在的环境刺激如气候环境、居住环境、人为因素都可以施加影响。当环境温度上升时,势必影响犬活动的动力,依据动物机体趋利避害的本能,犬会选择阴凉的环境下休息来促进机体散热。护卫犬的前期训练过程中,训练的紧张而严肃的氛围至关重要,主人对犬的刺激(外界刺激中的一种)主要体现在奖励、鼓励,建立信心,所以这时主人表现出来的高亢情绪和激动的语调对犬来说都是极大的刺激和激励,护卫犬在攻击假想敌并与之搏斗的过程中会愈战愈勇;而假想敌需要激发犬的斗志,如穿着一些"奇装异服"(戴面具,反戴帽子等等)引起犬注意力和警惕心,同时做出一些易让犬感受到威胁而不是恐惧的声音及动作,激发犬的吠叫及攻击,同时假想敌顺势抓准时机"逃跑"乃至消失,赋予犬的成就感及自信心,以上的外界刺激都给犬提供了明确的方向。

二、需要层次理论(需要激励)

需求层次理论是由美国心理学家马斯洛于1943年在《人类动机理论》中所提出的理论,该理论归属为认知性理论中的内容型激励理论。书中将人类和动物需求像阶梯一样从低到高按层次分为五种需要系统,分别是:生理需求、安全需求、社交需求(归属与爱的需要)、尊重需求和自我实现需求。

生理需要。马斯洛认为,属于基本生理需要一览表内的项目有很多,如食物、水分、空气、睡眠、性的需要等,是最低等最基础的需要。

安全需要。生存环境具备安全、有序、可控、可预见的特点,健康及生命安全不受到威胁。

爱的需要。情感和归属的需要。

尊重需要。一方面希望有实力、有成就、能胜任、有信心,以及要求独立和自由。另一类是受到别人的赏识、关心重视或高度评价。一头充满自信和活力的犬,在完成既定行为和动作时,能够得到主人的认可和肯定是无比激动的;而一头从小就被同窝的兄弟姐妹欺负的幼犬对未来世界的人和事总是充满着怀疑和恐惧。

自我实现需要。自我实现这个概念是演绎性的,在不同的方面具体包括心理健康、自主性和创造性等。麦克利兰将人的高层次需求归纳为对权力、亲和、成就的需求,其中

（成就的需要）最为重要。而犬的高层次需求,尤其是对于工作犬来说,依然有成就的需要。

五种需要是最基本的,与生俱来的,构成不同的等级或水平,并成为激励和指引个体行为的力量。这五种需要像阶梯一样从低到高,低级需要直接关系个体的生存,需要层次越低,力量越大,潜力越大。随着需要层次的上升,需要的力量相应减弱。高级需要出现之前,必须先满足低级需要。但这种次序不是完全固定的,可以变化。一个层次的需要相对地满足了,就会向高一层次发展。这五种需要不可能完全满足,愈到上层,满足的百分比愈少。在同一时期内,可以同时存在几种需要,因为个体的行为是受多种需要的支配。但每一时期总有一种需要占支配地位,对行为起决定作用。任何一种需要并不因为下一个高层次需要的发展而消失,各层次的需要相互依赖与重叠,高层次的需要发展后,低层次的需要仍然存在,只是对行为影响的比重减轻了而已。

从犬的角度出发,我们将马斯洛的需要层次做一下调整:安全需要放在首位,生理需要次之,尊重需要紧随其后,最后是爱的需要。当犬的生命安全受到侵害而置于危险之中时即便此时犬体有生理需求,如饥渴和饥饿,都会置之度外而不理。尊重的需要是得到群体的接受,尤其是主人的认可和关注,犬寻求主人的关注是强烈的,满足不了时在极端的情形下引发焦虑;最后是来自主人的关爱是最终的需求,无论是家人式的爱护,还是友谊式的关爱,如图 3 - 2 - 1 所示。

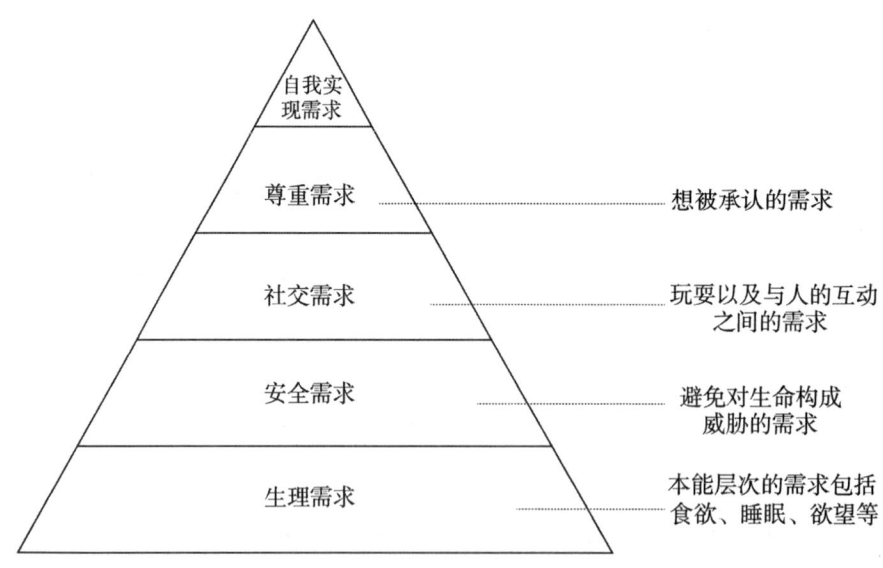

图 3 - 2 - 1 马斯洛的需求层次理论

三、期望激励

期望理论是由佛隆在 1964 年《工作与激励》一书中首先提出来的,又称作"效价 – 手段 – 期望理论",是一种过程型激励理论。这个理论可以公式表示为:激励力量 = 期望值×效价,即 $M = \sum V \times E$。其中 M 为作业动力,V 为效价。效价是指犬对完成目标行为而获得奖励的价值量;E 为期望值:犬完成目标行为的概率值。这个理论的公式说明,积极性被调动的大小取决于期望值与效价的乘积。

1. 效价

同一目标,由于个体所处的环境不同,需求不同,其需要的目标价值也就不同。同一个目标对每一个人可能有三种效价:正、零、负。如果个体喜欢其可得的结果,则为正效价;如果个体漠视其结果,则为零值;如果不喜欢其可得的结果,则为负效价。效价越高,激励力量就越大。

效价受个体优势需要及个性特征的影响。可以根据行为的选择方向进行推测,假如可以自由地选择 X 结果和 Y 结果的任何一个,在相等的条件下,如果选择 X,即表示 X 比 Y 具有正效价;如果选择 Y,则表示 Y 比 X 具有正效价。也可以根据观察到的需求完成行为来推测。例如,吃喝的数量和质量可以表明需求完成的情况,如果吃得多、吃得快,说明食品具有正效价。

2. 期望值

期望的东西不等于现实,期望与现实之间一般有三种可能性,即:期望小于现实,期望大于现实,期望等于现实。这三种情况对个体的积极性的影响是不同的。

当期望小于现实时,即实际结果大于期望值时。在正强化的情况下,有助于提高个体的积极性。而在负强化的情况下,如惩罚,就会使个体产生消极情绪。

当期望大于现实时,即实际结果小于期望值时。在正强化的情况下,会产生挫折感,对激发力量产生削弱作用。如果在负强化的情况下,则会有利于调动个体的积极性,因为本应受到 10 分的损失,结果只损失了 6 分,结果却比预想的好得多,自然对个体的积极性有激发作用。

当期望等于现实时,期望的结果是预料之中的事。在这种情况下,也有助于提高个体的积极性。如果从此以后,没有继续给予激励,积极性则只能维持在期望值的水平上。

成熟的训犬师与犬之间必然有较为成熟和稳定的契约关系,犬明白自身的目标行为一定会带来具有一定价值的奖励回馈,如自己喜欢的美味食物、喜爱的玩具(或者某一种特定的玩具),许多犬对某个特定的玩具和游戏乐此不疲。犬对游戏开始前就有很大的期待,便显出强烈的欲望,作出邀请的动作,甚至通过吠叫、扒等动作予以提示。另外一方面,犬也非常清楚自己获得奖励(激励)的成功率,当犬对完成一项任务没有自信时,如翻越一个障碍,即便犬对奖励有所期待,但是依然表现不出翻越障碍的动力。当然,通常情况下这样的犬有一定的过往经验。

四、同步激励(sychonizaion motivation)

根据人的需要对犬而采取的激励措施,只有综合和同步地实施时,才能取得最大的激励效果。用关系式表示即为:

激励力量 = $\sum f$(物质激励·精神激励)

这一关系式表示:只有物质激励与精神激励都处于高值时才有最大的激励力量,两个维度中只要有一个维度处于低值时,都不能获得最佳、最大的激励力量。这里着重强调两个不同类型的激励共同作用的结果,发挥 $1+1\geqslant2$ 的效用。当一方面只注重物质奖励的结果就是,主人对犬而言,其作用不过是提供物质的"自助"机器,犬一旦获得物质奖励,其注意力就不在主人的身上,随之而来的是意识服从性的下降和注意力的分散。而另一方面,精神激励是以物质激励为基础的,并与之相紧密关联;物质基础是精神激励的前提条件。

五、激励层级

激励和动力之间相互作用的层级划分上大致分为:1.基础激励(物质激励)。主要以物质刺激为激励手段,激发犬完成目标行为的积极性。如食物奖励、供水奖励,物品奖励,这些奖励是犬最基本的奖励。犬在与人的长期关系中,初期阶段犬之所以完成目标行为的动力是其获得基础奖励,以满足自身生存及发展的最基本的需要。在此阶段犬完成目标行为的方式是以被动完成以及提示完成为主。2.精神及情感激励。精神激励是在犬满足了基本生理及生存需要的基础上,激发犬精神上放松和愉悦,压力得到释放和舒缓。如游散奖励、群体内炫耀式奖励。感情激励以人的参与度为标准,以人为主,使得犬在与人的接触和互动中获得成就感、被关注和关怀等,诸如巩固依恋性、抚拍(包括按摩)奖励、口令(头)奖励、游戏奖励。此时,犬能够主动完成目标行为以获得主人的认可和赞许,此阶段犬看重的是不仅仅是基础激励,而是主人激动的语音语调、积极肯定的面部表情、高亢的情绪、夸张的互动动作等,此时的犬动力也是具备持久性和可塑性的。3.最高的层级是犬行为已经成为固定的行为习惯及模式,不为以上两个激励所动,行为习惯成为犬日常生活中不可分割和或缺的一部分,此阶段的激励只不过是来自主人的一次眼神确认和对视,足矣。

第四章　建立动物新行为的方法

第一节　反应性条件反射

反射是指在中枢神经系统参与下,机体对内外环境刺激所做出的规律性反应。

高等动物和人的反射有两种:

一种是在系统发育过程中形成并遗传下来,因而生来就有的先天性反射,称非条件反射(unconditioned responses,简称 UR)。它是由于直接刺激感受器而引起的,通过大脑皮质下各中枢完成的反射。例如,初生婴儿嘴唇碰到奶头就会吮奶,人进食时会引起唾液分泌,手遇到烫的东西会回缩,物体在眼球前突然出现时会眨眼等。这种反射是由前提引起的,比如嘴唇碰到奶头,食物、物体在眼前的晃动等是引起吮奶、唾液分泌、眨眼的前提,这些前提刺激称为非条件刺激(unconditioned stimulus,简称 US)。高等动物之所以进化到对非条件刺激产生非条件反射,是因为这些反射活动对于个体来说是有生存或生殖价值的。非条件反射分为兴奋性非条件反射和抑制性非条件反射。兴奋性非条件反射包括食物反射、防御反射、性反射、猎取反射、探求反射、姿势反射、自由反射等;抑制性非条件反射包括超限抑制(刺激物过强、过多或作用时间过久时,神经细胞不但不能引起兴奋,反而会发生抑制)、外抑制(当有机体正在进行某种条件反射活动时,一个额外刺激物突然起作用,在其神经中枢可能产生一个新的优势兴奋中心,而使原来正在进行的条件反射受到抑制)。

另一种是条件反射,是动物个体在生活过程中适应环境变化,在非条件反射基础上逐渐形成的后天性反射。它是由信号刺激引起,在大脑皮质的参与下形成的。非条件反射(UR)是机体遇到非条件刺激(US)时的自然反应,当原来属于中性的刺激(neutral stimulus,简称 NS)伴随着非条件刺激共同作用时,就产生了反射活动。这种共同作用的结果就是中性刺激变成了条件刺激(conditioned stimulus,简称 CS)并引起了与非条件反射相似的条件反射(conditioned responses,简称 CR)。条件反射是脑的一项高级调节功能,它提高了动物和人适应环境的能力。条件反射分为兴奋性条件反射和抑制性条件反射。兴奋性条件反射包括同时性条件反射(条件刺激与非条件刺激同时发生)、延时性条件反射(条件刺激先与非条件刺激同时发生)、痕迹性条件反射(条件刺激先出现,消失一段时间后非条件刺激才开始出现)等;抑制性条件反射包括消退抑制(对于既已形成的条件反射,如果只使用条件刺激,而始终不给予相应的非条件刺激强化,或使条件刺激的作用长期停止,就会逐渐地趋于消退)、延缓抑制(由于延长条件刺激与非条件刺激结合的间隔时间而发生的抑制)、分化抑制(犬对与条件刺激相近似的其他刺激所产生的抑制)。

条件反射与非条件反射最主要的区别在于,条件反射是由于条件刺激引起的反射,一般建立在非条件反射的基础上;非条件反射是与生俱来的,恒久不变的,是生物的基本生存能力。

一、反应性条件反射建立的过程

下面我们通过巴甫洛夫的"摇铃实验"来解析反应性条件反射的建立过程。

在 19 世纪末期,俄国生理学家巴甫洛夫通过研究工作犬产生唾液的种种方式揭示了条件反射的建立过程。他为每一只实验的工作犬做了一个小手术,即改变了一条唾腺导管的路线,唾液通常是通过一条唾腺经过导管流入工作犬的口腔的,巴甫洛夫改变了这条导管的线路,使它通到体外。他将工作犬的唾液通过面颊上的孔引到一只小量杯中,这样就可以计量由导管滴出的唾液实验,如图 4-1-1 所示。他每次给工作犬吃肉的时候,工作犬即流口水。此后他每次给工作犬吃肉之前总是摇铃。于是,这声音就如同让工作犬看到肉一样,也会使它们流下口水,即使铃声响过后没有食物,工作犬也会分泌唾液。不过,巴甫洛夫发现,他不能无休止地连续欺骗这些工作犬。如果铃声响过后不给食物,工作犬对该声音的反应就会愈来愈弱,分泌的唾液一次比一次少。但是,假如不是连续数天的试验,他们还会对摇铃的声音作出流涎的反应,然而已经不像先前的那么多了。

给工作犬进食会引起唾液分泌,食物是非条件刺激,唾液分泌是非条件反射。单独给工作犬听铃声不会引起唾液分泌,铃声与唾液分泌无关,铃声是中性刺激。但是,如在每次给工作犬进食之前,先给听铃声,这样经多次结合后,当铃声一出现,工作犬就有唾液分泌。这时,铃声已成为食物(非条件刺激)的信号,铃声就由中性刺激变成了条件刺激。由条件刺激(铃声)的单独出现所引起与非条件反射相似的反射活动(唾液分泌),称为条件反射。反应性条件反射建立过程示意如图4-1-2。

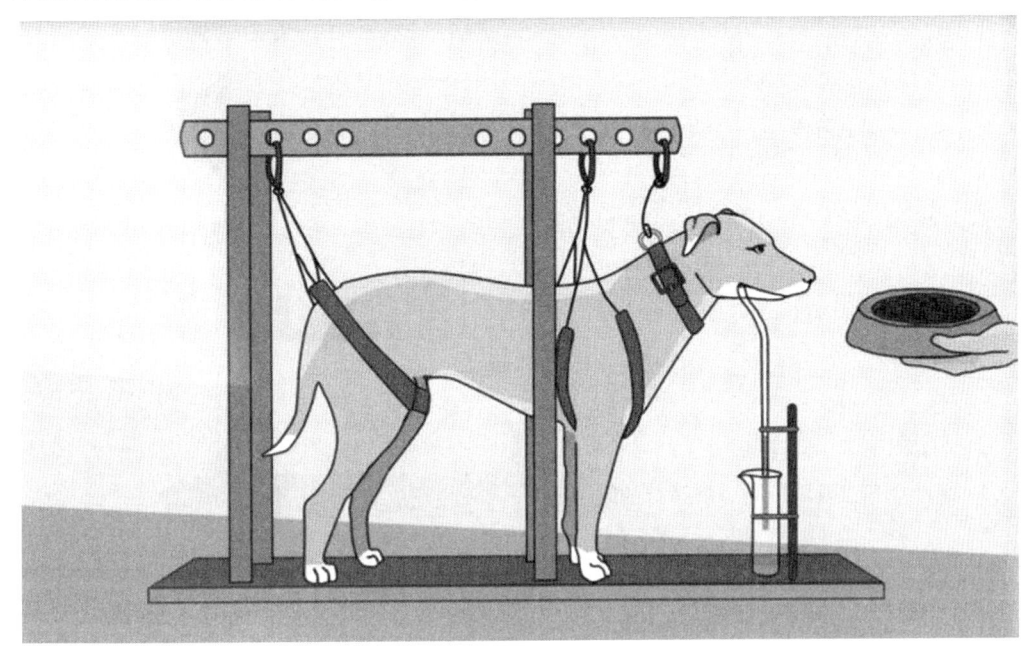

图4-1-1　巴甫洛夫的条件反射示意图

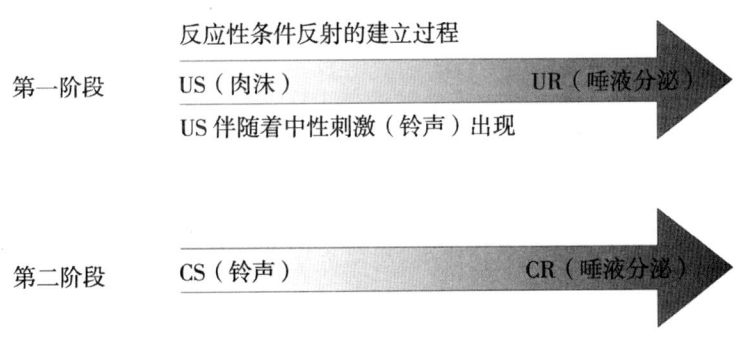

图4-1-2　条件反射建立的基本过程

现在我们已经知道,中性刺激如果伴随着非条件刺激,就有可能转化为条件刺激,而条件刺激引起条件反射,这是条件反射建立的基本过程。中性刺激如果伴随着已然形成的条件刺激共同作用,就会出现高级条件反射,此时的中性刺激也会称为条件刺激(如图4-1-3)。

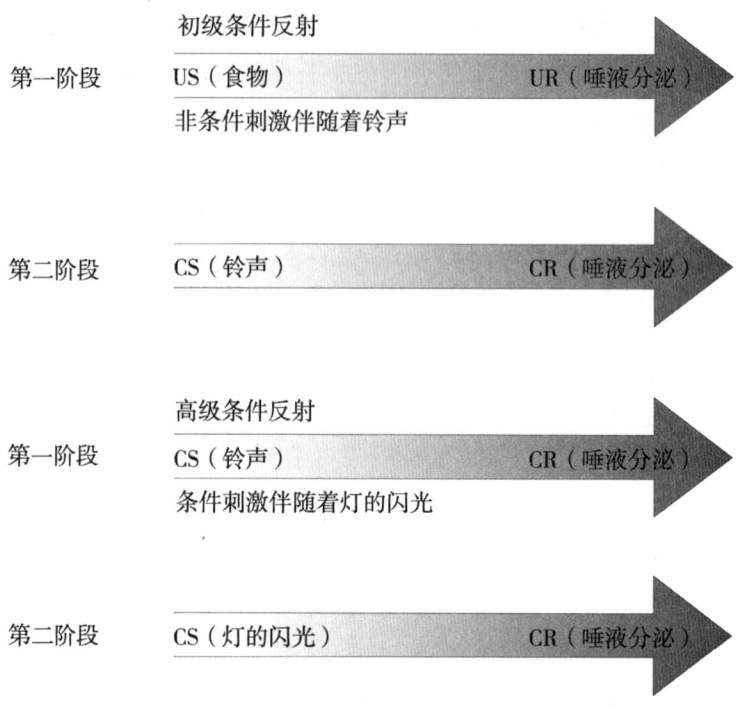

图4-1-3 高级条件反射建立的过程

二、反射行为的泛化、消失和自发恢复

1. 反应性条件反射的分化和泛化

反应性条件反射的分化是指条件反射由单个或一组狭隘范围内的条件刺激引起的情况;而泛化则是指一些相似的条件刺激引起相同的条件反射。我们仍用巴甫洛夫的"摇铃实验"来解释这一过程。巴甫洛夫给工作犬喂食的同时分别摇不同的铃铛,重复多次以后,工作犬一听到铃声就分泌唾液,不过工作犬对各种铃声——不同频率、不同响度的铃声都起同样的反应,不同的铃声在工作犬听起来没有什么区别,这就是条件反射的泛化。然后,他使用几种铃铛,但是只摇一个特定的铃铛时才给工作犬食物吃。不久,工作犬就只对那个能带来食物的铃铛声产生反应,而对其他铃铛的声音不再产生条件反应,这就是条件反射的分化。

2. 条件反射的消失

条件反射的建立过程告诉我们,只有当条件刺激与非条件刺激反复同时出现时才能建立条件反射。如果在没有非条件刺激的情况下,条件刺激连续出现,那么条件反射作用就会减弱并最终停止。就像"摇铃实验"中展示的那样,如果铃声响过后不给食物,工作犬对该声音的反应就会愈来愈弱,分泌的唾液一次比一次少,直到最终消失。这一过程称为条件反射的消失。

3.条件反射的自发恢复

经过一段时间的反射消失,即不展示非条件刺激,只是不断的重复条件刺激,条件刺激就不会再引起条件反射。但是经过一段时间的停止,再次展示该条件刺激,条件反射有可能再次出现。譬如巴甫洛夫只摇铃而不给工作犬食物,最终工作犬听到铃声不再分泌唾液,但是如果巴甫洛夫停止摇铃一段时间,当再次摇铃时,工作犬又会重新分泌唾液,只是此时分泌的唾液比以前要少。这种反射消失后,条件刺激再次引起条件反射的现象,称为自发恢复。

三、影响反应性条件反射的因素

1.非条件刺激和条件刺激的性质

刺激的强度会影响该刺激作为条件刺激或非条件刺激的效果。强刺激引起强反应,弱刺激引起弱反应。比如,同样是非条件刺激,一块牛肉要比一粒面包更能起人的食物反射。同样的,一种痛苦刺激要比相对温和的刺激更能激发人的躲避反射。但超过犬生理承受范围的强刺激将引起超限抑制。例如,长时间单调重复训练将使犬处于抑制状态;服从性科目训练中,对犬施加的机械刺激过强也将导致犬处于抑制状态等。值得注意的是,在建立条件反射时,非条件刺激强度要大于条件刺激。

2.条件刺激和非条件刺激之间的时间关系

要产生条件反射,中性刺激和非条件刺激之间的时间顺序是很重要的,最好是非条件刺激紧接在中性刺激之后出现。在"摇铃实验"中,食物应当在铃声响起之后马上就喂进工作犬的嘴巴里,这种时间上的安排增加了铃声成为条件刺激的可能性。图4－1－4描述了中性刺激和非条件刺激之间几种可能的时间关系,为了使条件反射更加有效,CS必须先于US发生,因此滞后反射和回溯反射是最有效的。

回溯条件反射(trace conditioning)。中性刺激先于非条件刺激发生,非条件刺激开始时,中性刺激已经结束。在巴甫洛夫实验中,铃声响过之后,才有食物。

滞后条件反射(delay conditioning)。中性刺激尚未结束,非条件刺激就开始了。在巴甫洛夫实验这个例子中,如果在铃声结束之前,食物出现,就会发生滞后条件反射。

同步条件反射(simultaneous conditioning)。中性刺激和非条件刺激同时发生,即铃铛和食物同时出现。

后置条件反射(backward conditioning)。非条件刺激先于中性刺激产生,也就是说,食物出现之后,铃铛声才响起。在这种情况下,"铃铛"声不可能引起唾液分泌。

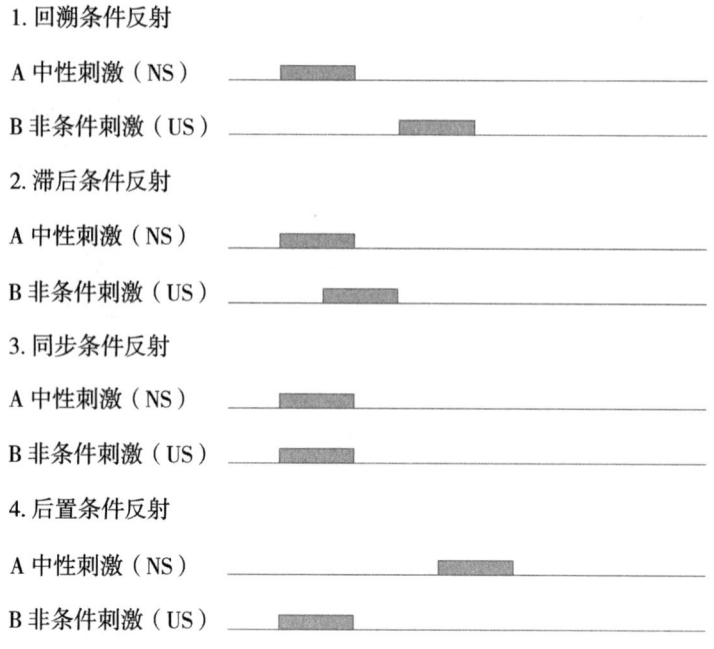

1.回溯条件反射
A 中性刺激（NS）
B 非条件刺激（US）
2.滞后条件反射
A 中性刺激（NS）
B 非条件刺激（US）
3.同步条件反射
A 中性刺激（NS）
B 非条件刺激（US）
4.后置条件反射
A 中性刺激（NS）
B 非条件刺激（US）

图4-1-4　中性刺激和非条件刺激之间几种可能的时间关系

3.条件刺激和非条件刺激之间的一致性

CS 和 US 之间的一致性是指在每一次测试或训练中,CS 和 US 均应出现,这样条件反射建立的可能性要比只有 CS 没有 US,或者只有 US 没有 CS 大得多。也就是说,每次喂工作犬食物之前,都要摇铃,这时铃声要比只是偶尔摇铃的情况下更有可能称为条件刺激。

4.条件刺激和非条件刺激共同作用的次数

虽然非条件刺激和中性刺激共同作用一次就足以使中性刺激变成条件刺激,但总的来说,条件刺激和非条件刺激共同作用的次数越多,条件反射就越强。就犬的训练来说,结合的次数因科目难度和犬的个体差异有所不同,从数十次到成百上千次不等。值得注意的是,条件反射建立后也不是一劳永逸的,如果条件刺激频频出现而其后没有非条件刺激出现,那么这两种刺激之间的联系就会逐渐消失。

5.以前对条件刺激的体验

如果个体以前在没有非条件刺激的前提下已受过某种刺激,那么,当这种刺激与一个非条件刺激共同作用时,就不太可能或不太容易成为条件刺激。比如在摇铃实验中,如果工作犬在进行实验之前,每天都可以听到相同的铃声,但不给予食物。由于工作犬已经有了铃声刺激的体验,再进行摇铃实验时,铃声就不容易转化为条件刺激。

四、反应性条件反射的应用

1. 制约情绪反应

通过反应性条件反射产生的某些条件反应被称为条件情绪反应（conditioned emotional responses，简称 CERs），也称制约情绪反应。行为主义创始人约翰.华生（John Watson）深受巴甫洛夫经典条件反射理论的影响，他们遵循反应性条件反射的程序，1920 年开始将该理论应用于对人类行为的实验研究之中，即"小艾伯特"（Lttle Albert）实验。艾伯特是一个九个月大的婴儿，他原来不害怕小白鼠且曾与小白鼠玩耍过。但在实验中，每当给艾伯特看小白鼠时，实验者就猛敲铜锣把他吓哭。经过连续多次的配对呈现白鼠和铜锣声后，艾伯特一看见小白鼠便开始哭叫并迅速躲避，形成了恐惧性的条件情绪反应。不仅如此，他习得的这种恐惧反应甚至会泛化到小白兔、白围巾、棉花等其他物体上。实验表明，人可以通过条件反射习得某些行为，当这些行为阻碍了人类更好地适应社会和生存的时候，就成为心理障碍或不适应的行为。

在宠物犬行为矫正的过程中，有一种纠正犬在家里乱叫，尤其是在犬笼里面乱叫的坏习惯，如不及时纠正势必会造成扰民，影响邻里关系。在实际操作中，当犬正在吠叫时，主人或者他人会用一个装有水的矿泉水瓶砸向笼子，犬听到水平撞击笼子而产生的突如其来的声响，会被瞬间吓到。每当犬吠叫就会发现不喜欢的水平砸向笼子的声响及振动，产生恐惧情绪，从而停止吠叫。

2. 反制约情绪反应

反应性条件反射的过程，可以发展出类似于"小艾伯特"的恐惧性或负性的条件情绪反应，同样的，也可以引起正性的条件情绪反应，或称之为反制约情绪反应，如高兴、兴奋等。1924 年，另一位行为主义心理学家琼斯（Mary Cover Jones）用该方法成功治愈了一个叫彼得的男孩。彼得特别害怕兔子、白鼠等，甚至对皮毛和棉绒也非常害怕。实验者首先创设了一个安全的环境，让彼得和其他孩子一起玩，并给他食物。当他玩得正高兴时，就把一只兔子呈现在他们面前。最初彼得很害怕，但是随着这一过程的反复进行，他的恐惧开始减弱。慢慢地，他能够容忍兔子跟自己越来越靠近。最后，经过这一训练过程，他可以将兔子抱在怀里抚摸，原有的恐惧反应彻底消除。

第二节　对动物的操作式条件反射

对操作式条件反射最早的论证可能是由桑代克（Edward Lee Thorndike）做出的。桑代克做了一个著名的"饿猫实验"。他把一只饥饿的猫关在他专门设计的实验迷笼里，笼门紧闭，笼子附近放着一条鲜鱼，笼内有一个开门的机关，碰到这个机关，笼门便会开启。开始饿猫无法走出笼子，只是在里面乱碰乱撞，饿猫会做出多种行为，比如抓咬笼子上的栏杆，把爪子从笼子栏杆的缝隙中伸出去，偶然一次碰到机关，笼门打开了，于是猫便可以逃出吃到鱼。经过多次尝试，猫学会了碰机关以开笼门的行为，猫打开笼门所用的时间越来越短，操作越来越熟练。最后，只要桑代克把猫放进笼子里，它就马上摁机关。桑代克将这种现象称为效果定律。

在桑代克和巴甫洛夫的开创性工作之后，斯金纳采取了更科学的动物实验的方法发展和完善了操作式条件反射理论。斯金纳关于操作性条件反射作用的实验，是在他专门设计的斯金纳箱中进行的（见图4-2-1）。斯金纳把一只老鼠放在一个有杠杆的箱子里，只要按压杠杆就会得到食物。老鼠首先只是在箱子中跑来跑去，一旦它偶然按下杠杆，就会发现有食物到来。很快，老鼠学会了按下杠杆得到食物的行为。斯金纳尝试了使用厌恶刺激来纠正老鼠按压杠杆的行为，当老鼠按压杠杆时，就会受到电击刺激，很快老鼠按压杠杆的行为下降了，直到最后不再按压杠杆。斯金纳使用这些方法教会了动物很多行为，不仅仅是压杠杆，他还教会了一只鸽子用儿童钢号弹奏一支曲子，教会两只鸽子使用一种乒乓球打法。

斯金纳通过一系列实验发现，动物的学习行为有两种：反应性行为和操作性行为。反应性行为正如巴甫洛夫所描述的那样，行为是由特定的、可观察的刺激所引起的行为，是S（刺激）——R（反应）的联结过程，如工作犬看见食物就流唾液。操作性行为是由行为的结果所控制，是R（行为）——S（刺激）的联结过程，如老鼠按压杠杆获得食物。动物为了达到某种目的，会采取一定的行为作用于环境，行为的增强或减弱取决于行为的后果，当这种行为的后果对他有利时，这种行为就会在以后重复出现，不利时，这种行为就会减弱或消失。

下面我们详细阐述操作式条件反射理论。

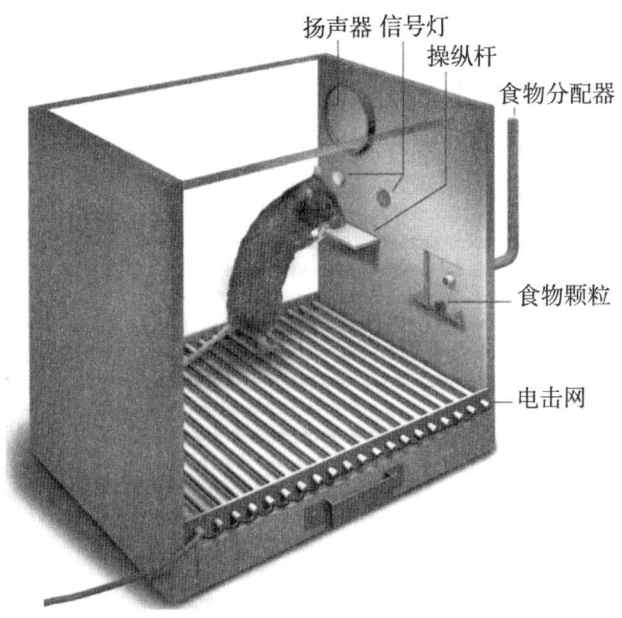

扬声器　信号灯

操纵杆

食物分配器

食物颗粒

电击网

图 4 - 2 - 1　斯金纳箱示意图

一、对动物的行为强化

1. 强化物

行为强化是指发生一个具体的行为,有一个直接的结果紧随这个行为,结果加强了这个行为。能增强这个行为的结果称为强化物。比如老鼠按压杠杆,结果食物出现,导致按压杠杆的行为增强,食物就是强化物。强化物是一种刺激,不一定是实物,也可以是行为、表情等。只要在某种行为之后,由这种行为带来的结果可以刺激该行为的再次出现,就属于强化物。根据强化物的性质,可以将强化物分为正强化物和负强化物或厌恶刺激。正强化物通常会给行为者带来愉快和满足,如给予食物、赞誉和关爱等。负强化物(厌恶刺激)是通常会给行为者带来不快的东西,如噪声、严寒、酷热、电击等。

2. 非条件强化物和条件强化物

在动物的进化过程中,某些刺激物可以自然地强化动物的行为。比如食物、水、性刺激等都是自然的正强化物,逃避痛苦和逃避寒冷、酷热或者其他令机体不舒服的极端刺激都是自然的负强化物。因为这些自然的正或负强化物对动物的生存和繁衍有重要作用,被称作非条件强化物。另一类强化物是条件强化物,是指把原来没有强化作用的刺激物(中性刺激),通过反复与非条件强化物或与一个已经确立的条件强化物配合,使它产生强化作用,变成强化物。

条件性强化物本来不具有强化作用。例如,在斯金纳的实验中,真正的强化物是食物。但是,如果每次实验中都是老鼠按压杠杆,先亮灯再给老鼠出食物,最后,中性的灯光就会成为条件性强化物。事实上,只要能与一个已经存在的强化物配对,任何刺激物都可以称为条件强化物。如果某种条件性强化物与不止一种非条件强化物相匹配,那么该条件性强化物便能通过这些非条件强化物而具备多方面的强化作用,从而成为一个"类强化物"。即当一个中性刺激物与两个以上的非条件强化物形成联系时,它就会发生类化,称为类强化物。对人类来说最典型的类强化物就是金钱,由于它与衣、食、住、行等强化物密切联系和匹配,因而具备了广泛的强化作用。在犬的训练中,"好"的口令是一种类强化物,因为它总是与食物、抚摸、拥抱等强化物联系和配对,因此具备了广泛的强化作用。不像一般的条件强化物,由于类强化物具有广泛的联系,即使没有赖以为基础的非条件强化物伴随出现,由于它总能同其他的强化物发生这样或那样的联系,所以它的强化效果依然存在。

3. 行为强化的原理

行为强化从程序上可以分为正性强化和负性强化。

正性强化是指发生了一个行为,随着这个行为出现了刺激(正强化物)的增加或者刺激强度的增加,从而导致行为的增强;

负性强化是指发生了一个行为,随着这个行为出现了刺激(厌恶刺激)的消失或者刺激强度的降低,从而导致行为的增强。

在犬的训练中,可以简单理解为给予犬喜欢的事物或去除犬不喜欢的事物。例如,当主人希望受训犬朝向某一方向行进时,犬做对了,主人给予犬零食,放松牵引带,这是正性强化;当犬朝向其他方向乱窜的时候,主人瞬间绷紧犬颈部的牵引带,引起犬的不适,只有当犬的行进方向正确时,主人才放松牵引带,此时是负性强化。

需要注意的是,不管是正性强化还是负性强化,都是增强行为的过程,也就是会增加这种行为在未来出现的可能性。比如老鼠按压杠杆,结果食物出现,导致按压杠杆的行为增强,是正性强化过程;如果持续给老鼠施加电击刺激,老鼠按压杠杆,结果电击刺激消失,导致按压杠杆的行为增强,是负性强化过程。以上两个过程都增强了老鼠按压杠杆的行为。两者本质区别在于,在正性强化中反应产生出正强化物,在负性强化中反应消除或减弱了厌恶刺激的发生,如图 4 - 2 - 2。

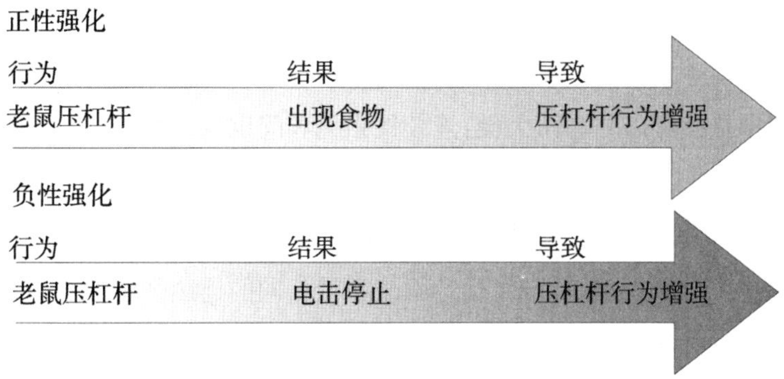

正性强化

行为	结果	导致
老鼠压杠杆	出现食物	压杠杆行为增强

负性强化

行为	结果	导致
老鼠压杠杆	电击停止	压杠杆行为增强

两种强化均增强了老鼠压杠杆的行为

图4-2-2　正、负性强化示意图

在负性强化中,要注意区分逃避行为和回避行为。逃避行为是行为的发生导致已经存在的一个厌恶刺激的终止。回避行为是行为的发生阻止某种厌恶刺激的出现。用下述两个例子来说明这两种行为。例一:将一只老鼠放入斯金纳箱中,用一个障碍物将箱子从中间分成左右两个空间,老鼠可以通过障碍物从一边跳到另一边,实验员可以通过操纵电源对箱子左右两边分别进行电击。当对箱子的右边施加电击刺激时,老鼠就跳到左边以躲避电击,老鼠跳到左边的行为就是逃避行为,因为老鼠从电击(厌恶刺激)中逃了出来。如果在电击前引入一个铃声,只要铃声响起就对老鼠施加电击刺激,老鼠从箱子右边跳到左边,经过几次实验之后,老鼠只要听到铃声,就从箱子的一边跳到另一边,此时老鼠跳到另一边的行为就是回避行为,因为这个行为的发生阻止了电击刺激(厌恶刺激)的出现,如图4-2-3。例二:当犬和主人在一起外出散步时,主人不小心踩到了犬的脚趾,犬会像被触电一样向外侧弹跳,为逃避;而下一次与主人一同外出时,犬时刻保持着与主人一定的距离,则为回避。

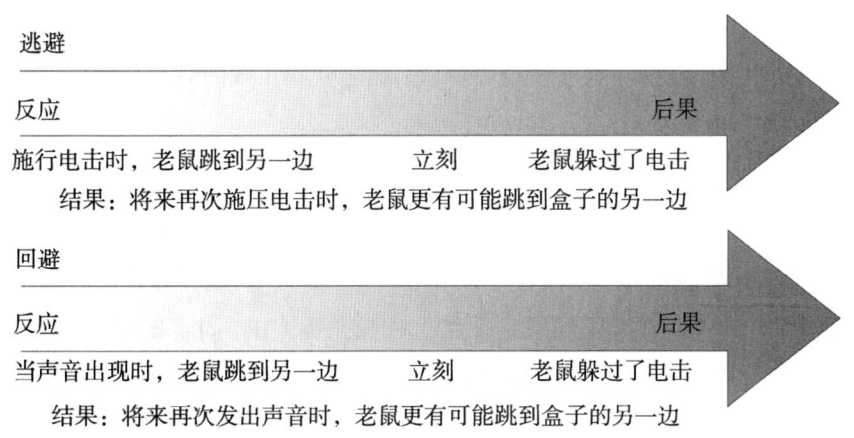

图4-2-3　逃避和回避行为示意图

4. 行为强化程式

斯金纳在实验中发现,行为与强化之间存在着一定关系,强化的程序不同,强化的效果也大不相同。强化可以分为两大类:连续性强化和间歇性强化。

连续性强化是指每次行为都得到强化。间歇性强化是指只有部分行为得到强化,或者说某一反应只是偶尔被强化。从行为消退的角度看,两种强化程序的效力是不同的,间歇性强化停止后产生的反应消退,远远低于数量相同的连续强化停止后产生的反应消退。从行为固定的时间看,连续强化通常适用于个体刚刚开始学习一个行为,一旦个体学会了这个行为,就可以对其使用间歇性强化程序,使个体继续保持这种行为。斯金纳曾经做过一个实验,把8只挨饿的鸽子分别放进8个特制的箱子里,不管当时鸽子是什么情况,每隔15秒钟就自动给予谷粒做强化物。一连几天后,其中有6只鸽子的表现出现了变化。有的表现出的行为是不断逆时针打转,有的是频频点头,还有的是左右摆动。在这个实验中,发生在第一次得到谷粒这个强化物之前的行为就受到了强化,而且如果这种行为恰恰发生在下次奖励之前的话,那么强度就更进一步得到增加。所以当训练犬学习一个新行为时,采取连续强化的程序有利于新行为的获得。

间歇性强化又可按照时间和比率的不同分为固定间隔强化、变化间隔强化、固定比率强化、变化比率强化四种,四种间歇式强化的强化效果见图4-2-4。

固定间隔强化,是每隔一个固定时段强化一次,比如每隔1分钟强化1次。这种强化因间隔的固定性,有一定规律可循。因此,在强化物出现后,由于行为者知道短期内不能再得到强化,所以在每次强化之后的瞬间反应概率较低。当行为者觉得再次强化快要到来时,反应概率又会增加。如果反应和强化物出现的时间之间有相当大的间隔,则反应概率较低。

变化间隔强化,强化间隔的时间有长有短,是不定期的。这种强化程式没有一定的时间规律,随机性较大,行为者往往难以捉摸后续强化物出现的时间。因此,在它的作用下,能使行为者保持一个相对稳定的行为水平。

固定比率强化,强化按一定比率进行,比如行为反应20次,强化1次,强化的固定比例就是1:20。固定比率强化能产生很高的反应概率,因为行为者的反应达到固定比率就会得到强化,行为的结果又促使反应强度进一步提高。如果没有其他因素干扰,这种程式能使激励作用达到最大值。但是采用这种强化程式的"固定比率不能太高",因为某一特定的行为者和某一特定的强化指标之间,比率是有限的,超过这一比率,行为就不能保持,而且会出现快速消退。

变化比率强化,强化按随机比率进行。变化比率强化是通过对受到强化的反应与未受到强化的反应之间比率的不确定性运用来强化的。因为行为者对强化的时机不可预测,因此理论上它可以消除固定比率强化后所出现的反应消退现象。

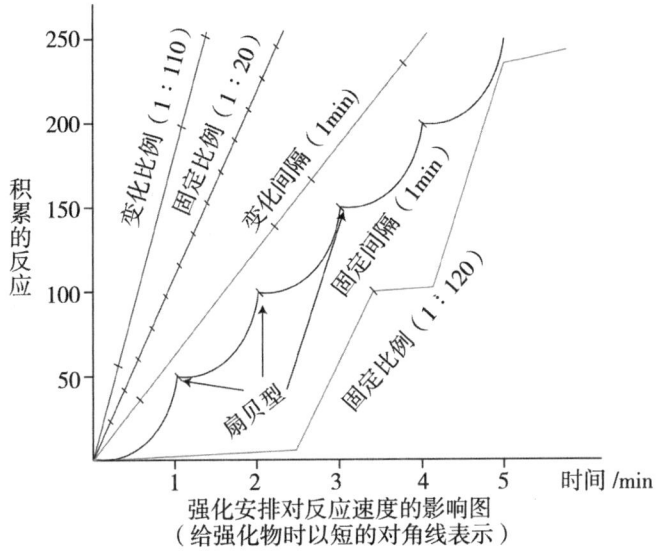

图4-2-4　不同强化程式的强化效果示意图

5.影响行为强化效果的因素

行为强化的效果受很多因素的影响,包括结果的及时性、一致性、激发操作、个体差异和刺激强度。

（1）及时性

行为的发生与强化的结果之间的时间间隔对强化的效果有重要影响。一个结果要想成为最有效的强化物,应该在行为发生之后立即发生。行为反应和结果之间拖延的时间越长,结果的强化效果就越小,因为两者之间的连接被削弱了。如果反应和结果之间的时间过长,以至于两者失去连接,那么结果对行为就失去了强化效果。早年,E. L. 汉密尔顿(E. L. Hamilton)做过一个针对强化时间的实验,当研究的实验对象(5 个实验组的小老鼠)完成目标任务后,分别给予 5 个不同组别的老鼠 0min、1min、3min、5min、7min 的延时强化,试验结果表示,第一时间得到立即强化(延迟时间为 0)的一组老鼠学习的最快,远远超过其他 4 个组别的老鼠。

有的资料显示强化应在目标行为出现之后的 6s 以内进行,也有研究者认为应该在 3s 以内,美国的 Richard. W. Malott 主张强化应在 1s 内出现,1s 到 60s 才出现的强化都是延迟强化。不管怎样,业内普遍的共识强化物的出现应无限接近于 0s。比如训练犬坐下,只有在犬刚坐下的一刹那,马上给食物强化,强化的效果才最好。如果犬坐下 1 分钟以后再给予强化,那么这个强化就不会对犬坐下的行为起到强化物的作用,甚至有可能成为犬在接受食物之前刚发生的其他行为的强化物。

（2）一致性

当反应产生出结果，而且只有反应先发生，结果才会发生，那么我们就说反应和结果之间存在着一致性。如果结果总是跟随着反应出现，那么结果更有可能强化反应。当训犬坐下时，如果每一次犬坐下，都给予食物强化，那么食物更有可能强化犬坐下的行为；如果每一次犬坐下后望着主人，才给予食物强化，那么食物更有可能强化犬望着主人的行为。

（3）激发操作

激发操作是指有一些事件能够使一个行为在某些时候比在其他时候更具有强化作用或更不具有强化作用，这些事件称为激发操作。激发操作有两方面的效果，一方面是改变强化物的价值，另一方面是使得作为强化物的行为在当时更可能或更不可能出现。使强化物更有效的激发操作称为建立操作；使强化物效果降低的激发操作称为取消操作。

例如，钱对绝大多数人都是一个强化物，但同样是 100 元钱，对于非常缺钱的人来说，它的强化作用更大。食物对犬来说是个强化物，但是对处于饥饿状态的犬，其强化作用更大，而对于那些已经吃饱的犬，其强化效力大打折扣。在这两个例子中，让人缺钱或让犬处于饥饿状态就是建立操作，建立操作增强了钱或食物作为强化物的强化效果。剥夺是一种可以增加大多数非条件强化物和部分条件强化物效果的建立操作，因为某种强化物对于一个已经很久没有得到它的个体来说，更具有强化作用。与剥夺相反的是满足，满足是一种取消操作，发生在个体刚刚获得了大量的某种强化物或已经与某种强化物有了很多接触，结果是强化物在那个时候的强化作用下降。但是满足的影响会随着时间下降，距离获得强化物的时间越长，强化物将会再次变得有效。比如犬已经吃饱了，此时食物对犬的强化作用就会大大下降，然而随着时间的延长，犬慢慢地变得饥饿起来，此时食物的强化效果又会变得越来越大。

建立操作和取消操作同样会对负性强化的效果产生影响。当一个事件增加了刺激物的负性时，逃避或去除这个刺激物的行为就变得更具强化作用；当一个事件降低了刺激物的负性时，逃避或去除这个刺激物的行为就变得有较少的强化作用。比如头疼可能使一个很大的噪声更具负性，因此在头疼时去掉噪声的行为就更具强化作用。

（4）刺激强度

总的来说，无论是正性强化还是负性强化，在适当的激发操作的作用下，如果一个刺激物的强度较大（或数量较多），那么这个刺激物作为强化物的效果也会较大。一个强度较大的正性刺激要比一个与它完全相同但强度较小的强化物,更能加强行为并产生更高程度的刺激。比如对同一个人,1 万元要比 100 元对行为的刺激强度大;同一块肉,对处于饥饿中的犬比处于饱食中的犬刺激强度更大,其强化作用更强;喜欢吃的食物要比不喜欢吃的食物刺激强度更大,对行为的强化效果也更强。

M. H. Elliott 早年做过同类但是不同的强化物对强化效果的对照实验,两组同样的饥饿老鼠,一组用谷糠进行强化,一组用向日葵籽进行强化。实验结果发现用前者强化的实验组中的老鼠,无论是在学习效率还是在学习效果上,均比用后者强化的效果好,如具体成绩下图(图 4 - 2 - 5)所示。

(5)个体差异

行为的结果称为强化物的可能性因个体而异。有些犬更喜欢吃食物,但有些犬更喜欢玩玩具,另一些犬可能只喜欢众多玩具中的其中几个,不能因为某一刺激物是大多数犬的强化物,就假定它也是某一只犬的强化物。因此,确定哪一个结果是某一个体的强化物,对于行为强化来说至关重要。比如 100 元钱对很多人来说都是强化物,但是对一个钱很多的人就不再是强化物;玩具球是很多犬的强化物,但是对于个别不喜欢球的犬,玩具球就不再是强化。

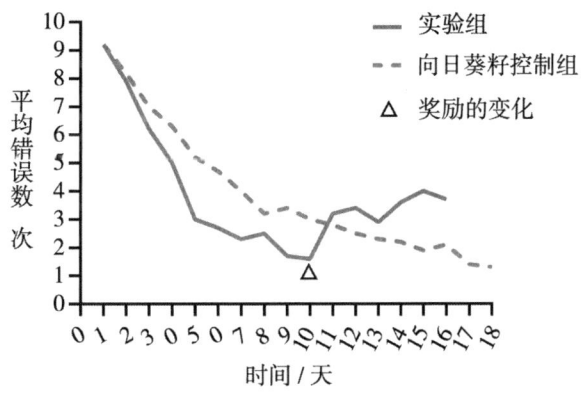

图 4 - 2 - 5　不同的强化物对小鼠学习的强化效果

二、对动物的行为消退

行为消退是行为的一个基本原理,是指一个曾经被强化的行为,当再发生时不再产生具有强化作用的结果,因而行为发生的频率逐渐减少直至发生。只要行为得到强化,即使是间歇的强化,它就会继续发生。但是如果行为不再造成具有强化作用的结果,行为者就会停止这个行为。

1. 行为消退的程序

正如我们在行为强化中所阐述的那样,行为强化有两种类型,分别是正性强化和负性强化。对应的行为消退也有两种类型,分别是正强化行为的消退和负强化行为的消退。如果一个行为得到正性强化,行为会产生一个具有强化性质的结果,正强化行为的消失就是去掉这个结果,使行为不再能产生强化物,行为逐渐消退直至消失。如果一个行为得到负性强化,随着行为出现的是某种厌恶刺激的减弱或消除,因此负强化行为的消失就是消除强化了这个行为的逃避或回避,即行为不再能减弱或避免厌恶刺激,这个行为最终会消失。比如在斯金纳的实验中,当实验鼠压杠杆不再能出现食物,压杆的行为就会逐渐减少并最终消失,这就是正强化行为的消失。再如训练犬卧下,当主人对犬下达"卧下"的口令后,如果犬不执行口令,主人就会击打它的脑袋,当主人准备击打它的时候,它就会跑开来躲避刺激,跑开的行为被避免主人击打的结果负强化了,导致每一次主人下达"卧下"的口令后,犬总会跑开。如果主人给犬系上牵引带,使犬无法脱离主人的控制,跑开的行为不能继续避免主人的击打,那么犬跑开躲避的行为就会消失。当犬卧下以后,主人不再给予击打刺激,卧下的行为回避了击打刺激的出现,卧下就会被强化。

2. 消退爆发

消退爆发是行为消退的特征之一,是指一旦行为不再受到强化,在行为消退的最初阶段,反应的频率、持续时间或强度会暂时性增加。在斯金纳的实验中,通过连续强化老鼠压杠杆的行为,一段时间后,实验鼠再压杠杆不再出现食物,此时实验鼠会疯狂的压杠杆,压杠杆行为的频率和强度都增强了。但当持续压杠杆一段时间后,仍不出现食物,压杠杆的行为就会逐步消退。

当消退的行为具有攻击性的或"情绪化的"成分时,消退可以引起攻击或异常行为。我们用斯金纳的一个消退实验来解释这一行为。在斯金纳箱里放入 2 只实验鼠(A 鼠和 B 鼠),其中 A 鼠被限制在角落里的一个小箱子里,B 实验鼠可以在大箱子里自由活动,通过连续强化 B 鼠压杠杆的行为。起初 B 实验鼠并不理睬自己的同伴,它重复着压杆吃食物的行为。当执行消退程序后,B 鼠压杠杆不再出现食物,即使是它疯狂的压杆也不出现食物,此时它开始攻击 A 鼠,用爪子拍打装 A 鼠的小箱子。

在人类上也会出现由消退爆发引起的攻击、自残等异常行为。研究者(Azrin,1966)报道了使用行为消失的方法引起的侵犯行为,当小孩子索要糖果的行为被拒绝时就可能哭闹或尖叫,于是父母为了避免孩子继续哭闹就会从了他们的要求,其实父母的行为强化了孩子的哭闹行为。当孩子再次索要糖果被拒后,孩子会表现出更加强烈的哭闹行为,甚至会摔坏东西,拍打地面或墙壁,更为严重的会出现攻击或自残行为。需要注意的是,这种攻击或自残行为会受到生物体本体感受器的强化,导致行为的加强。当我们很生气的时候,我们通常会砸东西、拍桌子或大喊大叫,拍桌子带来的手部刺激、砸东西的声音或感觉,在某种程度上让人的愤怒情绪得到释放,从而使这些刺激成为攻击行为的攻击强化物(参考本章第三节驱力动机理论)。

3.自发恢复

行为消退的另一个特征是,行为可能在停止发生一段时间后又再次发生,称为自发恢复。如果行为消退过程正在进行中,那么行为的恢复就不会持续很长时间。但是如果自发恢复发生时,行为得到了强化,那么行为消退将失去效果。就像斯金纳的老鼠压杆行为消退实验那样,如果老鼠一直得不到食物强化,压杆行为就会消退,直到消失。如果在消退过程中,偶尔一次得到强化,那么消退过程就变成了类似于间歇性强化的过程,导致行为消退所需要的时间更长。

4.影响行为消失的因素

两个因素会影响行为消退过程:行为消退之前的强化程序和行为消退之后发生的行为强化。

行为强化的程序可以影响行为消退的快慢。正如本节行为强化中所讲,连续性强化是每次行为的发生都会跟随着一个强化物,当强化物不再出现,行为会迅速减少;在间歇性强化中,不是每一次行为发生都会获得强化物,行为只是偶尔被强化,当强化终止后,行为只是逐渐地减少。也就是说,通过连续性强化获得的行为,比通过间歇性强化获得的行为消退得更快。那么当我们想快速消退一个行为时,可以先将间歇强化转为连续强化,然后再实施消退程序。

影响行为消退过程的第二个因素是消退之后发生的行为强化。如果在行为消退过程中发生了行为强化,那么行为减少所需要的时间就更长。如果行为在自发恢复的过程中得到强化,那么行为可能会回升到实施行为消退之前的水平。

三、惩罚

1.惩罚物

惩罚是指发生一个具体的行为,有一个直接的结果紧随这个行为,结果削弱了这个行为,导致这个行为在将来不太可能再次发生。需要注意的是,在行为学中,惩罚是一个具有特定含义的术语,不是惩罚某个个体,而是惩罚行为。它指的是某一行为的结果导致这个行为未来发生次数或概率减少的过程。

能削弱某个行为的结果称为惩罚物。对惩罚物的定义,不能由某个行为的结果是否显得令人不快或厌恶来定义,而是由对它之前的行为所造成的影响效果来定义,只有行为的结果导致该行为在将来确实减少了,才能得出某种具体的结果是惩罚物的结论。注意,结果造成某一行为暂时性的减少、中断或停止,该结果不是惩罚物,只有使某一行为未来发生的概率或次数减少的结果才能称为惩罚物。

比如当犬撕咬家具时,主人打了它的嘴巴,结果犬以后不再咬家具了。当有人去摸陌生的犬时,结果犬立刻向他吠叫并咬伤了他,导致他再也不去摸这只犬。上面两个例子中,被主人打(疼痛刺激)是犬撕咬家具的惩罚物,被犬咬是有人摸陌生犬这一行为的惩罚物,结果导致犬不再咬家具和那人不再摸这只犬。再如,当主人不在犬身边时,犬总是吠叫,此时主人会走到犬的身边呵斥它,甚至会打它,虽然此时犬会停止吠叫,但是当主人离开它时,它还是会吠叫。在这个例子中,主人的呵斥和责打不是惩罚物,因为它并没有造成吠叫行为的减少。正相反,如果犬吠叫是为了寻求主人的关注,当犬吠叫时,主人关注了它并走到犬身边,主人的关注和靠近实际上是强化了犬吠叫的行为。

2. 非条件惩罚物和条件惩罚物

和行为强化一样,惩罚是影响个体行为的自然过程。有些事件或刺激物具有自然的惩罚作用,因为避免与这些刺激物的接触或将接触最小化具有生存价值。痛苦的刺激物或者极端水平的刺激经常带来危险,通过进化,生物体已经具备了在没有任何事先训练或者经验的情况下,带来的这些自然的负性事件识别为惩罚的能力,因此产生痛苦或极端刺激的行为会自然地被削弱,这些刺激物称为非条件惩罚物。比如极端的炎热或寒冷、极端水平的听觉或视觉刺激,或者痛苦的刺激(电击、尖锐物体的重击、强光的直射等)。

另一类具有惩罚作用的刺激称为条件惩罚物。条件惩罚物是指,只有在与非条件惩罚物,或其他已经存在的条件惩罚物配对之后,才具有惩罚作用的刺激物或事件。与条件强化物一样,任何刺激物在非条件惩罚物配对后都有可能变成条件惩罚物。研究者(Van,1982)发现,如果对在课堂上表现出破坏行为的学生进行斥责,这些学生的破坏行为会减少,在这项研究中,斥责就是对学生破坏行为的条件惩罚物。"不"这个词也是常见的条件惩罚物,因为它总是与大量的非条件惩罚物相配对。在训犬中,与"好"的口令类似,"非"的口令也是一种类惩罚物,因为"非"的口令总是与主人严厉的表情、击打等厌恶刺激相配对。

3. 惩罚的原理

惩罚从程序上可以分为两类:正性惩罚和负性惩罚。两者之间的区别是由行为的结果所决定。

正性惩罚是指,发生一个行为,行为之后跟随着一个惩罚物的出现,导致这个行为在将来不太可能再次发生或发生的频率减少。

负性惩罚是指,发生一个行为,行为之后跟随着一个强化物的消失,导致这个行为在将来不太可能再次发生或发生的频率减少。在训犬应用中可以简单理解为给犬去除一个犬喜欢的事物。

比如,在纠正犬护食行为时,可以这样操作:一方面,将犬拴系好,当犬攻击正在企图触碰食物的事物(可以是工具,也可以是人的手)时,给犬施加机械刺激,触发犬的痛觉,引起犬的不适。另一方面,提前将犬的食物用纤细而又结实的渔线拴牢,鱼线的另一端由人掌握,当犬攻击时,快速将犬的食物通过鱼线移出犬能触及的范围以外,给予其负惩罚。

4. 惩罚、强化和行为消失的区别和联系

惩罚是使某一行为减少或停止的过程,行为强化是使某一行为在将来发生的频率或强度增大的过程。相同环境中不同行为的强化和惩罚的方法可能涉及相同的刺激物。比如上文讲到人和犬的例子,当人去摸陌生的犬时,结果犬立刻向他吠叫并咬伤了他,为了避免被咬到,人迅速把手收回来,导致他再也不去摸这只犬。当人摸犬这个行为发出后,这个行为立刻跟随一个负性刺激的出现——犬咬了他,犬咬他就是一个惩罚物(正性惩罚);但是,人迅速把手收回来的时候,避免了被犬咬到的痛苦,所以收手的行为可以被避免被犬咬带来的痛苦所强化(负性强化)(图4-2-6)。

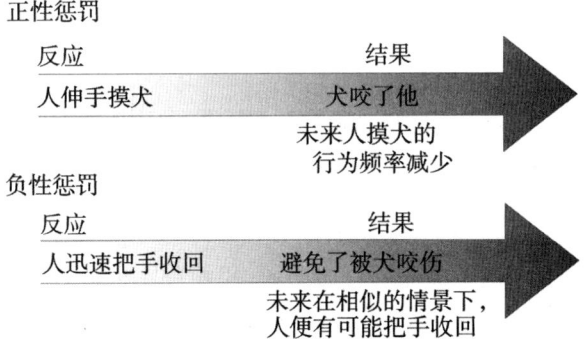

图4-2-6　正性惩罚和负性强化

如果是一个个体对另一个个体的错误行为使用惩罚,那么使用惩罚时会造成结果对惩罚使用者行为的负强化。因为使用惩罚的方法会立刻导致问题行为的减少,如果通过惩罚所减少的行为是令人所厌恶的,那么惩罚的使用就会被令人厌恶的行为的终止所强化,惩罚人将来更有可能在相似的环境下使用惩罚。比如小强的工作犬(旺财)喜欢撕咬沙发,当旺财撕咬沙发时,小强就使劲打它的嘴巴,旺财停止了撕咬沙发的行为。旺财咬沙发这一事件对小强来说是厌恶刺激,旺财停止咬沙发的行为(厌恶刺激消失)是小强打它的结果,对小强的击打行为形成了负强化,导致未来小强在相似的情景下打旺财的行为增强。

只要在惩罚程序中使用负性刺激,就会为逃避和回避行为的出现创造机会。在负性强化中我们已提到,任何能够逃避或回避负性刺激的行为,都会通过负性强化得到加强。因此,虽然负性刺激在目标行为之后实施,可能达到减少目标行为的作用,但是个体从事的任何可以终止或避免负性刺激的行为都可能会被强化。我们以小强和旺财的例子来阐述这一原理。当旺财撕咬沙发时,小强就使劲打它的嘴巴,痛苦刺激会驱使旺财逃避到小强无法触及的角落,旺财逃避到角落的行为的结果是小强打不到它了,从而使逃避行为得到负性强化。当旺财再次撕咬沙发时,小强正欲打它,旺财立刻逃走,使得回避行为得到负性强化,造成小强无法对旺财实施惩罚,导致撕咬沙发的行为无法消退或减少。因此在实施惩罚程序时,必须注意避免不恰当的逃避或回避行为出现。

虽然行为消失和惩罚都削弱行为,但是行为消失是指移除之前对行为起到维持作用的强化物,而负性惩罚是指移除某些其他的随着行为出现的强化物,负性惩罚中移除的强化和维持行为的强化物是不同的。我们用人的例子来说明其中的差异:小明经常打断妈妈工作,这种行为被妈妈的关注所强化。在这个案例中,行为消失是指小明打断妈妈工作时,妈妈的关注这一强化物的移除。负性惩罚则是指小明打断妈妈工作时会遭受某些其他的强化物的损失,比如妈妈不再给他零花钱,或者剥夺他看电视的机会,或者没收他喜欢的某个玩具等。这两种方法都会降低小明打断妈妈工作的行为的强度或频率。

5.影响惩罚效果的因素

与影响行为强化效果的因素相似,影响惩罚效果的因素包括及时性、一致性、激发操作、个体差异和惩罚物的强度。

(1)及时性

当一个具有惩罚作用的刺激紧随行为出现,或者当某种强化物的损失紧随行为出现时,行为更有可能被削弱。也就是说,要是惩罚最有效,结果必须紧随行为出现。随着行为和结果之间时间的延长,结果作为惩罚因素的效果会不断地降低。

(2)一致性

要使惩罚有最佳效果,具有惩罚作用的刺激必须在行为每次发生时都出现。如果每次行为发生时惩罚物都出现,行为不发生时惩罚物都不出现,我们就说具有惩罚作用的结果与行为是一致的。当惩罚物与行为一致时,它的惩罚效果最好。如果惩罚物的出现和行为不一致,也就是说只有一部分行为之后才会出现惩罚物,或者惩罚物出现在行为没有发生时,惩罚的效果就会减弱。

(3)激发操作

正如激发操作可以影响强化物的效果一样,它也可以影响惩罚物的效果。惩罚的激发操作是指,能够使某种结果作为惩罚物更为有效的事件或条件。在负性惩罚程序中,满足会使某些强化物的损失造成的惩罚作用减弱,而剥夺可以使某些强化物损失造成的惩罚作用增强。比如,如果小明打断妈妈工作,妈妈就不再给他零花钱。如果小明的零花钱还有很多,妈妈不给小明零花钱的这种惩罚效果就会减弱,甚至不具备惩罚作用;如果小明已经没有零花钱了,那么妈妈不给小明零花钱的这种惩罚效果就会增强。

在正性惩罚程序中,任何能增强刺激事件厌恶程度的事件或条件都会使这个事件成为更有效的惩罚物,而是刺激事件厌恶程度降低的事件或条件则会使它作为惩罚物的效力降低。

(4)个体差异和惩罚物的强度

起惩罚作用的惩罚物因个体而异。某些惩罚物对某些个体来说是条件惩罚物,而对另一些个体则不是,因为不同的个体有不同的经历和条件反射历史。同样的,一个刺激能否起到惩罚物的作用取决于它的强度。总的来说,刺激强度更大的惩罚物,惩罚效果更好。比如同样使用50牛的力去拍打犬的脑袋,有些犬很害怕,而有些犬则几乎没有感觉,但是使用100牛的力气去击打它,对犬的惩罚效果肯定比50牛的力气击打的惩罚的作用更大。但是在犬的训练中,惩罚的力度要因犬而异,不可过大,过量的惩罚容易引起超限抑制,造成犬的神经系统处于严重紧张状态,不利于训练的开展。

第三节　动物行为塑造

行为塑造是用来培养个体目前尚未做出的目标行为的手段,它可以定义为使个体行为不断接近目标行为,直至最终做出这种目标行为的差别强化的过程。爱德华·托尔曼认为,依据可驯性,动物和人类的一切行为,除向性和简单反射外,都是可以通过经验或训练来加以改变,也就是可习得的。所以受目的为指导的行为具备可塑性。

一、动物行为塑造的基本过程

如何进行行为塑造呢? 大致分为以下几步:

（1）定义目标行为。也就是说我们要清楚希望个体做出什么样的最终行为,这样就可以判断行为塑造计划能否成功,何时会成功。

（2）确认初始行为。所谓初始行为是指,个体至少会以很低频率出现的,沿着某种有意义的维度,能够走向目标行为的行为。开始行为塑造之前要确认初始行为,然后对初始行为进行强化,使个体经常做出这个行为。

（3）选择塑造步骤。在行为塑造过程中,个体在进行下一个步骤前,一定要掌握好前一步,每一个步骤必须比前一个步骤更接近目标行为。

（4）选定强化物。对不同的个体选择最合适的强化物。

（5）找到中间行为。中间行为是指在初始行为的基础上,更为接近目标行为的行为,是处于初始行为和目标行为之间的过渡态。确定中间行为后,开始强化中间行为并停止对前一个行为的强化。

（6）对各个连续接近的中间行为实施差别强化。从初始行为开始,要对确认的行为加以强化,直到该行为稳定出现。然后再强化下一个中间行为,并停止对前一个行为的强化。按照这样的程序依次渐进,直到个体最终做出目标行为并得到强化为止。

我们以训练犬开门的行为来阐述行为塑造的过程。

首先定义目标行为。目标行为就是犬把前爪放在门把手上,下压,推开门。

确认初始行为。犬靠近门作为初始行为,因为犬靠近门的行为偶尔会发生,并且可以向目标行为接近。当犬靠近门的时候就给一团食物,经过多次强化以后,结果犬大部分时间都会待在门附近。

选择塑造步骤。整个行为塑造过程可以分为以下几步:犬把爪子放在门上、犬把爪子放在门把手上、犬把放在门把手上的爪子下压、犬把门把手下压到门开。

选定强化物。按照本章第二节对强化物的论述,选择最合适的强化物,通常情况下使用非条件强化物和条件强化相结合,连续强化和间歇强化相结合效果最好。

对各个连续接近的中间行为实施差别强化。初始行为固定以后,犬再接近门时,不给予强化,此时犬会试探性地表现出各种行为,当犬的前爪放到门上时立即强化,结果犬就会经常把前爪放在门上。待这个行为稳定以后,停止强化该行为,当犬爪子触碰到门把手时再强化。一旦犬能持续这一动作,就可以对下一步骤的行为进行强化了。不再强化犬把爪子放在门把手上的行为了,转而强化爪子下压门把手的行为。最后,只有下压的力度足够大,以至于门可以打开时,再给予强化。从犬接近门开始,到犬打开门为止,整个行为塑造过程就完成了。

二、动物差别强化和差别惩罚

差别强化是指针对现有出现的行为,对目标行为(预期行为)以及非目标行为(非预期行为)进行分别干预,运用强化和消失的原理来提高目标行为的出现频率,降低对非目标行为的出现频率。斯金纳箱中的实验性行为分析本身就是差别强化的运用,某行为发生时得到及时强化,而其他与之不同的行为没有得到强化,此过程为差别强化。与此相对应的是差别惩罚,即针对现有出现的行为,对非目标的行为施加惩罚,以降低非目标行为的出现频率,直至行为停止。

我们仍然用斯金纳箱的老鼠压杆实验对差别强化和差别惩罚进行说明。

我们假定期望的目标行为是实验鼠向下压杆超过 2cm。一开始,实验鼠大多数的压杆距离都不超过 2cm,但时不时地也有超过 2cm 压杆行为。我们用差别强化的方法对超过 2cm 的压杆行为进行强化,使该行为的频率增加。对不超过 2cm 的压杆行为不予强化,使该行为逐渐消退。过一段时间后,实验鼠总能向下压杆超过 2cm 了。用差别惩罚的方法怎么塑造这一行为呢?为了不使实验鼠压杆反应消退,我们继续强化所有的压杆反应,但是对压杆距离小于 2cm 的压杆行为给予电击惩罚。当实验鼠向下压杆的距离小于 2cm 时,就会受到电击刺激,同时得到食物奖励;当实验鼠向下压杆的距离大于 2cm 时,可以得到食物奖励但不会受到电击刺激。实施差别惩罚程序一段时间后,同样能达到与差别强化相似的效果,实验鼠达到目标的行为逐渐增加,而低于目标的行为逐渐减少(见图 4 - 3 - 1)。

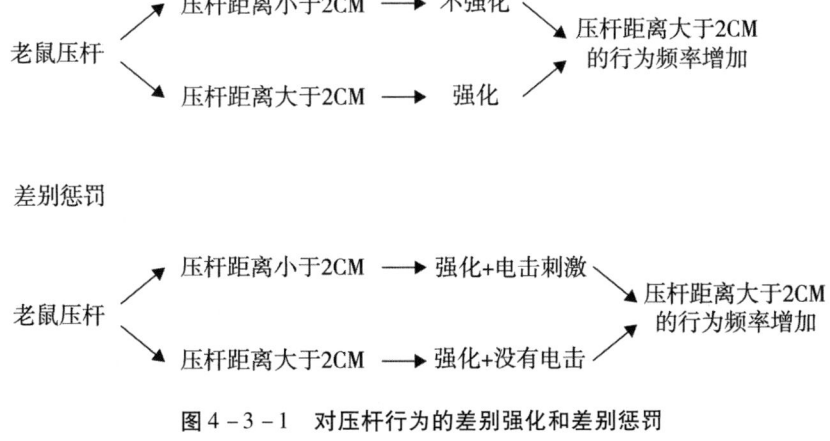

图 4 - 3 - 1　对压杆行为的差别强化和差别惩罚

1. 差别强化与强化的区别和联系

"差别强化"和本章第二节中所讲的"强化"差不多是相同的,但不完全相同。它们都会增加一个行为的出现频率,并且强化过程总会以某种细微的方式涉及到差别强化过程。当我们只是想要增加一个行为的频率而不太关注其细节的时候,可以使用单纯的强化。但当我们想增加或维持一个反应类,而减少另一个相似的反应类,或者增加一个反应类里的某一组反应,而消退该反应类的另一组反应时,就要使用差别强化。简单地说,就是当我们关注一个行为的细节,意图使该行为的某一方面增强,而另一方面消退时,就要使用差别强化程序。

反应维度是指一个反应的物理特性,包括反应的形态、反应的力度、持续时间、潜伏期等。比如犬坐下这一行为,涉及坐姿、坐下时的朝向、坐着时的表情、坐延缓的持续时间等;实验鼠压杆的行为,涉及左腿压杆还是右腿压杆、压杆的速度、把杠杆压下的距离、压杆的力度等。

反应类是指一系列反应,它们之间在至少一个反应维度上相似,或共享同样的强化或惩罚效果,或发挥同样的功能。比如在实验鼠压杆的速度这个维度上,可以将其分为大于 2 秒的是一个反应类,小于 2 秒的是另一个反应类。

2. 差别强化和行为塑造的区别

要区分差别强化和行为塑造,要分清楚两个问题:一是,目标行为当前究竟有没有出现?如果没有出现,那极有可能是行为塑造程序;如果已经出现了,那么极有可能是差别强化程序。二是,这个程序有没有涉及向目标行为的逐步接近?如果有,那就是行为塑造程序;如果没有,那是差别强化程序。就像训练犬开门的案例那样,如果训练之前,犬已经会把前爪放在门把手上向下压了,我们要做的是差别强化它向下压的力度,对能打开门的力度的行为强化,不能打开门的力度的行为不强化。如果训练之前,犬根本不会把前爪放在门把手上,那么整个过程是行为塑造过程。

通过强化进行的行为塑造程序包含了一系列的逐步推进的差别强化。在某个行为与另一个行为实现差别化后,我们会提升标准,去强化更为接近目标行为的另一个行为,直到产生一个新行为。简单的差别强化不太可能产生新的或几乎全新的行为。

三、动物刺激控制

刺激控制又称刺激区辨,是指某行为(反应)因为一个刺激的出现而得到强化或者惩罚,而其他刺激的出现会影响到该行为(反应)消退或者恢复,该过程为刺激控制。刺激控制之所以能够形成是因为行为只有在特定的前提出现时才能得到强化或惩罚。前提刺激与强化一起发生时,那么将来当这个刺激再次出现时,行为发生的强度会增加。如果行为在一个前提刺激出现时受到惩罚,那么将来当这个前提刺激再次出现时,行为会减少并停止发生。

前提刺激与强化相结合的案例。在斯金纳的一项实验中,他把一只饥饿的老鼠放在实验箱中,箱子中有一红一绿两盏灯,当实验鼠压杆时就给予事物强化,培养它压杆的行为。然后研究者打开红灯,只要老鼠压杆就给予食物。而有时研究者会打开绿灯,绿灯亮时,实验鼠压杆就不给食物。经过一段时间的训练,实验鼠在红灯亮时压杆的行为更频繁,而在绿灯亮时压杆的概率更小。在这个实验中,压杆行为只有在红灯亮时(特定的前提)才能得到强化,红灯就成了触发实验鼠压杆行为的可辨刺激(S^D),而当绿灯亮时消退了实验鼠的压杆行为,红灯就形成了对实验鼠压杆行为的刺激控制(图4-3-2)。

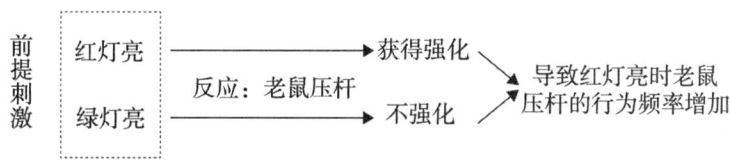

图4-3-2 前提刺激与强化相结合

前提刺激与惩罚相结合的案例。小明决定去橘子园采摘一些橘子,当他把绿色的橘子放在嘴里时,橘子又酸又涩,十分难吃。当他把黄色的橘子放在嘴里时,口感很甜而且多汁。这样他就不再摘绿色的橘子了。在这个案例中,绿色的橘子是可辨刺激(S^D),当他摘下绿色的橘子并吃掉时,行为受到了惩罚。因此他摘绿色橘子的行为就会减少并停止(图4-3-3)。

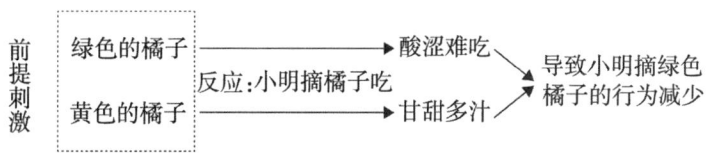

图4-3-3 前提刺激与惩罚相结合

1.刺激辨别训练

特定的前提出现时,行为得到强化或惩罚的过程称作刺激辨别训练。刺激辨别训练包括两个步骤:

当可辨刺激(S^D)出现时,行为得到强化或惩罚;

当任何可辨刺激以外的前提出现时,行为均得不强化。行为得不到强化的前提刺激称为S^Δ。

根据斯金纳的学说,刺激辨别训练具有三段一致性,即前提、行为和结果三者之间的一致关系,是指只有在可辨刺激出现的前提下,行为的发生才能引起结果(强化物或惩罚物)的出现,示意图表示如下(图4-3-4):

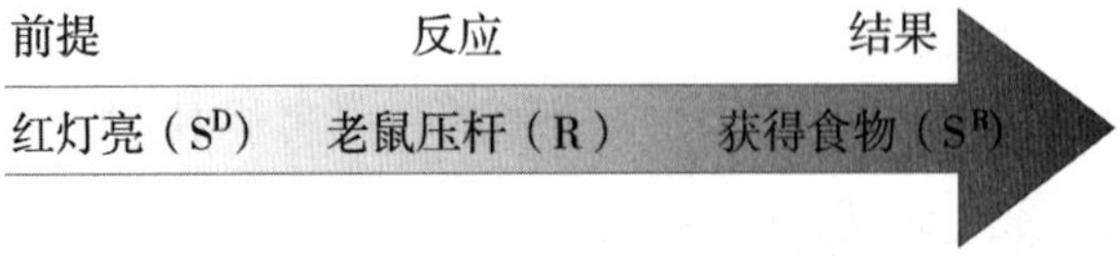

前提	反应	结果
红灯亮（S^D）	老鼠压杆（R）	获得食物（S^R）

图4-3-4 刺激辨别训练的三段一致性

S^D是可辨刺激,R是行为反应,S^R是强化物或惩罚物。

注意,前提之所以能对行为产生刺激控制作用,是因为行为只有在特定的前提下才能得到强化或惩罚。S^D的出现并不导致行为的发生,它只是标志着此时发生的行为将会得到强化。S^R才是行为发生或消退的原因。

2. 刺激控制的分类

刺激控制可以分为基于强化的刺激控制和基于惩罚的刺激控制。

基于强化的刺激控制又可分为基于正强化的刺激控制和基于负强化的刺激控制。上述基于红绿灯前提刺激的实验鼠压杆行为的案例就是基于正强化刺激控制的案例。训练犬分化不同气味也会用到基于正强化的刺激控制,比如当嗅癌犬感受到癌症病人的样品气味这一气味信号刺激后,作出正确回应(示警),该犬可以得到奖励,如美食和玩具。若嗅癌犬感受到正常人的样品气味这一气味信号刺激后,作出正确回应(示警),该犬就不能得到任何奖励。也有一些是基于负强化的刺激控制,比如在炎热的夏天进行训练和行为矫正,即便是在树荫下对犬而言也是难以忍受的。训犬师会利用这一机会,当犬按照训犬师给出的手势这一图像信号刺激作出正确的动作或出现期望行为时,训犬师迅速将犬带入有冷气的室内。而未作出正确的动作或出现期望行为的犬会依然处在原来的环境。

相似地,基于惩罚的刺激控制可以分为基于正惩罚的刺激控制和基于负惩罚的刺激控制。训练护卫犬禁触吠叫的科目就是基于惩罚的刺激控制,犬到达助训员身边后,助训员若逃跑,犬可以攻击,主人不施加惩罚;助训员若保持静止不动,犬进行攻击,主人会选择通过电颈圈的方式对犬施加惩罚。基于负惩罚刺激控制的案例也很常见,比如当嗅癌犬感受到癌症病人的样品气味这一气味信号刺激后,未正确反应,而对其他气味(如食物)反应,称之为错反应(假阳性反应)训犬师将犬带离开,终止或暂停操作,犬得不到强化物。

3. 刺激泛化

在有些情况下,使行为得到强化或消退的前提是相当具体的,但在另外一些情况下,前提的范围很广泛。当行为可能发生在多种刺激情况下的时候,我们就称其为刺激泛化。斯金纳对刺激泛化给出的定义是,描述刺激所要求的控制被其他具有共同特征性的刺激分享这一事实的术语。

哥特曼和卡利仕做了个经典的实验,他以鸽子为实验对象,训练鸽子在某种波长的灯光照亮时啄击按键的行为。在训练阶段里,实验人员训练鸽子当黄绿色灯光(黄绿色灯光是S^D)照射过来时去啄击按键(注意在整个实验过程中,该按键灯光是一直亮着的)。他们使用间歇强化程序,强化鸽子在黄绿色灯光呈现时的啄击反应。当鸽子在黄绿色灯光呈现下的反应很稳定了,他们除了用训练刺激(原先的黄绿色灯光)之外,还使用了一组测试刺激(各种新的灯光颜色)。实验人员呈现了 11 种不同颜色,从蓝色到红色,每种颜色呈现几次,以随机的方式呈现这些颜色,每一种颜色的光持续 1 分钟,然后换成下一种颜色。结果显示,当原来的黄绿色灯光呈现时,鸽子做出的反应最多;在黄色灯光呈现时,反应会少一些;当橙色灯光呈现时,反应会更少;当红色灯光呈现时,反应最少。同样,当灯光颜色从黄绿色开始,沿着光谱的另一个方向变化,变成绿色,再变成蓝绿色,最后变成蓝色,鸽子的反应频率也会越来越低(如图 4 - 3 - 4)。该实验表明,鸽子啄击按键的行为对各种颜色的灯光泛化了。

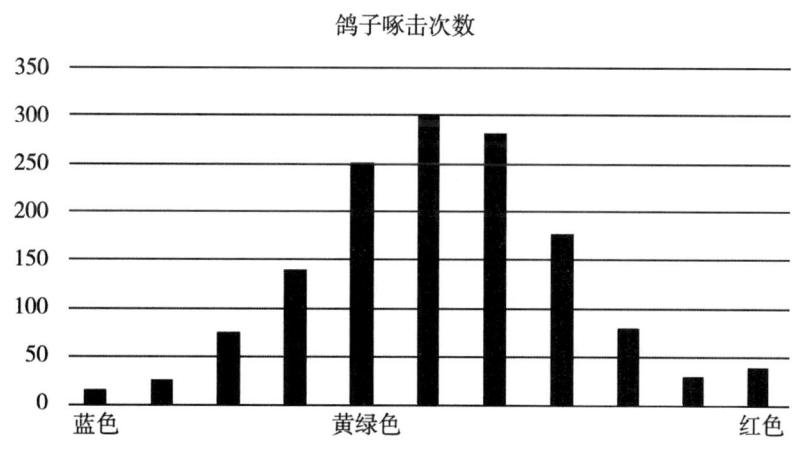

图 4 - 3 - 4　鸽子对光线的刺激泛化

在犬类行为的刺激应用依然如故,下面举两个例子。首先是正面的例子:当栓系犬的时候,将牵引带拴牢,每次都将它拴在固定的地方(路灯下),犬每次想挣脱都是徒劳无功的。当某天主人依然将犬拴在这个固定的地方,不再栓系牵引带的时候(做出栓系的假动作佯装栓系,或者将犬带到路灯下面),犬已经学会安静不再妄图挣脱束缚。反面的例子:主人距离指挥犬逐一做出坐、卧、立等动作过程中,每一个行为动作对应的刺激

(图像刺激如手势,声音刺激如口令)都是不一样的,但是犬在主人显示"坐"动作的手势和口令,犬可能会做出"立"的动作,也可能做出"坐"的正确动作,犬可能对不同的手势和口令泛化了。

4. 刺激的促进和渐消

刺激促进是指在有限时间内增加完成目标行为的可能性之手段,包括我们常使用的诱导、强迫等手段。促进渐消是与促进相对应的反向过程,是逐步撤掉诱导和强迫等手段最终完成目标动作的过程。

例如,主人初次带犬跳跃(翻越)一定高度的障碍时,等待犬自己发生该行为的可能性几乎为零。主人若想让犬一次性完成该动作,此时就需要使用促进手段(用食物引诱、拉扯牵引带辅助或其他辅助犬过去的手段)。随着犬跨越障碍越来越熟练,主人扯拉牵引带辅助的力度逐渐下降,直至完全去掉辅助手段。

刺激促进包括声音促进、提示促进、示范促进(模仿促进)、接触促进、激发促进。

(1)声音促进:主人发出声音引起犬完成目标行为或者增加完成目标行为的可能性,其本身是一种声音刺激。当主人希望犬来到身边或者引起犬的注意时,下达口令或者呼唤犬的名字。

(2)提示促进:主人以身体部位的指向性提示,引起犬完成目标行为或者增加完成目标行为的可能性,如用手指指向某物体,让犬过去衔在口中。科研人员曾经进行过一项研究,在犬面前摆放三个外观完全一致的塑料杯子,并保持一定的间距。当研究人员手指指向左边的杯子,犬过来朝向正确杯子而出现嗅认、扒动等任意动作时,研究人员予以食物奖励;朝向错误的杯子时没有奖励;每次指向杯子的位置都是随机的,研究结果发现绝大多数的犬以及犬在绝大多数的情况下均正确。

(3)示范促进(模仿促进):人或者其他示例犬给目标犬演示完成某一行为,而引起犬完成目标行为或者增加完成目标行为的可能性。例如,主人带犬翻越障碍时,主人当犬的面完成翻越障碍的动作,激发犬模仿完成该动作。

(4)接触促进:在人犬之间的直接身体接触或者间接接触的作用下,引起犬完成目标行为或者增加完成目标行为的可能性。例如主人通过拉扯牵引带(绳)让犬来到主人身边。

(5)激发促进:本身是一种引诱刺激,激发的是犬的探求反射。对目标物本身施加改变,比如外观、大小、形状、形态等,引起犬完成目标行为或者增加完成目标行为的可能性。

第四节　动物行为链

一、动物行为链的基本原理

每一个行为都包含若干独立的、依次发生的刺激——反应部分,我们把这样一个反应序列陈给行为链。行为链又称刺激-反应链,它是由众多的刺激与反应组成的序列,每个反应或者行为会产生一个刺激改变,该刺激会强化前面的反应,而且是紧接着下一个反应的可辨刺激。也就是说前一个反应构成下一个的可辨刺激,以此类推直到行为链中的所用反应都按顺序发生。当然,一个行为链只有在链中的最后一个反应产生强化效果时,才能继续发生。

行为链在犬的行为塑造中的运用很多,尤其是有一定顺序且较为复杂的行为,例如想要培养犬去按门铃这一动作,我们可以将其分解为以下几个环节:1.犬注视门的方向;2.走向门的方向;3.在门前停下来;4.抬起前肢;5.前爪按在门铃上(图4-4-1)。

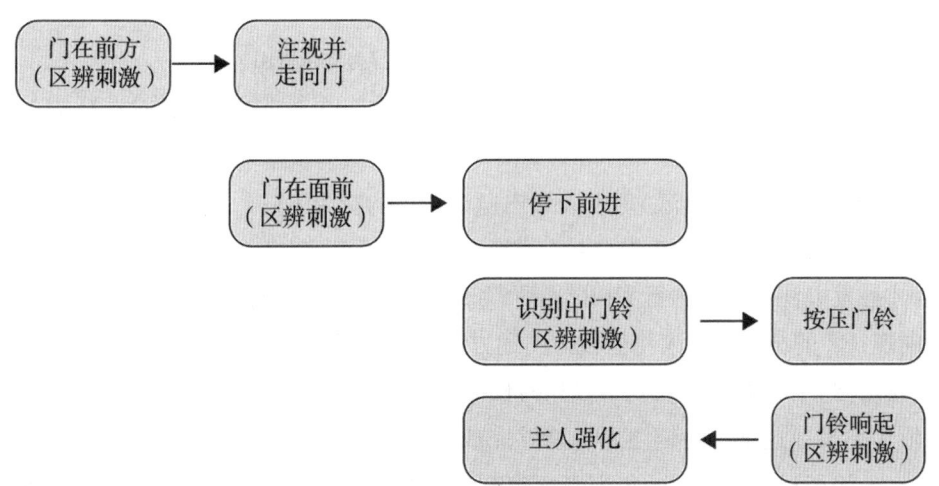

图4-4-1　犬按门铃的行为链示意图

在许多影视作品中经常可以看到,主人和自己的金毛犬乐此不疲地玩耍捡树枝的游戏,如果把金毛的猎取回来行为看成一个行为链的话可以分解成以下几个环节:1.犬和主人达到游乐场;2.犬做出邀请玩耍的动作;3.主人拿出树枝;4.犬注意树枝;5.主人将树枝抛向远方;6.犬找到树枝;7.犬把树枝衔在口里;8.犬回到主人身边吐下树枝交给主人;9.主人给犬奖励。(图 4 - 4 - 2)。在以上过程中,一个反应带来的刺激实际上同时具备两个功能,既是该反应的强化物,又是下一个反应的可辨刺激,称之为双重功能链接刺激(Dual - functioning chained stimuli)。

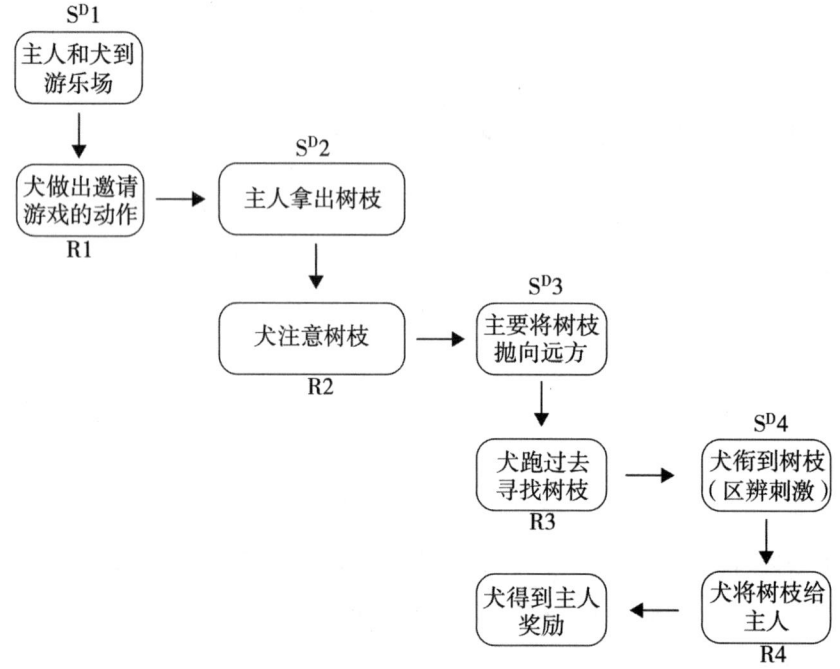

图 4 - 4 - 2　犬捡树枝游戏的行为链示意图

这个行为链所依次包含的刺激—行为—刺激(上一个行为的强化物)—行为过程大致如下:

S^D1(游乐场的环境刺激)触发犬做出邀请游戏的行为 R1;

R1 行为的结果是主人拿出树枝(S^D2),S^D2 强化了行为 R1。同时因为主人拿出了树枝,才触发犬注意树枝的行为(R2),所以 S^D2 又是 R2 行为的可辨刺激;

同理,R2 的结果是主人将树枝抛向远方,犬获得了得到树枝的机会(S^D3),S^D3 成了 R2 的强化物。S^D3 触发了犬跑去寻找树枝的行为(R3),S^D3 又是 R3 的可辨刺激。

依次类推。这个行为链之所以能够完成,关键在于最后一个反应必须得到强化,也就是说,犬将树枝交给主人的行为必须得到主人的奖励,整个行为链才能完成。如果犬将树枝交给主人的行为得不到强化,那么犬回到主人身边的行为就会消退,犬要么不去衔树枝,要么衔到树枝跑开,不论哪种行为表现,主人和犬之间的游戏都会终止。

二、动物行为链的链接方式

通常情况下,建立一个行为链常用的链接方式有正向串连、逆向串联。

1. 正向链接

建立行为链中的第一个行为环节,然后依次加入后续的环节,直至完整的行为链完成搭建。在该行为链中,每一个反应产生的刺激都是之前反应的强化物,又是之后反应的区辨刺激。

缉毒犬和搜爆犬的训练也是如此,从 1 犬做好准备开始—2 进入搜索区域寻找—3 发现目标物—4 示警—5 等待这一连串的行为可以按照既定的从开始到结束的顺序进行。

2. 逆向链接

先建立起行为链的最后一个行为环节,然后依次加入之前的环节,直至最初的环节完成,从而形成完整的行为链。逆向链接是训犬过程中最常用的一种链接方式,在进行逆向链接时,首先要运用刺激促进和渐消的方法教行为链中的最后一个行为。只有掌握了最后一个行为后,才可以教上一个行为。以此类推,直到犬在第一个 S^D 呈现且不需要任何促进的情况下就可以完成行为链的所有行为为止。

假设我们要训练犬表现出这样一个行为链:主人拿起牵引带,犬跑到主人面前,犬伸头戴上脖圈,犬按下门把手,传出"啪"打开门的声音,犬和主人一起出门。在这个案例中,该如何使用逆向链接呢?

首先进行任务分析,将行为链分解为数个刺激——反应步骤。主人拿起牵引带的声音刺激(S^D1)触发犬跑向主人身边的行为($R1$),犬戴上脖圈的刺激(S^D2)触发犬下压门把手的行为($R2$),$R2$ 的结果是"啪"的开门声(S^D3),S^D3 诱发犬推开门的行为($R3$),$R3$ 获得出门的机会,犬得以出门的事件(S^R)强化了 $R3$(犬只有喜欢出门玩才能被出门这一事件强化)。该过程的示意图见图 4 – 4 – 3。

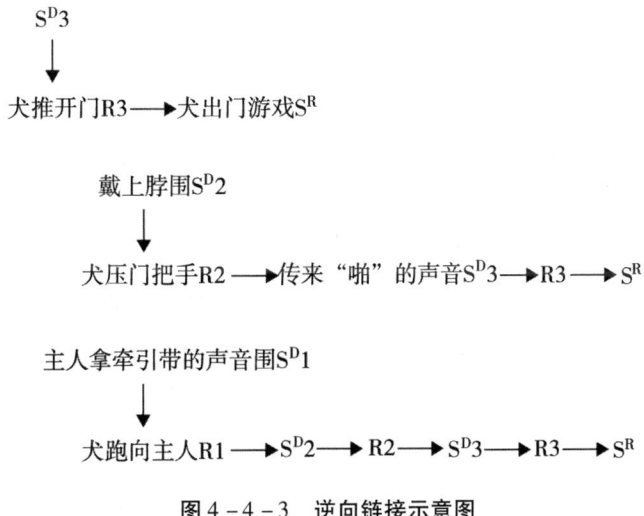

图 4 – 4 – 3　逆向链接示意图

缉毒犬和搜爆犬的训练如果按照逆向的顺序,可以分以下几个阶段进行:3 发现目标物(气味联系)—4 示警—2 进入搜索区域寻找—1 犬做好准备开始—5 等待。最终其结果是一致的。

三、动物正向链接与逆向链接的区别与关联

1. 正向串联和逆向串联的相似之处:

二者都用于行为链的训练;应用这两种方法的时候,都需首先进行任务分析,将行为链分成数个刺激—反应步骤;二者都是每次只教一个行为(行为链的一个步骤),然后再将它们链接起来;在教每个步骤的时候,二者都需使用促进和渐消的方法。

2. 正向串联和逆向串联的不同之处:

正向串联首先教第一个步骤,而逆向串联首先教最后一个步骤;进行逆向链接的时候,由于首先教最后一个步骤,学习者在每次学习尝试的时候都能够完成行为链的最后一个行为,并得到自然强化。进行前进链接的时候,学习者在每次学习尝试的时候不能完成行为链的最后一个行为,因此直到教完最后一个步骤前都要进行人工强化;自然强化直到行为链的最后一个行为完成才出现。

四、运用动物链接技术的原则

1. 确定用链接技术是否合适

如果个体没有完成一个复杂行为,是因为它没有能力完成,或者说没有完全学会,那么链接技术是适用的。如果一个个体有能力完成这项任务但拒绝去做,那么需要先用其他方法解决服从性的问题。

2. 进行任务分析

任务分析就是将目标行为过程分成数个刺激—反应步骤。要想链接技术发挥作用,必须科学的进行任务分析。第一要确定最后一个行为的强化物;第二要使每个行为产生结果,该结果既是该行为的强化物,又是下一个反应的可辨刺激。

3. 选择要使用的链接方法

在训犬中较为常用的是正向链接和逆向链接,根据不同的行为选择合适的链接方法。当然要合理使用促进和渐消技术对行为链的各个部分进行训练,如视频演示、模仿促进等。

4. 链接的实施

无论使用哪种方法,最终目的都是使犬在没有任何帮助的情况下,按照正确的顺序

完成某种行为。在链接实施过程中,要密切关注犬的进展情况。

5.行为掌握以后继续进行强化

犬在无需帮助的情况下可以完成全部任务后,继续给予强化,尤其是间歇强化,犬就能长时间地保持这一行为。

五、"熊跳舞"训练的解析

大家看过马戏团"熊跳舞"的表演吗? 熊是一种力量强大的动物,它的体重、力量都远远超过人类,意图训练熊在小提琴伴奏声中跳舞是一种极具挑战性的工作,那么驯兽师们是怎么做到的呢? 基本的训练方法是:第一步,设置一块特别的铁板,当熊站在铁板上就给其美味的食物奖励,培养熊站立在铁板上的行为习惯,并使这种站立在铁板上的行为越持久越牢固越好;第二步,加热铁板,使铁板的温度恰好达到能使熊站立在其上面感觉烫脚,需要时不时提起脚来降温的温度。与此同时,把小提琴的伴奏声加入其中。这样,从观众角度来看,熊在小提琴的伴奏声中神奇地开始"跳舞"了;第三步,逐渐减少加热铁板的次数,降低铁板的温度等,直至无需加热铁板,熊也能在小提琴伴奏声的"指挥"下,站在铁板上,轮换着抬左右脚"跳舞"了。这一套行为看似简单,实则涉及了复杂的行为学原理知识。比如如何做到熊听到音乐才开始跳舞呢? 这涉及刺激控制的基本原理。再如当铁板加热时,熊既可能站在铁板上,也可能走下铁板,如何做到当铁板加热时熊还站在上面呢? 这里涉及差别强化的原理。当铁板停止加热以后,如何实现熊走上铁板、熊听到音乐、熊跳起舞来、音乐停止后熊也停止跳舞等一套行为的顺序发生,这涉及行为链的原理。下面我们通过刺激控制、差别强化和行为链等原理来阐述"熊跳舞"行为的训练过程。

确定训练目标:熊听到音乐开始蹦蹦跳跳地跳舞,音乐停止后,熊的舞蹈也停止。

选定行为链接的方法:由于最后一个行为很难自发出现,故选择正向链接方式。

选择初始行为:熊站在铁板上作为初始行为。

任务分析:见图4-4-4

训练的实施:

(1)引入条件强化物。对熊实施建立操作,让其保持饥饿以便增强食物的强化效果。以食物为非条件强化物,将响片的"咔哒"声变成条件强化物。每次给予食物奖励时,都按压响片使其发出"咔哒"声,多次重复以后响片的"咔哒"声就会成为和食物具有相似效果的条件强化物(行为强化原理)。引入条件强化物的目的是防止食物多次强化后造成的强化效力的下降,因为随着熊饥饿感的下降,食物的强化效力也会下降。

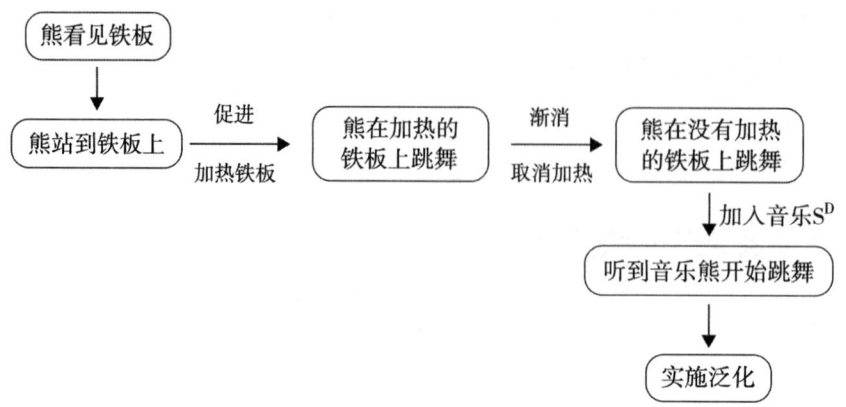

图 4 - 4 - 4　熊跳舞的部分行为链步骤

（2）训练熊站到铁板上。对熊实施差别强化程序,只有熊站在铁板上时才能获得食物,其他任何位置都不能获得食物强化,多次重复以后熊会自动站到铁板上。

（3）训练熊在加热的铁板上跳舞。对铁板进行加热(刺激促进),同时对熊站在铁板上的行为进行差别强化,造成的结果是熊会在铁板上左右脚轮流踮起来。需要注意的是,对站在铁板上行为的强化力度要于熊逃避热铁板行为带来的负强化的力度。通过避免铁板过热降低厌恶刺激的力度,通过建立操作提高强化物的效力。这一阶段的行为稳定以后,熊就可以在热的铁板上跳舞了。

（4）训练熊在不加热的铁板上跳舞。逐步降低铁板加热的温度,直到完全停止加热(刺激渐消),同时对熊跳舞的行为进行强化。经过反复训练,熊就可以在不加热的铁板上跳舞了。

（5）引入音乐刺激。对铁板通电以便实施电击。当音乐没有响起时,熊跳舞对其施加电击刺激,同时给予食物强化;当音乐响起时,熊跳舞没有电击刺激,同样给予强化(刺激控制和差别惩罚程序)。这样只有音乐响起的时候,熊才会跳舞,音乐刺激成了触发熊跳舞行为的可辨刺激。当音乐停止后,如果熊继续跳舞,则给予电击刺激;当其停下来站立不动时,给予强化(差别惩罚和差别强化程序)。

（6）行为泛化。当第(5)步稳定以后,把熊从铁板上移到地面上,音乐响起,熊跳舞,给予强化。在多种场景对大熊进行训练,使其在不同的场景下都能做到随音乐起舞(刺激泛化)。那么"熊跳舞"的行为就训练完成了。

第五章　动物行为矫正

第一节　动物行为矫正概述

自 1962 年华生在一篇文章中提出行为矫正技术（behavior modification technique）这个专有名词，迄今仅有 60 多年。尽管当时这一技术用于矫正各种人自身危害健康的行为，但目前被广泛引用和借鉴在犬类行为进行分析和矫正的心理学领域。其定义为通过开展某些程序和方法，修正（增强、减少甚至消失）犬的某些特定行为，狭义上的行为矫正多为修正犬的非正常行为及错误行为。强化就是指反应发生概率提高或维持某种反应水平的任何刺激，即凡是提高反应概率的任何刺激都是强化。强化并不一定是一种令人愉快的刺激，在一种情境中起强化作用的刺激在另一种情境中不一定起强化作用。其特点为矫正的行为需要在发生的频率、持续的时间、作用的强度等维度进行。

在上一章我们已经知道犬新行为的建立，犬的本能行为都是不必学习就能做出的有利于个体的适应性行为。如吮乳、眨眼、排便、性本能等不需要单独建立。而后天习得行为，可以通过模仿，更可以学习训练得来。从犬本身角度出发，其自身的所有行为都是正确的，不存在任何不良行为，而行为矫正是对犬现有行为通过教育和矫治而改变。但是必须注意，并非所有的行为改变都是行为矫正。利用现代科学技术可以诱使机体出现行为变化，例如利用外科手术将大脑切除一部分，可以改变行为；心理药理学上，向机体中注射大量镇静剂，也会改变机体行为，但它们都不属于行为矫正的范畴。

利用行为矫正所产生的行为改变，不同于其他的行为改变。行为矫正主要是依据学习原理来处理行为问题，从而引起行为改变的一种客观而系统的有效方法。它既是一种理论，又是一种方法。根据其侧重面的不同，行为矫正也称作"行为矫正理论"或"行为矫正方法",前者强调了行为矫正的理论意义,后者注重于行为矫正的应用价值,因此前者有时又称作"行为矫正原理",后者有时被称作"行为矫正技术"(南会林,2004)。

犬的行为、心理、生理、遗传等知识体系是相互作用相互影响的,所以抛开犬的生理、病理、心理、遗传育种等因素进行行为矫正是不客观的,一般在行为矫正之前都要在充分考虑其环境因素以外,排除犬的生理性因素、病理性因素等进行评估。比如犬是嗅觉动物,想要纠正犬到处乱嗅的"毛病"是比较艰难的,即便有些猎犬细分为嗅觉猎犬和视觉猎犬。现实生活中很多犬有"异食癖",有的犬进食自己的粪便,有的喜欢吃草,在进行行为矫正时候要充分考虑犬的消化、病理保护和缺乏营养(蛋白质)等因素(详情见第七章)。个别的犬种会出现独特的行为表现,著名的边境牧羊犬有倦俯、啃脚的行为,而指示猎犬有保持指示姿势长时间不变,家养的金毛犬有反复衔取物品回到主人身边的行为。再如,犬对移动的物体感受敏感,探测距离可达850米,而对静止的物体即便几米以内的范围,犬也看不到。一般的犬的眼睛相比较人类而言更加靠近头部的两侧,尤其是吻部较长的犬种,所以只有在头部中间较小的范围内,犬看到的无提示立体的,此外的视野范围内都是平面的,所以犬对静止物体的距离感不强。因此人类无法理解犬的"近视"行为,若想通过行为纠正加以改变就会贻笑大方的(如图5-1-1)。

同样地并不是每个在人类看来奇怪的行为都需要去进行矫正,在不影响日常生活以及作用的"差异行为"应合理性存在。例如同马属动物一样,犬也有裂唇嗅这一特殊行为,很多人形容其是类似人类的"微笑",其实是因为犬具备两套相对独立的嗅认通道,一套是鼻腔,一套是犁鼻器,一般认为该行为主要是服务于犬在社会性交流,例如公犬感受和分析母犬是否发情,更好地感受其气味的方法。其表现为牙齿微露,嘴唇向上皱起,头部向上倾斜等。

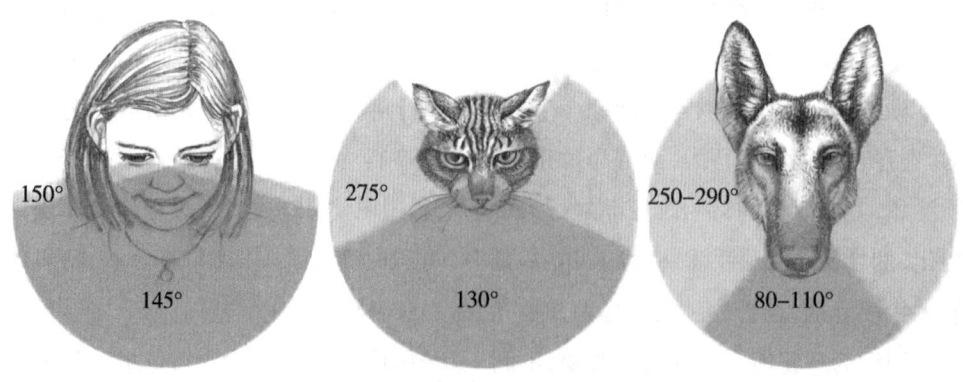

图5-1-1 不同物种的视角差异(源自百度图库)

英国的简·菲奈尔通过对狼群与犬群的观察,受到驯马师蒙提·罗伯茨的启发,从犬的进化以及心理角度总结出利用犬的群族动力强化犬对主人的服从性,强化主人的领导力和首领的角色,弱化犬的领导力和群组责任,利用自然法则来驯服工作犬,摒弃强制和暴力,运用阿米奇关系模型和"边界管理"、治疗宠物犬的"分离焦虑症"、社交问题等问题行为,收获了明显的成效。她从宏观角度对许多犬进行治疗和行为矫正,采取对犬很多不当行为和过激行为采取不予理睬,而犬的正确行为给予奖励的"温和"方式,但是这些措施的前提是人与犬的关系建立在较为巩固的前提条件下,犬承认主人的首领地位等宏观条件下取得进展的。

2014年中国宠物工作犬数量达到2740万只,位居世界第三,仅次于美国(5530万只)和巴西(3570万只),2018年中国统计数据为3390万人养犬(不算流浪犬)。随着社会结构的演变,家庭多代群居的消退也促使了养宠家庭占比的提升。2016年,仅北上广深和成都的空巢青年人数就高达1300万人,全国65岁以上的人口占比达到了10.8%。随着一线城市"空巢青年"和丁克家庭数量的增多,以及人口老龄化趋势的加重,需要"精神寄托"的人越来越多,其中,宠物犬被视为尤为重要的选择。然而另一方面,随着宠物犬数量的增多,工作犬伤人及因宠物而起的纠纷事件不断增加。

40%~50%的家养犬被安乐死是因为行为问题,美国大约有38个州的制定法有明确的工作犬咬人的民事责任条款,约36个州和哥伦比亚特区对工作犬咬人采取了严格责任法,其民事责任适用于金钱赔偿责任。在行政法规制度上,美国通过不同州的"危险工作犬法",根据州法被定义为危险或狂暴的宠物工作犬,地方政府有权责令主人采取相关措施。在加拿大购买或领养宠物工作犬,需要通过复杂手续及严格审查以判定养工作犬条件是否符合要求。即使在住宅区,对于养工作犬也有明文规定,对品种、尺寸包括身高体长都有限制(王静怡,2019)。而在德国,则很少见到有主人被工作犬拉着到处乱跑的情景,这得益于针对工作犬的专业训导。而那些没有接受过正规"学校教育"的宠物,不能获得在街上自由行动的资格,非要出门,没有"毕业证书"的大工作犬就要戴上嘴套。有专业的"工作犬学校"来教导宠物工作犬学习"礼仪"课程,并且规定工作犬主人必须陪同上课,通过这样的制度为宠物工作犬树立了良好的礼仪规范。

第二节　动物问题行为评估和矫正设计

所谓问题行为,在犬的行为矫正中,不一定是说行为本身有问题,有一部分行为是行为本身会对犬造成伤害，如强迫性行为或重复性行为；另一部分是行为本身是正常的，但这些行为不能满足或者不符合犬主人的期望。如标记行为、吠叫行为都是自然生理行为，但是频繁标记会干扰主人带犬去公共场所，频繁吠叫也会干扰到邻居。这类不符合犬主人期望的正常行为，在本章中我们也将其列入问题行为的范畴中。

行为分析的一个基本原理就是行为必然有其规律。不管这种行为恰当与否，它的出现是受不同的情景控制的。反射性行为是由触发刺激引起的，操作性行为是由包含了前提和后果在内的三段一致性的强化和惩罚控制的。当我们使用行为矫正程序来帮助个体减少问题行为时，首先要了解为什么会出现问题。要做到这一点，必须对行为的前提事件、行为的表现及维持此行为的强化后果进行三段一致性分析评估。这种在制订矫正方案前找出问题行为各种变量的过程就是问题功能评估。

功能评估就是收集与问题行为的发生有关的前提和后果的过程，这些前提和后果与问题行为的发生有着功能上的联系。评估结果有助于推断问题行为发生的原因。评估前提，包括行为发生的时间、地点、环境事件等，有助于识别具有刺激作用并控制行为发生的前提刺激。

功能评估还能提供其他有助于制订适当治疗方案的重要信息，包括已经存在的与问题行为有相同功能的替代行为，影响强化物或惩罚物效果的建立操作或取消操作，可以作为强化物的刺激，以及以前的治疗史及其结果（见表 5 - 1 - 1）。

表 5 - 1 - 1　问题行为评估的信息种类

项目	内容
问题行为	对问题行为表现的客观描述
前提	行为发生之前环境事件的客观描述，找出起刺激控制作用的前提因素
后果	行为发生之后环境事件的客观描述，找到起强化或惩罚作用的事件
替代行为	可以替代问题行为的其他行为
动机变量	影响强化物或惩罚物有效性的环境事件
潜在强化物	具有强化物的功能并将在矫正计划中使用的环境事件信息
以前的干预	过去采取的干预措施及其效果

一、动物问题行为的功能

功能评估的首要目标是确定问题行为的功能。问题行为有 4 种强化类型。

1. 社会性正强化

社会正强化是指，通过另一个个体的行为产生强化结果，称为社会强化（Iwata，1993）。比如，在培养个别问题犬的自信心时往往会引入群体内的竞争，当犬之间竞争过程中,比如撕咬争抢某个猎物(玩具)时,一方失败,另一方获胜,获胜的一方得到了强化。再如,当犬的目标行为出现时,主人予以奖励和强化,当犬的口得到主人奖励的玩具而出现在其他犬的面前,犬会表现出"得意洋洋"、"趾高气扬"的样子,头颅太高,尾巴上翘以示炫耀,而其他的犬对着这头犬激动地吠叫,至于"它们"对其说了什么我们不得而知,此时该个体得到了社会性强化。

2. 社会性负强化

有些情况下,问题行为是由其他个体负性强化的,称为社会性负强化。比如犬的攻击行为,当有陌生人靠近犬时,犬对陌生人吠叫并表现出凶猛的样子,陌生人表现出很害怕甚至被吓跑,犬的攻击行为会愈发强烈。因为陌生靠近侵入了犬的安全范围是一种厌恶刺激,犬通过吠叫、龇牙等攻击行为将陌生人吓退了,也就是说厌恶刺激被移除,犬的攻击性就会受到强化。

3. 自我正强化

自我强化是指,当个体的行为通过与环境的直接接触而产生强化结果时,该过程称为自我强化。目标行为的结果(增强物)是伴随该行为本身自动出现,从而使得该行为得到增强的过程是自我正强化。例如,当问题犬在与其他犬发生争斗时,明显的取得争斗的优势,该犬的凶狠好斗的行为和特性就被强化放大,问题愈发严重。

4. 自我负强化

当目标行为本身自动减少和彻底消除了厌恶刺激,从而使得该行为得到增强是自我负强化。比如犬的"拆家"行为,有一部分的"拆家"行为是由自动负强化维持的。主人离开家以后,犬会体验到不愉快的躯体反应(由自主神经系统引起的分离焦虑),它会感到紧张或害怕或烦躁,而当它撕咬东西的时候可以降低这种不安的感觉,那么"拆家"的行为就会受到不安感的减弱或消除的强化。

二、动物行为功能评估的方法

各种用来进行行为评估的方法大致分为三类:问卷调查法、直接观察法和实验分析法。

1. 问卷调查法

问卷调查法是根据制订的问卷调查表,通过对知情人(家庭成员、犬主人)的晤谈问卷来获得问题行为的相关信息的。这种方法的好处是易于操作,不需要花费太多的时间。但它的缺点在于,被调查者必须依靠自己对过往的记忆,因此调查得到的信息可能会受到遗忘或偏见而缺乏客观性。

问卷调查的目的是获得关于问题行为、前提、后果以及其他变量的信息,以便形成关于控制问题变量的假说。因此对知情人的晤谈,应该客观描述事件和行为并把推测降低到最小。比如犬的"拆家"行为,上文我们提到部分"拆家"行为是由自我负强化造成的,也有一些是自我正强化造成的,在啃家具的过程中,口腔中的本体感受器向大脑传递兴奋信号,这种兴奋会强化犬啃家具的行为,它就会越啃越起劲。虽然都是"拆家"行为,但是造成这种行为的前提、结果以及其他变量是不同的。引起问题行为的因果关系不同,就需要用不同的行为矫正程序。因此在做问卷调查的时候,知情人不能过多地推测,像"我觉得它是因为闲得无聊才去咬家具的"这种回答就是推测。

不同的研究者提供了不同的问卷调查清单表以获得清晰、详尽的信息。虽然各有侧重,各不相同,但是核心的问题主要包括以下几个方面(见表5-1-2)。

表5-1-2　行为评估问卷调查需了解的主要问题

行为的前提	行为的结果
什么时候、什么地方常出现问题行为?	出现问题后又发生了什么事?
问题行为发生的时候谁在场?	问题出现时,犬主人做了什么事?
问题行为出现前发生了什么事?	问题出现后,其他人做了什么事?
问题行为发生前,是否还有其他异常刺激?	问题出现后,发生了什么变化?
什么时候和谁以及在什么情况下问题行为最不可能出现	问题出现后,犬免除或逃避了什么事?

2. 直接观察法

使用直接观察法的目的是在问题行为发生时,随时记下与行为相关联的前提和结果。当使用观察法进行功能评估时,观察者应当记录在行为发生时的每一件事,同时对前提和结果的记录应在行为发生的自然环境中进行。使用直接观察法的优点在于可以随时记录有关情况,而不必依赖于知情人的记忆,这使得获得信息的准确度大大提高,但是需要花费更多的时间和精力。直接观察法可以提供与问题行为有固定联系的前提和结果的客观信息,但它不能证明和行为之间存在功能关系,只能说明相关关系。如果要证明功能关系存在,必须应用实验分析法。即便如此,据此也可构建行为假设,找出哪些是可能引起问题行为的触发事件,哪些事件维持了问题行为的存在。

3. 实验分析法

用实验方法进行功能评估要对前提和结果进行控制以证明它们对问题行为的影响。有些实验是对前提进行控制,以确定它们对问题行为影响,也有些实验对前提和结果都进行控制,以评估问题行为可能存在的功能。在有些情况下,通过问卷调查和直接观察法的初步评估之后,可以对问题行为的功能提出具体的假设,这种情况下我们就不需要考察所有的前提或结果的可能性,只需要对提出的假设在控制条件的情况下进行验证即可。比如一种常见的事件是主人在牵犬散步时,犬会突然对行人警告甚至发动攻击。诱发这种问题行为的其中一种可能是主人的存在,也就是说主人在犬身旁是诱发犬攻击行为的前提。为了验证这一假设,我们对前提进行控制,把犬拴系在路边,当主人不在场的情况下和主人在犬身边的情况下,分别观察犬是否会对行人发动攻击。如果问题行为在第二种情况下比第一种情况下发生得多,那么就可以肯定主人在犬身边是问题行为触发的前提。

三、动物矫正设计

矫正设计的目的是确定实施矫正程序(自变量)后是否改变了问题行为(因变量),并排除行为受到外来无关变量的影响而发生可能的变化。实际上,矫正设计是为了验证矫正程序和问题行为之间的功能关系,如果在每一次实施矫正程序时问题行为都发生改变,并且这种改变只发生在矫正期间,那么我们就可以认为它们之间存在功能关系。

在行为矫正程序中有多种矫正设计,本节针对犬的行为矫正,介绍两种常用的行为矫正设计:简单基线设计和倒返设计。

1. 简单基线设计

简单基线设计又称 A – B 设计,是一种在干预前收集基线数据的矫正设计。基线是指在干预前的一段时期,在不做干预的情况下对行为进行测量。A 是基线期,B 是矫正期,我们可以对基线期和矫正期进行比较,验证问题行为是否在矫正前后按照预想的方式改变了。例如,我们希望通过实施消退程序降低斯金纳箱实验鼠的压杆行为,那么在实施消退程序前,需要对实验鼠的压杆行为进行测量,收集压杆频率的基线数据,假设基线期的数据是在观测的 10 分钟内,平均每分钟压杆 30 次。实施消退程序 2 个小时后,我们再观测实验鼠的压杆频率,结果矫正期的数据是在观测的 10 分钟内,平均每分钟压杆 5 次。通过基线期和矫正期的数据比较,我们可以看到矫正的效果,能更好地消除混杂变量。但是 A – B 设计并不能证明矫正程序和行为改变之间存在相互作用关系,因为矫正只实施了一次。实验鼠压杆行为的减少不能说明是消退程序发挥了作用,也可能是因为老鼠恰好累了导致矫正期数据下降了。

2. 倒返设计

倒返设计是指一种矫正设计,其中在矫正和基线这两个条件之间进行了倒返,由此确定问题行为是否随着矫正程序的改变而改变。倒返设计又称 ABAB 设计,是 A – B 设计的拓展。其中第一个 A 代表基线期条件,第一个 B 代表第一个矫正期,第二个 A 代表返回到基线条件,第二个 B 代表第二个矫正期。也就是说,首先测量问题行为的基线数据(第一个 A),然后第一次实施矫正程序(第一个 B),在第一个矫正阶段过后,撤去矫正操作,在问题行为不受干预的情况下再次测量基线数据(第二个 A)。第二个基线期之后,第二次实施矫正程序(第一个 B)。通常在两个基线条件下的表现相似且不同于矫正条件下的表现,那么就可以认为矫正改变了行为,基本可以确认矫正程序和行为改变之间存在相关关系。假设,我们使用对其他行为的差别强化程序(DRO)来矫正犬打转追逐自己尾巴的行为,在基线期该问题频繁发生,并且持续时间较长。当矫正期第一次开始时,问题行为减少了。停止矫正程序进入第二个基线期后,问题行为的发生频率增加了。进入第二次矫正期后问题行为的发生频率和持续时间又下降了。在这个过程中,行为发生了三次改变,而且只有在矫正程序实施和撤除后,行为才发生改变,我们就可以认为矫正程序和行为改变之间存在着相关关系。

然而,对于某些行为过程无法倒返。比如训练过程,假设我们实施了某个训练项目教会犬扑咬以后,当停止这个项目的训练后,自然的强化物(本体感受器刺激)将维持犬的扑咬能力而无需再由我们继续训练了。因此在这种情况下,无法实施倒返设计来验证训练方法的有效性。

四、动物行为的观测和记录

不管是对问题行为评估还是矫正设计,都涉及对行为的观测和记录。行为是具有自然维度个体的行动,无论是静态的或是动态的行为,都可以进行观察。同时,每种行为都具有至少一种测量维度,比如行为的频率、持续时间、强度或潜伏期等。

1. 行为的观测

对行为的观测有主观测量和客观测量两个部分。

(1)主观测量。主观测量是指对行为的测量标准不是完全基于客观数据,或者被测量的事件是个人的内在体验。换句话说,主观测量基本上就是一种直觉判断。由于观察者会受个人偏见的影响,也会倾向于改变自己对目标行为的定义,因此这种主观测量因人而异,有时会出现巨大反差。比如对犬的"坐姿"的观测,有人觉得某个坐姿很标准,可以给出 95 分的好成绩,有人觉得并不完美,可能只能给 70 分。在两个独立的观察者间,甚至训犬师和犬主人之间,往往很难达成一致。

观察者间一致性(Interobserver Agreement,IOA)为主观测量提供了一种相对客观的解决方法,让很多主观性因变量具有更多的客观性。观察者间一致性是指两个或多个独立的观察者所做出的观察之间的一致性。可以通过评估观察者间的一致性来确定目标行为是否被准确记录下来。要评估一致性,两个或多个观察者必须在同一观察阶段中各自独立地观察和记录相同被试的相同目标行为,然后比较观察者的记录结果,并计算记录结果中相同部分的比例。当相同比例较高时,说明观察间具有较高的一致性。通常情况下,只有当一致性高于80%的时候,数据才是可靠的。因此,观察者间一致性强制要求我们清晰地定义关键行为或行为产物,从而让两位或多位观察者可以独立地获得相同的观察记录。同时,还强制要求我们明确地阐述观测程序。

随着记录方法的不同,观察者间的一致性(IOA)的计算方法也有所不同。在频率记录中,IOA的计算方法是用较低的频率除以较高的频率,再乘以100%。比如A观察者记录到公犬标记行为的频率是10次,B观察者记录到的频率是8次,则IOA=80%。在持续时间记录中,IOA是由较短的持续时间除以较长的持续时间,再乘以100%得出的。比如A观察者记录的犬打转的持续时间是5分钟,B记录的是4分钟,那么两者之间的IOA是$(4 \div 5) * 100\% = 80\%$。在间隔记录中,IOA的计算方法是检查每个间隔中观察者间的一致性,然后用记录结果一致的间隔数除以总的间隔数。比如A和B都进行了20次记录,其中15次记录结果是一致的,5次是不一致的,那么IOA是75%。

(2)客观测量。客观测量是指测量的标准完全基于物理指标,而且被测量的事件是公开的,因而能被多个人观察到。比如一天中公犬标记的次数、犬吠叫的声音分贝、犬撕咬家具的次数和持续时间等等,这些事件都可以用客观的数据记录并进行基线期和矫正期的比较。对问题行为的客观测量是评估行为严重程度和矫正效果的基础,是进行行为矫正必不可少的内容。

2. 行为记录

目标行为的不同方面可以用不同的记录方法来测量。这些记录方法包括连续记录、结果记录、间隔记录和时间样本记录。下面对每种记录方法分别介绍。

(1)连续记录。观察者在整个观察阶段中对当事人进行持续地记录,并记录下行为的每一次出现和行为的不同维度。行为的维度具体地说就是行为频率、持续时间、强度、潜伏期。行为频率是指在一个观察阶段行为发生的次数;行为的持续时间是一个行为从开始到结束所用的时间;行为的强度是指行为中所包含的能量的总和,强度的测量通常要依赖于测量工具,比如用分贝仪测量吠叫声音的大小、用咬力计测量犬的咬合力等;行为的潜伏期是指从某种刺激事件到行为发生之间的时间长度,记录的是行为发生要花的时间。比如从敲犬盆到犬开始向主人跑去之间的时间,就是潜伏期。选择测量维度的主要依据在于:哪一个方面是行为的主要方面或者哪个维度在随后的行为矫正中是最敏感,并且容易观测和记录的。在进行行为矫正中,必须选择正确的维度进行测量,否则可能无法判断矫正的效果。如果不能确定矫正程序会对某一问题行为哪个维度改变较大，可以多记录几个维度，然后进行比较。

（2）结果记录。记录行为发生带来的切实的结果。比如记录患有厌食症的犬一天吃的犬粮的数量，这就是结果记录法的应用。结果记录法的好处在于观察者不一定必须在场。

（3）间隔记录。间隔记录是指在连续的时间段里是否发生了某种行为。使用间隔记录时，观察者把观察阶段划分成一些小的时间段，在每个小时间段中观测犬的行为，然后记录在这些小时间段内目标行为是否出现。在对犬的行为采用间隔记录中，我们关心的不是行为出现的频率或持续时间，也不必辨认行为的发生和消失，只需要记录在每个时间间隔中目标行为是否发生了。比如采用间隔记录方法记录犬的标记行为，在持续观测的 1 小时中将时间划分成 12 个时间段，每个时间段 5 分钟，记录每 5 分钟里犬是否有标记行为，不论行为发生的次数，只记录该行为在这 5 分钟里有没有发生。

（4）时间样本记录。时间样本记录是指把一个观察阶段划分成一些时间间隔，只在每一个时间间隔中的一部分时间里对行为进行观察和记录的方法。比如采用时间样本记录犬的标记行为，我们的记录方式可能是在 12 个时间段里，每个时间段的最后 2 分钟对行为观察和记录，犬只有在每个时间段的最后 2 分钟里出现标记行为才做记录。

第三节　动物行为矫正的方法

和建立新行为的方法类似，行为矫正的主要方法包括行为消退法、差别强化法、前提控制法和使用惩罚法。下面我们一一论述这些方法的使用。

一、动物行为消退法

使用行为消退是行为矫正首先考虑的方案之一。实施行为消退程序通常按照以下几个步骤：

1. 行为功能评估

行为功能评估时除了要收集常规资料外，还要收集以下几个方面的资料：其一是，问题行为是什么？目标行为是什么？其二是，问题行为发生的频率是多少？为实施消退程序后评估其效果提供支撑；其三是，问题行为发生的前提和后果是什么？识别问题行为的强化物;其四是,能否使用消退程序矫正问题行为? 我们知道只要问题行为持续存在,必定有一个强化后果持续作用,使用消退程序的前提在于实施者能够去除强化物,同时保证实施消退程序的安全性,因为实施消退程序能够引起消退爆发。如果可以使用消退程序矫正问题行为,那么我们就可以进入下一道程序。

2.问题行为发生时移除强化物

消退程序成功与否取决于能够识别问题行为的特定强化物,并在行为发生时将特定的强化移除。因此,当考虑使用消退程序纠正问题行为时,必须确保所有参与纠正问题行为的实施者都可以控制强化物,只有实施者在每次问题行为发生后都能防止强化结果出现的前提下,才能实施消退程序。纠正家庭宠物犬的问题行为时,所有和犬接触的家庭成员都必须按照要求执行消退程序,而不能只是某一个实施者,否则可能造成对问题行为的间歇性强化,使问题行为更加难以纠正。

3.强化替代行为

强化程序和消退程序应当合并使用。消退程序减少问题行为发生的频率,强化程序增加替代行为发生的频率,以取代问题行为。因为问题行为有其特定功能,所以强化程序要增加的合适行为必须具有相同的功能或产生相同的后果。这样在问题行为消退后才不大可能重新出现。比如犬翻垃圾桶的行为,我们首先确保犬每次翻垃圾桶都找不到吃的(去除强化物),而当它跑到主人身边时就可以得到食物,这样犬跑到主人身边的行为就替代了翻垃圾桶的行为,并且犬可以实现相同的效果。

4.促进替代行为的泛化和维持

为了防止在不同环境刺激下问题行为的发生,就要促进替代行为的泛化和维持。问题行为消退后,替代行为的泛化意味着在所有相似的环境中问题行为将不再出现。维持则是指替代行为将长期保持。要促进泛化,所有实施者必须保持消退程序的一致性,并且在所有希望问题行为消退的环境中都要实施。要促进替代行为的维持,重要的是在进行初次消退后,无论何时问题行为再出现都要实施消退程序,并且保持对替代行为始终一致的强化。比如上文提到的犬翻垃圾桶的例子,泛化则是指犬不仅在家里不去翻垃圾桶,在马路上、小区里它都不去翻垃圾桶。维持则是指保证始终如一的对犬翻垃圾桶行为实施消退,而对替代行为保持强化。

二、动物行为差别强化法

差别强化就是运用强化和消失原理来提高期望行为的出现概率,降低不期望行为的出现概率。差别强化程序有三种类型,分别是对期望行为的差别强化、对低频率行为的差别强化和对其他行为的差别强化。

1. 对期望行为（替代行为）的差别强化（DRA）

该强化程序是用来增加期望行为的反应概率，同时降低不期望行为的反应概率。每次期望行为发生时，给予一致性、即时性的强化，使期望行为的发生概率增加。同时，对不期望的行为实施消退程序，使不期望行为的发生概率降低。

有效使用 DRA 需要几个步骤：

（1）对期望行为和不期望行为进行定义。明确期望行为和不期望行为，有助于保证对正确的行为给予强化，同时避免强化不期望的行为。

（2）确定强化物。由于强化物对不同的个体强化效力是不同的，因此确定每个个体具体的强化是很重要的。可以使用目前正在维持不期望行为的强化物，因为这个强化物是有效的，否则不可能持续维持不期望行为的发生。另外可以尝试不同的刺激物对个体的刺激效果。当食物和水同时摆在犬的面前时，它优先选择哪个刺激物，说明哪个刺激物的强化效果更好。

（3）对期望行为实施强化，对不期望的行为实施消退。在第六章中我们已经讲过，如果希望增加一个行为，在行为出现后要立即强化，延迟强化的时间越长效果越差。另外在行为养成初期，建议使用连续强化。如果不期望行为的强化物不能完全去除，那么要加大对期望行为的强化力度，同时将不期望行为的强化物降至最少，使期望行为和不期望行为的强化物之间的差距最大化，因为行为经济学的基本原则就决定了个体要选择最有利的行为。

（4）使用间歇强化保持期望行为。在 DRA 的早期阶段，使用连续强化效果较好，在行为保持阶段，使用间歇强化可以抑制期望行为的消退。

（5）对期望行为实施泛化。在保持期望行为的同时，必须实施泛化。在犬的训练过程中，要在尽可能多的环境中被尽可能多的实施者进行差别强化，期望行为的泛化才能有效形成。如果期望行为不能在所有相关情景中出现，就说明 DRA 程序不是完全有效。

2. 对低频率行为的差别强化

对低频率行为的差别强化是指，只有当一个反应与前面的反应相隔一定的延时时间，或者在一定时间内反应次数少于规定次数，才对该反应给予强化。我们用斯金纳箱行为分析实验来解释这一概念。假设实验鼠已经学会了压杆反应，现在我们的期望行为是实验鼠的压杆间隔不少于 10 秒。使用的原理就是对低频率行为的差别强化，即只对实验鼠连续两次压杆的时间间隔不少于 10 秒的行为（低频率行为）给予强化，而对于连续两次压杆间隔小于 10 秒的行为不强化。经过多次训练以后，实验鼠的压杆行为频率会降低到期望值以内,也就是说低频率的行为发生的概率增加了。在消退犬严重的标记行为时可以使用这一原理,犬的标记行为是一种自然生理反应,我们首先使用连续强化程序将这种自然的生理反应与强化物联系起来,每次标记行为发生时犬都可以获得强化。然后再实施对低频率行为的差别强化,逐步延长两次排尿标记的时间。最后实施消退或对其他行为的差别强化程序将标记行为发生的概率降到最低。

普利麦克原理也可以实现对低频率行为的强化。普利麦克原理是指,如果一项活动的发生频率高于另一项,那么进行高频率发生的活动的机会可以强化低频率发生的活动。同样的,当一个个体被迫从事与某种高可能性的行为相关的可能性的行为时,高可能性的行为的频率会降低,也就是说,如果一个个体在从事了问题行为之后,必须做一件它不愿意做的事情,那么这个个体将来再次从事这种问题行为的可能性会降低。我们用以下两个案例来解释这一原理。先以主人带犬出门散放为例,犬如果要出门玩必须先带上脖圈,犬等待主人带上脖圈以及牵引带的行为是较少偏好的行为,出门散放和游戏是犬偏好的行为。当犬了解了其出门的顺序:带上脖圈以及牵引带优先于出门,而出门游戏是正强化,所以久而久之的结果是,犬非常期待主人给其带上脖圈以及牵引带,或者看到主人手拿脖圈以及牵引带向其走来或者呼喊犬的名字时,犬就已经异常兴奋。再以卢斯(luce,1980)等人使用这个原理帮助一位6岁儿童停止其攻击行为为例,每次这个孩子在教室打其他孩子的时候,研究人员就让他重复10次坐在地板上然后站好。打其他孩子是一种问题行为,但是当这种问题行为发生之后,这个孩子必须做一些他不愿意做的事情——重复10次坐下和站好,不愿意做的事情是一种低可能性行为,当高可能性的攻击性行为和这种低频率行为联系之后,可以降低攻击行为的频率。

3. 对其他行为的差别强化(DRO)

对其他行为的差别强化是指,强化物不再随问题行为呈现(消退程序),而是在问题行为不出现的一段时间后呈现。DRO程序的逻辑原理是,如果强化只在问题行为缺失后呈现,那么问题行为经过消退程序后就会减少,而没有问题行为的时间就会增加,因而问题行为会自然消退。需要强调的是,对其他行为的差别强化中的“其他行为”指的是问题行为缺失时的行为,只要问题行为不发生,我们就强化任何“非问题行为”。

实施DRO程序包含以下几个步骤:

(1)识别问题行为的强化物。消退程序是DRO程序中的一个重要组成部分,因此在实施DRO之前必须先确定问题行为的强化物,在问题行为发生时,确保强化物不呈现。如果不能保证去除强化物,也就是说无法实施消退程序,那么就需要使用更有效力的强化物来强化问题行为缺失时的行为,保证不做出问题行为得到的利益比做出问题行为得到的利益大,那么问题行为也会消退。

(2)选择 DRO 的初始时间段。DRO 程序要在问题行为不出现后呈现强化物,因此实施 DRO 程序时要选好呈现强化物的初始时间。时间长度应该同问题行为的基线水平相联系:如果问题行为发生的频率较高,DRO 程序的时间段应当短些;如果问题行为发生的频率低,DRO 程序的时段应当长些。选择的时段长度应该保证尽可能大的强化概率。假设问题行为平均每小时出现 10 次,也就是说平均 6 分钟会出现一次问题行为,那么 DRO 时段的设定至少为 6 分钟,这样才有较大可能在此期间不出现问题行为并呈现强化物。

(3)去除问题行为的强化物,并在"非问题行为"时给予强化。DRO 程序的实施者要消除对问题行为的强化,并在不出现问题行为的时段末呈现强化物。

(4)如果问题行为出现,则重新计时。如果问题行为在某些时候又出现了,就不呈现强化物,并重新计时。假设 DRO 程序设定的时段是 30 分钟,如果在 30 分钟内出现了问题行为,则重新计时,直到 30 分钟后没有出现问题行为再给予强化。

(5)逐渐增加时间段长度。当问题行为已经减少,并且被实施对象几乎每个时段都可以获得强化物后,应适当延长时间段长度。比如将原来的 30 分钟改为 40 分钟。时段长度的延长应缓慢增加,以维持问题行为递减的态势,最终将 DRO 程序的时段延长到可以长久控制问题行为的水平。

为了加深对 DRO 程序的理解,我们列举两个使用 DRO 程序矫正问题的例子。

(1)犬打转追逐自己尾巴的行为。这种行为是一种由环境因素诱发的、具有遗传倾向的强迫性行为,该行为一旦启动,很难停止。那么该如何使用 DRO 程序矫正呢?这种行为可能受到犬自身本体感受器的强化,因此很难去除强化物,那么我们需要用更有效力的强化物来强化不打转时的行为,比如鸡肉。假设设定强化的时段为 1 小时,如果 1 小时内不出现打转追尾巴的行为,1 小时结束时就给它一个大鸡腿强化。如果出现了打转追尾巴的行为,我们就制止它并将它关进笼子里 20 分钟(惩罚程序),待放出来以后重新计时。如此重复进行训练,直到犬大部分时间都能得到强化物,然后进行下一步骤的训练。

(2)贝利(Bostow,1969)用 DRO 程序治疗一位老年精神病患者 A。A 在一家老年机构中,她经常大叫以获得想要的东西,老年机构的工作人员在无意间强化了她大喊大叫的行为。实施 DRO 程序时,当她喊叫想要食物时,工作人员偏不给她(消退程序),并且把她的轮椅推到偏僻的角落里以防止她的叫声打扰到别人(惩罚程序),待喊叫停止 5 分钟以后才给她想要的食物。然后逐渐延长时间段,喊叫不出现的时间从 5 分钟逐渐延长到 30 分钟,再延长到 1 小时。坚持使用 DRO 程序后,A 喊叫的频率几乎下降到 0。

三、动物行为前提控制法

前提控制法包括对物理或社会环境某些方面进行控制,以触发期望并减少竞争性的不期望行为。实施前提控制程序包括以下几种操作:

1. 对期望行为和不期望行为的三段一致性分析。首先定义准备促进的期望行为和准备消退的不期望行为;然后对触发两种行为的前提(S^D)和结果进行三段一致性分析,找出哪些 S^D 可以触发期望的行为和不期望的行为,找到两种行为的强化物,以便于安排建立操作和取消操作。

2. 呈现期望行为的 S^D 并消除不期望行为的 S^D。期望行为没有出现的原因之一可能是这个行为前提没有出现,或者不期望行为的前提呈现了就会触发不期望行为的出现。比如当食物没有呈现时,犬就不会表现出乞食行为,当喜欢吃的食物呈现了,就会触发犬的乞食行为。再如当训练犬坐延缓时,如果在训练场地中有犬喜欢的玩具,那么犬更容易跑开去寻找它喜欢的玩具,不利于坐延缓的训练。因此当训练初期,我们应该选择相对清静、没有干扰的环境进行训练。

3. 为期望行为安排建立操作,为不期望的行为安排取消操作。如本书第六章所述,建立操作是通过一种事件使强化物的价值增强,取消操作是降低强化物价值的事件。比如可以通过饥饿来增强食物的强化价值,通过满足来降低食物的强化价值。当呈现建立操作时,行为更容易发生;而呈现取消操作时,行为更不容易出现。如犬饱食以后更不容易出现翻垃圾桶的行为,而处于饥饿状态下,犬翻垃圾桶的行为概率会增加。

4. 降低期望行为的反应难度,增加不期望行为的反应难度。如果两种行为具有同等的功能效果,那么反应难度小的行为更容易发生,而反应难度大的行为更不容易发生。如果想增加期望行为的频率,我们可以减少从事这种行为所需要的努力,同时加大竞争行为的反应难度,使其减少对期望行为的干扰。

当需要提高某种期望行为的发生率或减少不期望行为的发生率时,就可以应用上述一种或几种方法。只要个体曾经偶尔出现过一种行为,就可以使用前提控制法使该行为在合适时间发生的可能性增加。为了使行为保持下去,前提控制法应和差别强化一起使用。在减少过度行为时,前提控制法可以减少该行为的发生频率,将行为消退和差别强化合并使用可以提高行为矫正的效果。

四、使用惩罚法

惩罚是一个基本的行为学原理,惩罚发生时跟随行为的结果将导致未来行为发生的概率降低。跟随于行为结果包括厌恶刺激事件的存在(正性惩罚)或积极刺激事件的消除(负性惩罚),这两种形式的惩罚都会造成行为的减弱。有许多的惩罚程序可以用于减少问题行为,但是惩罚程序一般不作为行为矫正的第一选项。通常是在实施其他干预方法(消退法、差别强化法和前提控制法)不能取得矫正效果之后,或者其他矫正方法的使用受到限制,再或者因为某些原因不能使用,才考虑使用惩罚程序。

1. 正性惩罚

在正性惩罚程序中主要使用两类厌恶事件:进行厌恶活动或施加厌恶刺激。厌恶活动是可以对其他行为起惩罚作用的行为,厌恶刺激是可以作为惩罚手段的环境事件。

(1)进行厌恶活动

当问题行为发生后的一段时间内进行与该行为有关的更费力的活动。在犬的训练中主要涉及三种厌恶活动:积极练习、引导服从和身体限制。

积极练习是指犬在每次出现问题行为后必须从事形式正确的相关行为,而且这种行为必须在随后的一段时间内持续或重复一定的次数后才停止。比如在训练犬"坐"这一科目时,犬突然跑开游戏去了,那么我们要及时将犬带回并重复"坐"科目的训练,待重复几次并表现较好时,再让犬去游戏。

引导服从是指当犬在需要服从的情景中出现问题行为时,实施者使用身体引导迫使其继续按要求完成活动。比如训练犬"坐"这一科目时,犬总会将屁股偏向一边,造成坐姿不标准,此时我们要向上提拉牵引带,迫使其坐正。对大多数犬来说,在不服从情景中的身体引导是令人厌恶的事情,因为身体引导的出现取决于问题行为的发生,因而可作为对问题行为的惩罚手段。然而,当犬按要求坐正后,应撤回身体引导。因为身体引导的撤除取决于服从的出现,所以服从就会受到负强化。正如上面的例子,引导服从具有两方面的作用:问题行为的正性惩罚,因为厌恶刺激施加于问题行为之后;对服从行为的负性强化,因为服从以后撤走了厌恶刺激。

身体限制是指问题行为发生后,实施者控制犬的部分身体,限制其运动,结果是犬不能继续从事问题行为。比如刚开始训练犬"卧下"这一科目时,犬卧下后容易自动站起来,当犬准备站起来时,我们迅速向下压住它的肩胛部,使其不得起来。再如当犬准备攻击他人时,我们迅速向上提拉牵引带,使其前肢离地,部分限制其身体活动,阻断它的攻击行为。对于大多数的犬而言,身体限制是一种厌恶刺激,因此可以作为一种惩罚手段。但是对部分犬而言,身体限制可以起到强化的作用,因此在实施身体限制时,应因犬而异。

（2）施加厌恶刺激

施加厌恶刺激是在问题行为发生后呈现令犬厌恶或害怕的刺激物。当问题行为导致厌恶刺激呈现时，未来问题行为发生的概率会下降。在正性惩罚中的常用的厌恶刺激包括但不限于电击、喷雾、异响、痛苦刺激等。电击作为惩罚手段可用于矫正犬严重的攻击行为。将电击脖圈戴在犬的脖子上，事先调整好电击的力度，当犬发生攻击行为时，使用遥控器对犬施加电击刺激，以阻断犬的攻击行为。异响也可以作为厌恶刺激用于矫正犬的问题行为，比如护食行为。犬主人事先准备一个能发出刺耳声音的锣鼓，或者别的犬害怕或没有接触过的能发出大声异响的事物，当犬发出"呜呜"的警告声或者准备攻击主人时，主人大声敲打锣鼓。因为大声的异响可以使犬感到难受，因此可以作为惩罚物惩罚犬的问题行为。

使用正性惩罚时需要考虑几方面的问题：

惩罚与差别强化合并使用。惩罚应与对替代行为的差别强化或对其他行为的差别强化合并使用。通过这种结合，可以减弱问题行为同时增加适宜行为，防止问题行为以后再恢复。

考虑问题行为的功能。在对问题行为矫正之前，必须先对问题行为进行功能评估，这有助于选择最佳的矫正方案。在实施正性惩罚程序时，实施者必须对犬施加一定的注意，但是积极练习、引导服从和身体限制这些程序可能强化由注意维持的问题行为。

选择合适的厌恶刺激。在不同的情况下，对不同的犬，刺激的功能可能是不同的，既可能是强化物，也可能是非强化物。因此在使用正性惩罚程序时，必须确认所使用的厌恶刺激具有令犬厌恶的作用。

2. 负性惩罚

常用的负性惩罚程序包括罚时出局和反应代价。

（1）罚时出局

罚时出局是指问题行为发生后，在短时间内失去接近正性强化物的机会，其结果是今后出现问题行为的概率减少。例如，搜索犬在进行搜索训练时，训练本身对犬而言是一种可以获得奖励的游戏，大多数犬是喜欢这种"捉迷藏"游戏的。但是犬在搜索过程中有时会出现标记行为，或随地捡拾食物，对目标物错反应或者乱反应的情况。当犬出现问题行为时，主人及时将犬带出搜索区域（游戏区域）结束搜索或者暂停搜索游戏。过几分钟后再开始搜索游戏，犬准确找到目标物给予强化。这是一种较为常见的罚时出局方式。

排斥性罚时出局：迫使犬从问题行为发生的环境离开，所有的正性强化都被消除。

在上个示例中主人将犬带出搜索区域(游戏区域)结束搜索回到犬舍或者将其关进犬笼内,将犬与搜索的可能性以及强化物彻底剥离,为排斥性罚时出局。

非排斥性罚时出局:犬留在原环境中,但失去了接近正性强化物的机会。主人将犬暂停搜索游戏,但是还停留在搜索的区域内或者边缘,还存在继续进行搜索的可能性,称之为非排斥性罚时出局。

任何时候罚时出局应和强化程序合并使用。罚时出局将会减少问题行为的次数,而差别强化将增加替代行为以取代问题行为,或对问题行为的缺失给予强化。如果只使用罚时出局而没有运用差别强化程序,那么就会单纯减少问题行为,在矫正结束以后问题行为很容易重新恢复。所以惩罚以后,使用差别强化使犬得到正性强化的机会非常重要。

实施者在执行罚时出局程序时必须平静且没有任何情绪反应。当决定对犬实施罚时出局时,实施者(犬主人或训犬师)不能与犬有任何互动。斥责、拍打、抚摸或其他形式的互动均应避免,因为这些互动会减弱罚时出局的效果,甚至会强化犬的其他问题行为。在上个示例中,将犬带离游戏区域后直接关进笼子或栓系起来,犬主人不要理会它直到罚时出局惩罚结束。

罚时出局适用于由注意或其他正强化环境强化的问题行为,但不适用于由逃避引起的问题行为。

(2)反应代价

反应代价是指问题行为发生后,去除一定数量的强化物,导致该行为出现的可能性降低。

反应代价和罚时出局是不同的。罚时出局涉及的是暂时失去得到强化物的机会,并且通常是活动强化物。反应代价涉及的是失去实实在在的强化物的移除。反应代价和消退程序也不相同,虽然两者都可以减少问题行为。消退程序是问题行为出现后,不再呈现维持问题行为的强化物。反应代价是问题行为发生后,移走一定数量的强化物。反应代价中失去的强化物也不是问题行为的强化物。比如在纠正犬护食行为时,当犬攻击时,快速将犬的食物移走。移走的食物就是犬攻击行为的反应代价,但是食物并不是攻击行为的强化物。

五、几种方法的优缺点比较

本节讲了几种行为矫正的方法,这些方法都可以用来减少不期望行为的发生频率,增加行为的发生频率,但是不同的方法都有一定的局限性。下面我们分别介绍这些方法的优点和缺点。

1.消退程序

消退的基本原理是一个曾经被强化的行为,当再发生时不再产生具有强化作用的结果。这种方法典型的优点就是实施起来方便。就像上文讲的纠正犬翻垃圾桶的例子那样,我们只需要保持垃圾桶干净,犬每次去翻垃圾桶的时候都找不到食物就行了。缺点:某个特定问题行为的强化物往往不能轻易被识别出来,即使确定了某个问题行为的强化物,我们往往很难控制维持问题行为的强化物,尤其是当强化物内嵌于行为当中时;其次行为消退只是讲问题行为掩盖了,并没有彻底改变行为的技能库,一旦出现合适的环境刺激,问题行为仍会出现;再次,消退容易引起消退爆发,甚至引起攻击行为。

2.对替代行为的差别强化

这种方法其实是消退和差别强化的合并应用,对不期望的行为不呈现强化物,以消退不期望的行为,对期望的行为实施差别强化,以增加期望行为的发生频率。缺点:要想用好这个程序,实施者需要对维持问题行为的强化方式进行相当细致的功能评估,必须准确找到强化物。因此一时间难以制订出一套便于执行的、具有稳定效果的纠正方案。

3.对低频率行为的差别强化

之所以对低频率的行为进行强化,并不是因为该行为本身是有问题的,而是我们希望降低该行为频率。比如公犬的标记行为,行为本身是正常的生理事件,但是频繁的标记不符合我们的期望。缺点:如果我们希望去除某个行为,那么这种方法是不合适的,它只能降低行为发生的频率。但是我们可以使用这个方法和其他方法结合来消除某一行为。

4.对其他行为的差别强化

这是一种比较有效地纠正问题行为的方法,尤其适用于我们一开始只要求犬在较短时间内抑制问题行为,随后再逐渐拉长这个时间长度的情况下。对纠正犬的过度行为和强迫行为有很好的效果。缺点:首先这种方法对实施者的技术水平有很高的要求,一般的犬主人很难使用这个程序来减少问题行为;其次实施者需要将差别强化和惩罚合并使用才能取得最大的效果;另外,实施这种程序需要花费大量的时间。

5.前提控制法

前提控制法包括了刺激控制、建立操作或取消操作、反应难度等内容。这种方法可以和其他各种方法结合,提高其他方法是实施效果。该方法在犬的训练中极为有效,且运用广泛。缺点:对刺激控制的实施需要实施者具有一定的专业技能,可能也不会完全有效。

6. 正性惩罚

正性惩罚的优点在于,它通常是有效的,并且往往能起到立竿见影的效果。对于自动强化维持着的问题行为,由于实施者难以阻断行为和强化物之间的关联,惩罚就更有用了。缺点:正性惩罚的效果可能并非永久的,当停止使用惩罚后,问题行为有可能还会恢复;其次惩罚容易破坏主人和犬之间的亲和关系,过度的惩罚容易引起超限抑制,造成犬对主人或实施者充满警惕;另外,惩罚可以使犬的问题行为立即终止,问题行为的去除对实施者是一种负强化,有可能导致实施者攻击行为的增加;惩罚如果不能避免逃避或回避行为,等于强化了回避行为,从而引起新的问题。

7. 负性惩罚

常用的负性惩罚程序是罚时出局和反应代价。这种方法不像正惩罚那样会对犬造成伤害,或者引起严重的神经反应。缺点:实施负性惩罚程序对实施者的专业水平要求较高,罚时出局对于由感官刺激或负强化维持的不当行为是不适用的,应用不当反而适得其反;使用反应代价需要在特定的环境中进行。在训犬中应用起来比较复杂。比如,如果犬不愿意执行命令,此时实施罚时出局程序,对犬来说是"正中下怀",反而强化了犬不愿意执行命令的行为。

第六章　犬的行为医学

第一节　犬行为的医学

犬的行为医学是研究犬的行为的医学,是基于对病犬的行为表现以及治疗后的应答性行为的系统观察、记录、总结、分析而后建立起来的系统理论。该领域关注的重点是与犬健康和疾病有关的、外显的行为,即研究的是那些出现各种行为异常的犬,当然也包括健康的犬。具体是临床医疗过程中的各种行为问题,确定这些行为问题的原因、性质、程度等,研究改变问题行为的方法、措施,通过行为治疗、行为矫正等综合手段来消除病犬的行为障碍,帮助病犬恢复健康行为、促进疾病的痊愈和身体的康复。

一、犬行为问题的医学机制

行为医学是行为科学与医学相结合的一门交叉性边缘学科。但归根结底,它是医学的一个分支,属于医学范畴。因此,关于疾病的机制的相关阐述具有重要的意义,为进一步从行为医学的角度开展行为问题的控制及有关疾病的防治提供理论依据。脑干网状上行激活系统主要负责接收机体内外传入的所有感觉信号的非特异性感觉成分,通过处理之后,投射到整个大脑皮质,以维持犬的觉醒水平(唤醒程度)。觉醒水平构成了犬的思维和行动的背景。在遇到强烈刺激时,网状上行激活系统特别活跃。此时,犬表现得十分敏感,对很小的变化和刺激都能迅速捕捉,能很快做出反应。长期处于这种状态对健康是十分有害的。问题行为是通过神经、免疫和内分泌系统为中介引起躯体变化的。但大多数有害刺激造成的病理损害是通过内分泌系统来中介的,其中以垂体－肾上腺素系统最为重要。因为该系统是机体内分泌功能的主导机关之一。垂体通过多种促激素与肾上腺素发生联系,调整其分泌激素的作用,包括糖皮质激素、盐皮质激素及儿茶酚胺类激素。这些激素具有较高的生物活性,能对犬的心理情绪、新陈代谢、心血管系统活动、消化系统活动、免疫系统活动等一系列功能活动产生影响。过于持久、强烈的影响或影响的长期累积,最后必导致机体发生永久性器质和(或)功能损害。

行为问题的医学机制不同于普通病的病理机制,而是具有自身的致病规律。主要是作用泛化性和层次性。作用泛化性即泛影响性,是指一种行为因素可导致全身许多器官系统发生异常改变。行为因素无论如何复杂,在其侵入机体之前,总可设法将其分解,然后进行研究,抓住其特征,进而把握它。即便是单一的一种行为刺激,当其作用于机体后,其应答效应就泛化了。比如恐惧,是一个单纯的刺激,但在其作用于机体后,就会带来神经、精神、内分泌、代谢和躯体运动功能等一系列的改变。行为因素致病的这种广泛影响性,决定了控制这些因素的综合性和复杂性。要想对付这些刺激,只采取单一的措施往往收效甚微,应当采取综合性控制策略。由于这些因素作用的泛化性,使公众很难认识、理解、接受许多行为医学研究的结论,有时甚至连专业人员也不易被说服。这就使对这些刺激的控制工作变得十分困难。既不利于临床疾病的恢复,更不利于预防工作的开展。但是,如能针对几种主要的行为因素采取强大综合措施并坚持到底,常可收到较为普遍的益处。

从行为因素的泛化性可以看出,这些因素影响健康的过程经历了一个由确定的单一性到不确定的多样性,然后再到随机的单一性过程。刺激一开始,人们可以准确地把握它,是噪声,还是紧张。但作用于机体后就泛化了。可最终还是要落在某一或某几个器官系统上。在现实生活中,常因刺激强度或机体感应能力的差异,每次刺激并不一定都作用到终极。因而,这种刺激致病表现出较为明显的层次性。①初级效应是指有害行为因素与机体最开始的直接相互作用阶段,这是作用的最浅层次。比如听到噪声,体验到了痛苦,感受到挫折等。可见初级效应主要局限在感知觉系统。这一阶段的因果联系以汇聚式为主,是综合多种信息得到的一种或几种较为确定的效应。轻微的或持续时间极短的刺激一般就停留在初级水平,不再进一步深入造成大的影响。②次级效应是指在引起初级作用的刺激因子已消失的情况下,由初级作用所引起的、较为强烈的、一系列神经、内分泌代谢方面的改变,包括心理、生理等诸方面的不利反应。如强烈情绪刺激通过下丘脑对垂体内分泌功能的影响。次级反应可改变大脑皮质的唤醒水平的提高,进而导致一系列连锁反应,并激活许多本来就很轻微的反应。因此,次级反应要比初级反应重,持续时间长,已突破危险因素作用的门户,影响到大脑皮质,脑干网状结构、神经内分泌系统等部位。③三级效应指由强烈持久的初(次)级作用导致的、在临床上可测的、有实际意义的功能性或实质性病理变化阶段。此时,病损进入了相对不可逆阶段。

通常情况下,涉及到医学引起的行为问题主要有两个因素,分别是由应激引发的行为问题和由疾病引发的行为问题。

1. 由应激引发的行为问题

应激是对后抑刺激的反应,由于各学科对它的解释不同,所以很难对它给出一个完整的定义。生理学和病理生理学基础理论的奠基人 Hans Selye 在对应激的研究中,将应激定义为"机体对任何需要的非特异性应答"。他强调应激是一个多系统共同参与的全身性适应反应而不是单独的反应,主要通过垂体－肾上腺皮质系统的反应来实现。从宏观上来讲,机体正常状态下处于一种内环境的动态平衡,又称"内稳态平衡"。当面临应激事件时,个体要付出努力来解决或逃避,此时机体就会发生我们所说的应激反应。这种反应的启动与引起机体的一系列变化,无论是心理学上还是生物学上都是有利于机体应对应激事件。从生物学的水平来说,这时几乎所有的器官都先后会发生变化,尤其是神经内分泌、心血管系统、免疫系统、消化系统最先出现功能的改变,包括行为、自主神经系统、多种激素如儿茶酚胺、ACTH、糖皮质激素、缩宫素、催乳素和肾素的变化等。

应激反应主要通过下丘脑－垂体－肾上腺(HPA)轴、交感肾上腺髓质系统(SAM 系统)进行调节。HPA 轴在控制神经、内分泌和免疫应答方面有至关重要的作用。在应激条件下,下丘脑分泌的促肾上腺皮质激素释放激素(CRH)刺激垂体分泌促肾上腺素皮质激素(ACTH),诱导肾上腺释放糖皮质激素(CG),同时垂体释放的催乳素和生长激素增加,GC 促进糖异生,对胰高血糖素、儿茶酚胺等的脂肪动员有允许作用,从而促进血液中葡萄糖的利用率,抑制免疫系统活动,将代谢资源转移到逃跑或战斗中来,为机体对抗外部挑战做出准备。SAM 系统在应激呈现后立即激活,肾上腺髓质释放肾上腺素和去甲肾上腺素,引起一系列的心血管反应,胰岛素分泌减少,胰高血糖素分泌增加,促进糖原水解为葡萄糖,加大面对应激时对能量的调动,使得个体能够迅速做出"战斗或逃跑"反应。这些反应都与增加机体对应激的适应有关。相对于机体原来的"内稳态平衡"来说,此时在应激状态下的变化是一种"异稳态平衡",个体正是通过这种"异稳态平衡"来尽快摆脱或战胜应激原以使"内稳态平衡"恢复。

具有保护作用的抗应激损害的"异稳态平衡"与某些疾病的病理生理过程并无严格的界限,或者说其本身在某种条件下也可能具有病理生理作用。通常情况下,相对较小范围内的应激刺激不会对犬的行为造成大的影响,当应激刺激去除后,犬可以迅速恢复到正常状态。但较大强度的急性应激刺激和慢性应激可能会改变犬的行为。急性应激是一次性暴露在较强刺激下,比如犬被关到狭小的笼子里或陌生空间里、置于身体受到约束或无法逃脱的社交威胁下,犬无法对威胁情景作出相应的反应或取得预期的结果,很可能会遭受严重的应激。主要表现为停止或减少正常行为,表现出焦虑和恐惧的特征(自发性排尿或排便、颤抖、瞳孔扩张等)。慢性应激刺激是长期暴露于应激之下。在慢性应激状态下,HPA轴可能会失调,大量释放糖皮质激素(GC),糖皮质激素对大脑的影响是多样性的,因为它可以影响机体的行为、认知、情绪、对应激反应的应对等所有适应应激的功能。在细胞水平上,糖皮质激素和神经元分化、生长、完整性、突触可塑性密切相关,反应在大脑整体水平则表现为决策、奖赏行为、运动控制、视觉信息处理、学习和记忆、食物摄取和能量调节等。急性的糖皮质激素暴露可短期改变突触强度和兴奋性,而反复的糖皮质激素暴露或慢性的应激程序则通过突触重塑在结构上使这些变化得到了巩固。在啮齿动物的慢性束缚应激和慢性不可预测温和应激实验中,发现核磁共振成像(MRI)可以检测到海马体积的全面缩小。海马体的收缩和重度抑郁症密切相关。

在犬上,长期受到应激刺激的犬往往变得更被动,更少探索和玩耍。行为多样性的减少、睡眠增加、食欲下降、频繁出现替代行为等都是慢性应激的标志性表现。当无法获得具有高度激励作用的社交或环境资源而产生挫折感,或者是无法做出某些行为,抑或长期生活在厌恶环境中时,都可能引发行为问题。如犬咬尾巴、舔舐肢体、啃咬身体两侧、自残等自我导向的问题行为,异食癖、食粪、暴饮暴食等环境导向的问题行为。犬遭受到噪声、长途运输、分离、换环境等各种类型应激源的刺激后,也会表现各种异常的行为。如恐惧行为、自我损伤和过度修饰、规癖行为、对犬舍环境的破坏等。过度的防御行为或警告反应,包括在抚摸时受到明显不可预测的攻击,可能与应激状态下的潜在情绪有关。当感受到威胁或处于疼痛状态时,犬可能会对威胁做出攻击性的反应,特别是处于无处可逃或不可避免的情况下。例如,一只处于疼痛中的犬,因为它的身体已经处于应激状态中了,即使是最小的外在可感刺激,如主人突然的抚摸,也可能导致急性应激下的防御反应,很大程度上会触发不可预知的攻击反应。

2. 由疾病引发的行为问题

疾病可以改变行为。疾病可以对行为产生"增"或"减"的效应,增效应是指先前不那么强烈、不那么频繁或根本不存在的某些行为,当疾病发生后会使这些行为的表现增强,比如攻击行为、不当排便、吠叫或自残等;减效应是指先前的某些行为会减少,比如警觉性、社交行为、饮食行为等。疾病可以以多种不同的方式影响行为,包括动机的改变、对疾病的通常反应以及神经-内分泌系统的调节等。

(1)疾病引起行为动机的改变

改变动机的疾病对犬的活动有着微妙而普遍的影响。比如,患有糖尿病的犬表现出更多的采食和饮水行为,随着犬经受饥饿程度的持续升高,为了获得足够的食物和水可能会导致它产生攻击行为,进而损坏犬与主人和其他成员的社会关系。由于需要更频繁的采食和饮水,犬不得不在休息的时间行动而导致疲劳或易怒。任何适应性行为的改变,如跛行、多食、多尿、因瘙痒而频繁整理被毛等,都应被视为犬的优先权或动机发生改变的证据。

疼痛改变逃避行为和防御行动的动机,会引起一系列行为的改变。例如患有关节炎的犬的步态会发生改变,这些犬会表现出跛行、频繁舔舐关节、减弱运动等。在某些情况下犬的这种行为会受到本体感受器的强化,即使关节疼痛消失后,这种行为依然会存在。一个典型的因关节疼痛引起的重复性行为的例子,曾经患有关节疼痛的犬,犬会频繁舔舐关节,痊愈一段时间后,犬仍会频繁舔舐关节,甚至开始舔舐脚趾和身体其他部位,造成其他部位毛发脱落和严重的皮肤病。

(2)对疾病的通常反应

当犬患病时,它们往往会变得孤僻,通过更频繁地休息和减少社交活动来减少能量的消耗。就像发热是机体抵抗传染病的免疫防御策略的一部分,病态行为实际上是一种高度积极的适应性改变。例如,在一项对病犬的偏好性测试中,犬将更努力地获得休息和逃避活动的机会,而不是获取水(Johnson,2002)。这种优先级的变化是通过炎性白细胞介素对中枢神经系统的影响所介导的,这些特征性的病态行为看起来类似于在心理压力下犬行为抑制的表现,但实际上是由疾病引起的、为了维持机体内环境稳态的适应性行为。

(3)疾病引起神经—内分泌系统的改变

行为受机体神经‑内分泌系统的调节。任何直接或间接影响中枢神经系统正常功能的疾病都有可能改变犬的行为。无论确切的病因如何,特定疾病引起的行为变化取决于受影响的神经结构或神经通路。比如,脑肿瘤、脑积水、脑外伤或部分心源性非癫痫病会造成中枢神经功能紊乱。边缘系统中杏仁核参与了包括情绪反应在内的多方面行为的调节,任何引起杏仁核病变的创伤、肿瘤等疾病都有可能造成犬的攻击行为增加;脑肿瘤的缓慢生长会压迫周围实质,造成脑血管损伤、水肿性贫血或颅内高压,引起犬的伴有或不伴有体征的行为改变,如打转、共济失调、癫痫等。

二、犬行为问题的医学评估

行为问题评估非常重视病史资料的收集和问诊,在行为问题的诊断中需要主人、犬,以及兽医观察到问题行为等共同资料才可做出诊断。兽医疾病临床中经常用到的实验检查手段在诊断犬行为异常上有一定的局限性,但是医学检查仍是评估行为问题的关键步骤。通常情况下,通过常规体检和全面的行为检查可以发现大部分的因疾病导致的问题行为。但是有些行为问题没有伴有明显的医学特征,或者体征过小不易察觉,亦或者过于复杂,与明显的病程不一致,这种情况需要更多的医学检查,以避免对行为问题的误诊。

常规体检。常规体检包括基本的体态体况的评估、有机体各部分的触诊、骨骼和体表检查等。疼痛评估在行为问题初评过程中非常重要,疼痛是对组织损伤的正常反应,大多数疾病都会伴随疼痛症状,经过合适的治疗可以治愈或控制疼痛。然而治疗不当的慢性疼痛会导致大脑和脊髓的生理性改变,从而使疼痛引起各种行为问题。

常规实验室检测。病程可能导致行为的改变,并且可能没有明显的体征。常规体检虽然很重要,但可能不足以评估很多行为问题。因此有必要将常规的尿液分析、血液生理和生化检查作为行为评估的健康检查内容。根据身体和行为特征,增加其他必要的检测,如甲状腺疾病或肾上腺皮质功能测试。

神经系统检查。神经系统疾病,如癫痫、脑损伤等,可能会对行为产生深远的影响,而这些影响在常规检查或实验室检测中可能观察不到,进行神经系统检查以定位病变部位则显得非常必要。随着结构性影像学技术及功能性影像学技术的发展,研究人员通过结构性影像学和功能性影像学技术,比如 CT 和磁共振成像、磁共振灌注成像和功能性磁共振成像等,不仅可以观察到脑结构形态学的改变,还可通过测定脑局部血流及葡萄糖代谢以及受体的功能状态,从而了解大脑的功能,为更好地评估和解释行为问题的生物学病因提供了有价值的证据。

综合调查。对行为问题的调查必须综合考虑犬的发育、生存环境、饮食和健康状况等。就健康而言,只有排除了所有潜在的疾病后,一个问题才能被认为是纯粹的行为问题。然而排除疾病因素面临的一个基本问题是:某些疾病没有明显的体征,只能通过先进而昂贵的诊断技术排除,并且特定的行为模式与某些疾病之间不存在较高的一致性。通常情况下,行为和外部环境之间的联系越直接、越一致,就越有可能不涉及器质性病变因素。综合调查的另一个重要方面是行为史,如果当前犬的行为表现明显偏离先前情绪正常时的行为特征,并且没有受到经历或环境变化的影响,那么行为的改变有可能是由机体内部变化造成的。然而有些疾病因素引起的行为模式可能与未涉及医学因素时所观察到的行为模式非常相似,以至于犬的主人也无法真实的描述行为的变化。比如,甲状腺功能衰退可能会造成引发攻击行为的特定刺激阈值下降,从而使攻击行为增加。一项调查显示,在犬攻击病例中,由甲状腺功能衰退引起的攻击问题占了 1.7%。因此,详细了解行为史,至少在某些情况下有助于揭示攻击模式中的某些不一致,从而获得更多有价值的评估信息。

随着行为学机制的研究深入,医学和非医学相关的行为问题之间的界限变得越来越模糊。在行为中识别医学因素,很大程度上取决于行为学和医学分析的准确性。使用先进的辅助诊断技术,如脑电图、核磁共振等,不仅揭示了人类行为问题的原因,同时也揭示了大部分行为问题的原因,这些先进的技术对揭开深层次的脑功能障碍提供了可能。脑功能和行为是双向调节的过程,前者可以调节行为,行为可以改变前者,因此,行为之间的因果关系及其神经生理相关的诊断要谨慎对待。

第二节 犬行为问题的药物治疗

临床工作者经常用神经类药物来改变宠物做出特定的行为。药物的来源主要是人类精神疾病的药物,目前很少有批准用于治疗犬行为障碍的药物,相关的应用多见于国外的研究报道。需要特别注意的是,所有患病动物都应该接受仔细的健康检查,作为评估行为问题的一部分,但如果考虑精神药理学,这可能需要更全面的检查。例如,当打算使用一种药物时,这种药物要在相对较长时间内使用,并由肝脏代谢,这时候检查肝功能是很重要的。因此,建议在开处方前做常规血检,并根据需要或具体药物进行进一步检测。因为很多药物没有在宠物中授权使用或者它们因为某种原因正在使用,在这种情况下,应向犬主解释药物使用的意义并做好记录。

一、选择性血清素再摄取抑制剂(SSRIs)

作用机制:SSRIs 抑制 5 – 羟色胺的再摄取,通过让 5 – 羟色胺分子长时间发挥作用,导致 5 – 羟色胺能神经传递增加。随着使用时间的延长,突触后血清素受体也会下调。

适应证:虽然 SSRI 类药物在人类身上的主要用途是作为抗抑郁药,但它们在宠物身上主要用于抗焦虑、抗强迫和抗攻击作用。

临床指南:开始效果通常比较缓慢。按照给药剂量每日服用药物治疗,前 2 周内可以观察到部分改善,但可能需要 6 ~ 8 周才能观察到最佳疗效。SSRI 类药物应该经常服用,而不是"根据需要"服用。

禁忌证和不良反应:包括攻击性、躁动、厌食、焦虑、便秘、食欲下降、腹泻、低钠血症、失眠、易怒、镇静、癫痫和颤抖。性欲下降被认为是对人的不良反应,但对某些犬可能是有益的,包括绝育宠物表现出过度或不当性行为。SSRIs不应该与单胺氧化酶抑制剂(MAOIs)一起使用,如司立吉林(食欲抑制药)。过量服用,并与三环类抗抑郁药(TCAs)和/或阿扎哌隆联合使用可导致血清素综合征。因此,与TCAs、阿扎哌隆和其他促进血清素活性的药物(如曲马朵)联合使用必须非常谨慎。

特定药物:氟西汀是兽医临床中最常用的药物,与行为矫正相结合,氟西汀已被证明在治疗犬的分离焦虑和犬的舔性皮炎(ALD)治疗中有效。

二、血清素和去甲肾上腺素再摄取抑制剂(SNRIs)

作用:SNRIs抑制血清素和去甲肾上腺素(肾上腺素)的再摄取,通过让这两种分子长时间发挥作用,导致它们的活性增加。随着使用时间的延长,突触后血清素和去甲肾上腺素受体也会下调。在兽医学中,最常用的SNRIs是TCAs。除了影响5-羟色胺和去甲肾上腺素的活性,TCAs还有抗组胺和抗胆碱作用,是a-1肾上腺素的拮抗剂。

适应证:抗焦虑、抗强迫和抗攻击有疗效。

临床指南:与SSRI类药物一样,TCA类药物必须每天服用,或者在某些情况下每天服用2次,持续数周,才能获得全部疗效。

禁忌证和不良反应:包括食欲变化、共济失调、心律失常、血压变化、便秘、泪液分泌减少、腹泻、瞳孔扩大、镇静、心动过速和尿潴留。TCA类药物不应与MAOI同时使用,谨慎同时应低剂量使用其他促进血清素活性的药物,包括SSRI类药物和阿扎哌隆。

特定药物:氯丙咪嗪是最具血清素特异性的,可作为兽药制剂。与行为矫正相结合,氯米帕明可治疗犬的分离焦虑方面是有效的;苯二氮卓类药物(阿普唑仑)对风暴恐惧症有效。

三、阿扎哌隆(偶氮嘧啶)

作用:血清素1-A激动剂。

适应证:对焦虑症和恐惧症有效。

禁忌证和不良反应:阿扎哌隆不应与MAOI类药物合用,低剂量与SSRI类药物和TCA类药物合用时也应谨慎。

临床指南:即使经过几个月的治疗,阿扎哌隆也不会产生依赖或生理成瘾。虽然可以在第一周内观察到理想的行为变化,但可能需要数周的每日给药才能达到最大的疗效。为了达到最佳效果,阿扎哌隆需要每天服用多次,对一些宠物主人来说,使得药物使用起来很困难。

特定药物:丁螺环酮犬用剂量为0.5~2.0mg/kg,q8~24h。

四、苯二氮卓类药物

作用:促进中枢神经系统(CNS)抑制性递质氨基丁酸(GABA)作用,从而降低整个中枢神经系统的神经传递。药物的行为效应与它们在下丘脑和边缘系统中的功能有关。

适应证:苯二氮卓类药物是一种具有快速作用的抗焦虑药物。它们在各种各样的焦虑症和恐惧症中都很有用,尤其是当SSRI类药物效果延迟或无法使用SSRI类药物时。

临床指南:临床起效时间从较短的苯二氮卓类药物(如阿普唑仑)约3h到较长的苯二氮卓类药物(如氯硝西泮)约10h不等。然而,个体的反应是高度可变的,就像给每个患病动物的最佳剂量不同一样。苯二氮卓类药物的一大好处是,它们可以与多种其他药物,包括精神活性药物联合使用,而不会产生不良后果。

禁忌证和不良反应:包括焦虑、共济失调、幻觉、食欲增加、友善程度提高、失眠、肌肉放松、肌肉痉挛、异常兴奋或镇静。

特定药物:阿普唑仑是一种短效苯二氮卓类药物,已被证明是治疗犬风暴恐惧症的有效药物。地西泮的优点是可以广泛应用于兽医学的各种用途,包括麻醉。因此,大多数从业者都有某种剂型的这类药物,而且大多数从业者都熟悉它的使用。它可以制成片剂、悬浮液、注射溶液和直肠凝胶以供使用。

五、单胺氧化酶抑制剂(MAOIs)

作用:单胺氧化酶(MAO)存在于多种组织的线粒体外膜中,包括心脏、肝脏、肾脏、脾脏、血小板以及周围和中枢神经系统中。MAO-B是多个儿茶酚胺氧化脱氨基的主要催化剂,包括β-苯乙胺、多巴胺、肾上腺素、去甲肾上腺素和在中枢神经系统中的5-羟色胺。MAO-A是通过食物或药物进入肠道和肝脏(包括酪胺)的外源性胺的主要分解代谢产物。MAO酶也能使长链二胺脱氨基。

单胺氧化酶抑制剂干扰MAO-A和MAO-B的作用。它们有多种附加功效,这些作用并没有在药物的名称中提及,但是对于理解它们在身体中的作用却很重要。司立吉林(食欲抑制药)是宠物中最常用的MAOI,它也能抑制儿茶酚胺的摄取,诱导儿茶酚胺从体内储存神经元中释放出来,抑制突触前儿茶酚胺受体的活性,并刺激动作电位-递质释放耦联。因此,单胺氧化酶(MAO)是一种对人体有复杂作用的药物,当试图将MAOI与其他多种药物合并使用时,这一特征可能会带来严重后果。

在兽医实践中使用MAOI类药物的另一个并发症是,不同物种的MAO–A和MAO–B的比例在特定器官系统和全身不同。在一个物种中以特定方式发生药理效应的MAOI可能会对其他物种产生截然不同的疗效和不同的不良反应。

适应证:司立吉林是一种不可逆的MAO–B活性抑制剂,用于治疗老年犬的认知功能障碍、抗焦虑作用,但一般不认为是首选药物,因为其他药物具有同样或更好的抗焦虑作用,但没有严格限制使用。

禁忌证和不良反应:司立吉林或任何MAOI与多种其他药物,包括常用的药物,如阿米特拉兹、阿米替林、氯米帕明、氟西汀、帕罗西汀和曲马朵的合并用药会引起中枢神经系统毒性,有时会导致死亡。据报道,对犬的不良反应包括坐立不安、躁动不安、呕吐、定向障碍、腹泻和听力下降。

特定药物:司立吉林(也称丙炔苯并胺,用于随老化认知能力下降的犬时,每日晨起口服0.5~1.0mg/kg)。在评估药物对患病动物是否有用之前,应至少用药一个月。

六、抗精神病药

作用:抗精神病药物具有阻断多巴胺的作用。它们有各种各样的影响,包括抗组胺活性、多巴胺受体拮抗作用、a–肾上腺素拮抗和毒蕈碱的拮抗作用。抗精神病药物在犬身上的主要用途之一是其对共济失调的作用,即降低情绪唤起和对各种刺激的敏感性。抗精神病药物也会导致运动能力下降。

适应证:抗精神病药物常常被不当地用于治疗焦虑和恐惧障碍。真正的抗焦虑药在减轻恐惧的同时,让犬在其他方面的功能保持在相对正常的水平,包括情绪和身体上。抗精神病药物只会降低运动活力,降低所有的情绪反应。因此,它们不适合作为风暴恐惧症或分离焦虑等疾病的单独治疗手段。抗精神病药物可以作为抗焦虑药物的有效补充,尤其是犬的行为反应非常强烈,有可能会伤害到自己。这包括那些真正容易歇斯底里的犬,它们会跃过玻璃门窗和纱窗,或者不停地奔跑,即使这意味着要从阳台或悬崖跌落。这种情况下,在治疗早期适当使用抗精神病药物可以确保患病动物安全存活下来。该类药物在治疗原发性精神障碍方面取得了积极的进展。

临床指南:大多数抗精神病药物都有立竿见影的效果,不需要定期给药。因此,它们可以"根据需要"发挥安抚行为的作用。

禁忌证和不良反应:包括极度安定、社交行为减少、运动量少、不停运动、肌肉痉挛及因肌肉张力增加而僵硬和震颤。

特定药物:最常用的镇静剂是马来酸乙酰丙嗪(ACP),犬口服剂量0.5~2.0mg/kg。

当乙酰丙嗪可作为其他精神类药物的补充时,如氟西汀和地西泮的合并用药,应使用较低的剂量。氟哌啶醇是一种苯丁酮类抗精神病药物,可用于治疗犬的某些形式的攻击性和重复性行为问题。

七、信息素治疗

信息素是宠物在交流中使用的化学信号,是一种天然的治疗方式,有证据表明,信息素的治疗在犬的焦虑病有效。信息素的优点是不需要口服,它们的使用都是在犬生活环境中喷到特定的地方,或者扩散到空气中去。信息素通常是种属特异性的,不良反应少见。

作用:信息素是一种化学物质,用于不同物种之间的交流,它们的嗅觉器官之一的犁鼻器感知。信息素与特定的信息素蛋白结合,激活特定的受体,刺激边缘系统内的体系,改变犬的情绪状态,或发挥生理效应,如激素的释放。由于受体通常只存在于产生信息素的物种中,所以它们的行为具有物种特异性。在包括猫在内的许多宠物中,性嗅反射通过打开嗅觉通道,吸入激素,由犁鼻器感知性激素。在犬中,舔(用舌头轻舔)可能有助于感知信息素。

适应证:信息素对于减少犬因恐惧和焦虑而产生的各种行为非常有用。

使用方法选择:喷雾剂或扩散器,可用于帮助犬适应特定的地点(如笼子、犬床和汽车)。

禁忌证和不良反应:由于信息素是一种天然化合物,只针对其产生的特定物种的外部化学受体,因此没有毒性风险,也没有禁忌证,对其他物种也没有影响。它们对生病或年老的犬是安全的,可以与包括精神药物在内的任何药物一起安全使用。

特定的适应证:有助于减少焦虑或促进适应新环境。

特定药物:DAP(CEVA Sante Animale,Libourne,法国)是一种合成的犬安抚信息素,可用于治疗分离焦虑、对烟火和暴风雨的恐惧,并使便于进入新环境或引起恐惧的环境,如新家、收容所、兽医诊所或乘车旅行。

第三节 犬行为问题的辅助疗法

辅助疗法广泛应用于兽医实践中,用以治疗一系列的行为问题,主要包括去势疗法、饮食管理、针灸疗法、芳香疗法和触摸疗法。对于这些疗法,缺乏足够的科学证据证明其疗效,因为单独的行为矫正通常会有较好的效果,许多疗法在管理改变的情况下很难单独评估它们的疗效。但是在医学实践中,这些辅助疗法因其具有一定的效果而广为使用。在实施辅助治疗时,应该尽可能查找行为背后的动机,在合理范围内排除身体原因并做相关的血液检查。辅助治疗不能代替对患病动物进行常规检查和健康评估,需要明确的是辅助疗法不一定更好,也不一定无害。

一、去势疗法

根据目前的相关研究,通过去势能改变公犬的行为,特别是改变公犬的雄性行为。曾经对 42 头犬进行了回顾性调查,这些犬都在 0.67 ~ 12 岁进行去势。在去势后 6 个月内,有 50% ~ 70% 的犬减少了对人的爬扒动作、室内的尿标记及公犬间的攻击行为;约有 90% 的犬减少了漫游行为;接近 50% 的犬在 2 周后即发生上述行为的减少。犬的去势效果和犬的去势年龄没有明显的关系。但也有人认为,去势时的年龄越轻,效果就越理想。在训练实践中,犬在去势之后表现平静,没有发现犬变得懒散或冷漠,也不影响其活动能力和原来已学到的警戒行为。去势后的公犬交配行为减弱。但是,有些犬在去势后几年内还能保持交配行为。以比格犬的研究为例,交配行为的保持与这些犬在去势前有无性交的经历有关。不过,所有保持交配行为的犬,其交配行为和性交能力都大大减弱了。即使能够插入阴道,时间也很短,或者爬跨的时间延长。值得注意的是,去势后的公犬保持一定性欲或雄性行为,并非完全是血中睾酮或雄激素的作用。因为有人曾经在去势 6 小时后检查,没有发现这些激素水平的下降。即使切除肾上腺的犬,也能保持交配能力。

二、饮食管理

有研究表明进食行为可能会改变宠物的情绪状态;例如,"生肉骨头"饮食(生肉、骨头和酸奶)被称能改善情绪,因为它能增加饱腹感,消除添加剂存在的潜在风险,但这存在争议。特定饮食控制背后的理论是,在特定时间喂特定的食物,与其他饮食成分相关联,可以提高 5 - 羟色胺的水平。5 - 羟色胺是一种神经递质,与情绪高涨有关,是治疗情感障碍的靶向性物质。通常的方法是在给予含大量蛋白质的主餐后 30min 到 3h 内,给予犬碳水化合物含量高的食物,如意大利面。研究表明,碳水化合物通过刺激胰岛素的产生来增加大脑 5 - 羟色胺,从而促进左旋色氨酸通过血脑屏障,色氨酸在通过血脑屏障的运输过程中与大型中性氨基酸竞争。特定的蛋白质饮食中的色氨酸含量通常较低,因此,在高蛋白餐后,其他大型中性氨基酸的水平相对于血浆 5 - 羟色胺增加。因此,在缺乏胰岛素刺激的情况下,即使提供色氨酸补充剂,也会导致色氨酸通过血脑屏障转运的减少和 5 - 羟色胺合成的减少。也许正是因为这个原因,在某些情况下,低蛋白饮食被推荐来提升情绪。然而,重要的不是蛋白质水平,而是不同氨基酸的相对比例及其摄取量。虽然有证据显示,在人类,脂肪和富含碳水化合物以及特定食物对情绪和认知功能存在影响,显然,葡萄糖、胰岛素和其他激素以及对神经传导的影响是一个复杂的关系。很难说这种喂养方法能使不平衡正常化,其影响取决于个体的经历和基础代谢水平。个体对某些食物过敏、吸收因子和新陈代谢也会造成食物对情绪的影响。对患有情感障碍的人的研究有限,所以在物种间进行推断时应始终保持谨慎。

国外研究的一些研究关注了牛奶蛋白、二十二碳六烯酸(DHA)和抗氧化剂在犬的抗焦虑、改善认知功能等方面的作用。一些研究认为,母乳对幼崽的镇静作用具有与有些药物类似的功能。胰蛋白酶的水解物 α - 酪蛋白和 α - 卡索西平在某些大鼠实验中显示出抗焦虑作用,并在人类受试者中具有降低血压和皮质醇水平的作用(Messaoudi,2005)。DHA 是神经系统的重要组成部分,对大脑和视网膜的发育尤其重要。有假说认为,发育中视网膜和大脑中缺乏 DHA 会导致认知能力、行为、视觉和听觉信号传递的改变。对婴儿的研究显示,与食用正常配方或母乳的婴儿相比,增加 DHA 饮食的婴儿在 4 个月大时的精神运动测试更优异。在小鼠上的研究也显示,增加 DHA 饮食组小鼠的认知和学习行为有显著改善。增加幼犬的 DHA 摄入可能有利于培养更容易训练的犬。抗氧化剂对于改善犬,尤其是老年犬的认知功能障碍可能是有益的。抗氧化剂的主要功能是抵消有害的自由基,现在不同产品的剂型各不相同,已广泛应用于犬的营养补充剂。

三、针灸疗法

针灸是中医的一个分支,通过刺穿皮肤刺激神经系统来治疗某些疾病的一种治疗方式。如果一种临床情况正在恶化或引起犬的行为障碍,针灸可能会减轻一些临床症状(如慢性疼痛、胃肠紊乱),并减轻行为症状,尽管针灸本身并不能治疗行为问题。据相关研究报道,5 - 羟色胺、去甲肾上腺素和内源性阿片类物质在针灸刺激后释放。也有人认为针灸可能导致催产素的释放,催产素是一种对维系和培养关系很重要的激素。这很可能对其他与情绪有关的神经递质和激素产生影响,如谷氨酸、多巴胺和催乳素,因为它们单独都没有效力。这些神经递质在针刺刺激后,是否能够维持长时间高浓度,从而在二级信使系统产生发挥临床疗效的多种变化,这一机制尚有待进一步研究。在人类上的研究显示,电针刺激对抑郁症患者的躯体焦虑和认知障碍有较好的治疗效果,不良反应比使用阿米替林少。在犬猫上,使用针灸治疗肢端舔舐性行为效果显著,通常只需要3~4周,每周治疗1-2次,舔舐性行为会很快消失,并且复发率较低。针灸对于部分非疾病原因维持的强迫性行为也有较好的疗效,比如犬猫的强迫性舔舐、过度梳理,其作用机制比使用血清素能药物(如氯米帕明)的作用要快得多。可能对犬的旋转、追尾等强迫性行为也有疗效,但目前没有足够的数据证明其效果。

四、触摸疗法

触摸引发神经系统的一系列变化,从局部化学反应到内源性阿片类的释放。按摩涉及皮肤、筋膜和肌肉,是一种更强烈的刺激,可能在放松方面有更强的效果。然而,那些处在害怕和焦虑状态的犬,也有可能会认为这种互动具有威胁性,令其胆怯。国外研究表明,被抚摸的宠物犬释放的提升情绪的神经递质明显多于被限制活动的犬,并且伴随心脏的生理舒缓。TTouch疗法是1978年由Feldenkrais方法发展而来的,Feldenkrais方法是用来帮助人们身体上集中注意力(Fogle,1999a,b)。TTouch技术只刺激皮肤,是有节奏的轻微圆周运动。这对身体的其他部位有间接的影响,包括中枢神经系统,还会释放催产素(与其他激素一起),这对维系关系和哺乳很重要。因此,触摸和抚摸宠物的行为可能会增加宠物的亲和倾向;使用这种方法的主人花更多的时间抚摸他们的宠物,这本身也会改善他们之间的关系。犬不应该被限制接触治疗。这是一个积极的行动,主人可以在家里帮助焦虑的犬,但在有攻击性的犬身上主人应该谨慎使用,尤其是不确定犬什么时候会有攻击性以及发生攻击性的原因是什么。

五、芳香疗法

芳香疗法是一种将天然植物萃取的植物精油,用于治疗途径上的一种补充疗法。植物精油(essential oil)是一种植物的次级代谢物,植物精油通常以自芳香植物的花朵、叶片、根茎、果实等部位为原料,通过特定的萃取方式如蒸汽蒸馏法、冷压法、溶剂萃取法或超临界 CO_2 萃取法等方式提炼的油状物质。由于犬对气味的反应很强烈,所以有人认为利用特定的气味可以用来刺激放松感或抑制有害的行为。该理论认为,嗅觉与边缘系统关系密切,嗅觉系统传递的信号几乎可以影响到整个边缘系统,并且嗅神经也可以不经过下丘脑而直接到达初级嗅觉皮质。在神经通路上,嗅觉系统与情绪系统紧密相连,因此嗅觉可以影响到情绪、记忆、认知等各个方面。香薰油的气味通过刺激嗅觉系统,触发大脑边缘系统,进而影响情绪反应。

Bradley等人在2007年对玫瑰精油与薰衣草精油降低沙鼠焦虑行为的研究发现,玫瑰精油和薰衣草精油均可有效降低焦虑,两种精油抗焦虑可能具有性别差异,对雌性沙鼠的长期干预有着更好的抗焦虑效果(Brandley et al,2007)。Wu 等人使用真实薰衣草、檀香、快乐鼠尾草以及甜橙的复方精油对雌性大鼠进行吸闻干预后发现,吸入精油后大鼠的脑内新陈代谢发生变化,表现为碳水化合物增加,一些神经递质、氨基酸、脂肪酸等降低,同时尿液中观察到了天门冬氨酸、碳水化合物、核苷和有机酸的升高(Wu,et-al.,2012)。对柏木精油研究也显示,柏木精油中的倍半萜醇和倍半萜烯类物质,如柏木醇,能促进小鼠脑中 5-HT 的合成和多巴胺的分解,具有明显的调节情绪性障碍的功效,如抗抑郁、抗焦虑等。嗅闻柏木醇(1.0 ml/min,30 min)对大鼠表现出明显的镇静作用,还能够降低其自主活动性,且能够延长由戊巴比妥(Pentobarbital)诱导的睡眠时间。在临床试验中,柏木醇对志愿者的自主神经系统也具有明显的调节作用,例如,嗅闻柏木醇能够抑制交感神经活性并增强副交感神经活性,显著提高瞳孔缩小的频率,还能降低心率、血压、和呼吸速率等(Kagawa D,2003;张凯,2019)。一项对照试验观察了使用薰衣草对犬在旅途中的镇静作用,结果显示,与只暴露在环境气味中的犬相比,暴露在薰衣草香中的犬的运动和发声能力有所下降。

第四节　犬焦虑症的诊疗及矫正

　　焦虑症(AD)是一种精神性疾病,临床常见的有广泛性焦虑(GAD)和惊恐障碍(PD)两种形式。广泛性焦虑是以持续的紧张不安,伴有自主神经功能紊乱和过分警觉为特征的一种慢性心理疾病。惊恐障碍是以反复出现的心悸、震颤等自主神经症状,并伴有莫名的担心产生不幸后果的惊恐为特征的一种急性焦虑障碍。流行病学研究显示焦虑症的发生与遗传有关,在人类中焦虑症患者的家族中其发病率高达 15%,为普通人的 3 倍。在犬中,焦虑症也广泛存在,其中最为典型是分离焦虑和普遍的惊恐障碍。犬的分离焦虑通常会表现为紧张焦躁、不停吠叫、撕咬物品、随地排泄等症状,当主人表现出离开的意图时,许多与焦虑有关的行为就开始变得明显起来,在分开的前 15~20min 内,行为最严重。惊恐障碍通常表现为过度的犬吠,不与人和周围事物靠近,到处躲藏,频繁走动,紧紧盯着移动的人或者事物,偶尔还会出现乱咬周围东西。即使有主人在旁边,犬明显的惊恐行为也不能得到有效缓解。

一、犬焦虑症的发病机制

焦虑症的发病机制尚未明了,涉及多系统功能的调节紊乱。现代医学研究比较被认可的有神经递质假说、内分泌功能紊乱假说以及微生物 – 肠 – 脑轴(Microbiota – Gut – Brain,MGB)假说等。排除疾病原因引起的恐惧和焦虑,从行为学的角度讲,焦虑和恐惧是由操作性行为和反应性行为二者共同作用的结果。

神经递质假说认为,焦虑症的发病与突触间隙单胺类神经递质浓度的改变密切相关,单胺类神经递质神经元分布于脑的许多不同区域及核团,参与情绪的调节。当各种原因导致的神经突触间隙单胺类神经递浓度异常时,个体会表现出焦虑。比较重要的几种神经递质有 5 – 羟色胺、多巴胺、去甲肾上腺素、γ – 氨基丁酸、神经肽 Y。5 – 羟色胺(5 – HT)是一种单胺类神经递质,5 – HT 神经元和其受体大量分布在大脑边缘系统、海马、中缝核以及隔核等与焦虑相关的脑区,参与个体情绪的调节过程。有研究表明,受体亚型 5 – HT1AR 激动剂注射于中缝背核,则会激动突触后受体而产生致焦虑作用。将小鼠脑内的 5 – HT1AR 基因敲除后,小鼠表现出焦虑样的行为。将小鼠的 5 – HT1A 和 5 – HT1B 这两种受体敲除之后,小鼠表现的更加焦虑(谢正,2016;Kumar JR,2016)。在海马和纹状体组织特异性表达 5 – HT1AR 可以治疗敲除 5 – HT1AR 导致的小鼠焦虑(Guilloux JP,2011)。多巴胺(DA)在认知、情绪调节中具有重要作用,多巴胺能系统通过杏仁核参与焦虑情绪的调节。焦虑症、孤独症、应激和恐惧症等都与杏仁核功能异常有关。多巴胺可通过激动多巴胺受体 D1R 和 D2R,抑制腺苷酸环化酶活性发挥对情绪的调节作用。参与情绪调节的去甲肾上腺素(NE)能神经元主要分布在脑干的蓝斑核团,有神经纤维投射到海马,杏仁核,边缘叶和额叶皮质,参与情绪的调节。动物实验发现电刺激蓝斑区域使其兴奋时会增加 NE 的释放,可产生明显的恐惧和焦虑症状。在上行网状激活系统中,激活 NEα1 受体可以引起焦虑的症状,而许多抗精神药物,如氯丙嗪、阿米替林等就是通过阻断 α1 受体来发挥镇静和抗焦虑的作用。γ – 氨基丁酸、神经肽 Y 广泛存在于中枢神经系统或外周神经系统中。在中枢神经系统内的 γ – 氨基丁酸通过与苯二氮卓类药物相互作用,发挥镇静、治焦虑及抗惊厥的作用。神经肽 Y 具有抗癫痫、抗焦虑等作用。

内分泌功能紊乱假说。内分泌功能的紊乱会引起的心理或行为方面的改变,焦虑的发生通常源于外界刺激产生的应激反应,而这种应激反应会引起人体内的内分泌系统的改变。有人类上的研究表明,患有焦虑症的病人的下丘脑 – 垂体 – 甲状腺(HPT)轴上发生的改变,甲状腺功能异常会诱发情绪反应,甲状腺功能减退会引起焦虑。患者在焦虑状态下血清中甲状腺激素浓度,包括游离甲状腺素(FT4)、游离三碘甲状腺原氨酸(FT3)、甲状腺素(T4)和反向三碘甲状腺原氨酸(rT3)与健康受试者相比均显著降低。下丘脑－垂体－性腺(HPG)轴也参与了焦虑症的调节,在更年期妇女由于雌激素含量降低,使得 HPG 轴失调,从表现出焦虑、抑郁以及认知障碍等症状。妊娠期妇女由于HPG 轴失调,也会表现出焦虑行为。

微生物－肠－脑轴(Microbiota－Gut－Brain,MGB)假说。肠道菌群失调或许是抑郁症、焦虑症发病的重要原因,肠道菌群不仅可以影响免疫系统的成熟,还可以通过神经－内分泌－免疫网络进一步影响血脑屏障的形成、维持以及脑神经元可塑性变化等,导致抑郁症、焦虑症的发生。研究人员将重度抑郁症患者的细菌移植到啮齿动物身上,使之产生了类似抑郁的行为。将患者肠道微生物群移植到无菌或体内缺乏此类微生物群的啮齿动物体内,动物会表现出快感缺乏和焦虑行为(Cheung SG,2019;Kelly JR,2016)。多项动物实验研究也证明,肠道菌群的多样性及菌种变化可影响小鼠的抑郁、焦虑相关行为。

操作性行为和反应性行为引起的焦虑和恐惧。典型的表现是个体对一种特定刺激或环境刺激感到害怕,当这种刺激存在时,个体就会体验到不愉快的感觉并唤醒机体下丘脑－垂体－肾上腺(HPA)轴和交感肾上腺髓质系统(SAM 系统),并采取逃避或回避或攻击行为。躯体的适应性反应就是焦虑的反应性行为,焦虑引起的行为并带来舒适或不舒适的结果是一种操作性行为。为了便于理解,我们以人为例来解释这一过程。小明曾经被蛇惊吓过,对蛇有强烈的恐惧感,不管什么时候,只要看到蛇就会大声喊叫并不断远离它,有时候忽然看到草丛中的一条绳子也会被吓一跳。蛇的出现是一种条件刺激,它引发自主神经系统的条件反应,造成肾上腺素分泌增加,心跳加快、肌肉紧张等一系列的应激反应,这是反应性行为。小明看到蛇以后大声尖叫,喊人帮忙把蛇弄走或者远离它,这一系列行为的结果是恐惧或焦虑感下降。当蛇不再存在时,先前由蛇引起的焦虑情绪便缓解了,这一结果反过来强化了小明大喊大叫和远离蛇的行为,这是操作性行为。因为在恐惧和焦虑的问题中包含操作性行为和反应性行为,因此采用的行为矫正方法也包括同时针对这二者的步骤。

对于焦虑症并不能简单分为病理性的或行为性的,因为持续的行为性焦虑可以引起病理性的病变,焦虑的反复发作与大脑功能渐进改变相关。研究表明,焦虑虽是由惊恐、创伤等引起的情绪障碍,但在有关刺激反复作用的过程中,脑内的主要通路发生某些障碍,导致突触后神经受体功能下调,中缝核尾部和蓝斑神经递质增加,乳酸盐代谢异常等;在影像学检查中发现,有的焦虑症患者颞、额供血不足。因此对犬的焦虑症及由焦虑引起的其他行为的矫正,需要行为矫正和药物治疗共同作用才能发挥较好的作用。

二、减轻犬焦虑和恐惧的行为矫正方法

有很多行为矫正的方法可以帮助犬克服或缓解恐惧和焦虑问题,这些方法包括放松训练法、集中注意力训练法、脱敏训练法和满灌法。这些方法建立在反应性条件反射或操作式条件反射或二者联合作用的基础之上。

1. 放松训练法

放松训练是指犬主人采用特定的方法缓解犬所体验到的恐惧和焦虑情绪,并降低应激反应的一种方法。应激反应会使犬的心跳加快、肌肉紧张、充满警惕、感觉系统更加敏感等,放松训练则是针对这些典型症状采取抚摸、提供安全依靠、温柔的声音刺激等方法减缓应激反应。比如当犬害怕时,主人可以蹲下来安抚它,抚摸它的脑袋和肩胛部,让犬靠在身边以获得安全感。

2. 集中注意力训练法

集中注意力训练就是让犬把注意力指向一个愉快的刺激,而转移它对其他产生恐惧和焦虑的刺激的注意。比如犬害怕听到鞭炮声,我们可以使用犬喜欢的玩具挑逗它,陪它做"拔河游戏",先把它的注意力转移到玩具和游戏上,然后在离犬相对较远的地方燃放鞭炮。因为鞭炮距离较远,鞭炮声音的刺激相对较小,再加上犬正处于玩游戏的状态,这种鞭炮声刺激对犬造成的影响较小。待犬适应以后,再逐步缩小放鞭炮的距离,直至犬完全适应。

3. 脱敏训练法

脱敏训练是减轻犬焦虑和恐惧的主要方法。在脱敏训练中,有这样一个假定:要想成功消除恐惧行为,就不能出现焦虑。按照从低到高的层级顺序,先呈现最不容易引起害怕的刺激,直到最容易引起害怕的刺激。也就是说将放松与引起恐惧的刺激相结合,这些刺激是按照层级设置的,从最不让个体恐惧的刺激开始,一直到最让个体恐惧的刺激。

下面我们用沃尔普(Joseph Wolpe)使用巴甫洛夫的条件反射理论治疗猫焦虑症的案例阐述脱敏训练的方法。沃尔普将猫关进实验笼里,在响铃声后给予电击,使猫患上了恐惧与焦虑症。如何治疗呢?沃尔普认为,焦虑症状抑制了进食,那么在不同的情境中,食物或许可以抑制焦虑反应。这方法是逐步把猫引入一间与原实验室十分相似的房间里进食。他特别设计了三间房间,根据与原实验室的相似程度分别标明 A 室、B 室、C 室。A 室最相似,C 室最不相似。先让实验猫在 C 室中进食,直到猫的所有焦虑症状都

消失了,再放到 B 室中进食,然后移到 A 室。最后再诱导它进入实验室进食。一旦实验猫能适应原实验室情景并进食,那么它的大部分焦虑症状便会消失。上述策略就是脱敏训练的原理。他将猫放在与实验室布置完全不同的房间里,环境的改变缓了猫的焦虑,猫经过犹豫开始毫无顾忌的进食。

但是,如果此时铃声大作,猫又会惊恐万状拒绝进食。沃尔普认为更换环境只能引起焦虑反应的视觉刺激(实验室及实验笼)逐渐失去作用,而对于能引起猫焦虑反应的听觉刺激(铃声)却无济于事。于是,沃尔普又采用同样的方法,让铃声由远及近,由弱变强,使猫逐步适应,消除了猫对铃声的焦虑反应。沃尔普认为,动物神经性症状的产生和治疗都是习得的。因此治疗人类神经症的方法也可由此发展而来,于是他提出了交互抑制理论(reciprocal inhibition)以减少神经症行为。他通过教给病人在压力情境中放松的方法,让他们面对恐惧,可以有效治疗焦虑或恐惧症状。

恐惧是犬野生状态下残留的心理状态,是犬先天的本能。在犬的训练中,也常会遇见类似的情况,如图 6-4-1 所示。工作犬需要对人群、声光、机动车、家畜等进行专项脱敏训练,宠物犬需要对室内的各类电器、乘坐车辆等进行专项脱敏训练。无论哪种行为训练都是采取循序渐进、刺激由强到弱的原则和方式开展。如适应人群,人群人数从少到多,犬接近人群的距离是由远及近,人群的状态由静止到非静止(甚至触摸犬),由静音到发出自然声音(如交谈聊天)。

图 6-4-1　犬的恐惧本能

要克服犬的恐惧心理,必须从幼犬时就开始适应音响、光、火等各种刺激的训练,因为幼犬阶段的环境锻炼对克服犬的恐惧心理是至关重要的。对幼犬进行环境锻炼在定程度上会减少甚至消除犬的恐惧心理。让犬实地实景去体验、感受和适应地震是不现实的,但是可以创造条件逐渐脱敏。在一些国家有专门给犬观赏的电视节目(刷新率80赫兹以上),从而让独自在家的宠物工作犬不再寂寞。节目内容根据犬的特点,科学设置了它们喜欢的声音、色彩和镜头角度。同理国内有工作犬基地利用借助彩色 LED 显示屏等现代影像、声光技术,通过研发、制作模拟,采用高帧率的摄像以及高帧率的显示屏让犬不再对车辆、人群、特定噪音以及特定的环境感到不适,如图6-4-2所示。

图6-4-2 使用电视让犬对声光刺激脱敏

当一头犬因为他人用棍棒不小心打到,从而开始惧怕棍子或者拿着棍子的人。这时我们需要进行脱敏。第一步该犬的主人手持棍子与犬保持一定距离,在犬的面前做慢动作挥舞,犬若保持正常状态,主人迅速给予奖励,犬若依然出现紧张、恐惧、躲避等行为,主人继续降低脱敏条件,如加长距离,棍子若隐若现;第二步,主人缩小与犬的距离或者加快挥舞棍子的动作幅度和频率,犬若保持正常状态,主人迅速给予奖励和强化;第三步主人将棍子在犬的身边左右两侧进行依次的"假打";第四步,主人将棍子从"假打"到"真打",但是击打时重重落下,当即将接触到犬的身体时,棍子要轻轻落下并用棍子对犬进行抚摸;第五步,棍子在犬体身上轻轻落下;第六步持有棍子的人由主人换成他人,若犬出现异常,退回上一步(主人或他人皆可),直到犬对他人的轻打不再反应过度为止。再如当主人希望给自己的爱犬带上口笼时,绝大多数的犬都会抗拒口笼对自己的束缚感,甚至有的犬直接将口笼当成玩具开始撕咬。此时主人只需在口笼里面放上犬喜欢的美味零食,或者逐渐将犬通过美食诱导戴上口笼,通过引导制约让犬放下了对口笼的恐惧和厌恶,最终主动地佩戴上口笼。

4.满灌法

满灌法不同于脱敏训练,它是让个体在高强度和长时间内面对恐惧刺激。最初。个体面对恐惧刺激时有很高的焦虑,但随着时间延长,应激反应的 HPA 轴会产生习惯性反应,焦虑水平会通过反应消失下降。在一项小鼠的研究中显示,小鼠等能够对重复呈现的应激源(如束缚、冷刺激、新奇环境、强迫游泳等)表现出适应性, 出现习惯化反应。Newsom 等(2020)将成年雄性大鼠连续 8 天暴露于 30 分钟的白噪声(95dBA)中,通过测定第 1、3、7、8 天的血浆皮质酮含量,表明 HPA 轴对重复噪音刺激可产生习惯化反应。以人为研究对象的测试中也发现了类似的结果,被试连续两个下午接受实验室标准化心理应激测试 TSST – G (Trier Social Stress Test for Groups),结果发现在第二次 TSST – G 测试中,皮质醇反应降低,显示出 HPA 轴对重复应激表现出习惯化。比如犬害怕某一密闭的房间,我们就直接把它拴在房间内,最初它可能很恐慌和焦虑,但是随着时间的延长,这个房间并不会对它造成任何伤害,那么由 HPA 轴产生的应激反应就会下降,犬的恐惧情绪也会逐步得到缓解。使用满灌法进行犬的训练时,尽量由专业人士进行。因为在一开始面临恐惧刺激时,对于有恐惧症的犬是非常不舒服的,可能会诱发攻击行为,甚至可能会加重恐惧。

三、犬焦虑症的临床诊疗

1. 非噪声恐怖症

非噪声恐怖症(Non – noise related Phobias)是一种一贯的、持续不变的、无级别之分的反应,表现为强烈的主动躲避、逃跑或者与自律神经系统交感神经支活动性有关的焦虑行为。若这种突然的、严重的、无级别之分的反应是针对不熟悉的物体或环境,这种病称为新恐怖症。犬从 14 周龄时就置于限定的、隔离的环境中,会增加患新恐怖症的危险。

临床症状与诊断:与病态性恐惧反应相关的行为包括紧张,或者伴有对疼痛刺激,或社会刺激敏感性降低的狂躁;反复暴露于刺激中,会导致一成不变的反应模式。尚不清楚恐惧变为病态恐怖的发展进程,与恐惧和恐怖症发展有关的模式涉及对实际行为发生频率、强度、条件等的评价。对已表现出恐惧成忧虑症状的动物来说,还不清楚与相关行为的发展有关的危险性。对恐怖反应的发展而言、似乎存在着很强的遗传成分。

治疗与监护:早期预防旨在促使犬对各种刺激做出正常反应。强烈建议应用抗条件反射作用和降低敏感性的方法进行早期治疗。药物治疗可能是治疗方案的本质部分。

阿密曲替林:1 – 2mg/kg,PO(口服),BID(即每 12h 吃 1 次),连服 30d。

氟苯氧丙胺:1mg/kg,PO,SID(即每 24h 吃 1 次),连服 60d。

氯丙咪嗪:2mg/kg,PO,BID,连服 60d;或 1mg/kg,PO,BID,连服 14d,然后改为 2mg/

kg,PO,BID,连服14d,然后改为3mg/kg,PO,BID,连服28d。

心得安:5-10mg/犬,PO,BID-TID。

珊特拉林(未详细说明剂量)。

三唑安定:0.01-1mg/kg,PO,必要时在刺激前1h应用,每天不得超过4mg。使用很低的剂量(每犬1-2mg)。镇静与失调可能很严重,但如果惊慌与病态恐怖反应相关的话,本药单独使用或与上述药物中的一种配合使用是极为有效的治疗方法。

2.噪声和闪电恐怖症

噪声和闪电恐怖症(Noise and Thunderstorm Related Phobias)是对噪声的一种突然的严重的和无级别之分的极端反应,表现为强烈的、主动的躲避、逃跑或忧虑行为。

临床症状与诊断:行为包括紧张或对疼痛或环境刺激敏感性降低的狂躁;反复暴露于之刺激之中,会导致一成不变的反应模式。对已表现出恐惧或忧虑症状的动物来说,还不清楚与相关行为的发展有关的危险性。若反应仅与闪电相关,则称为闪电恐怖症。许多患有闪电恐怖症的动物可能在症状上没有显著特点,但这种特殊的诊断依赖于与其他感觉系统(嗅觉、视觉)有关的相关提示,而不是仅仅依赖于听觉系统。

治疗与监护:治疗的目的在于当发生恐怖事件时保护犬,以及使犬的反应减轻。抗条件反射作用和降低敏感性,对治疗很早期的噪声恐怖症有效。可以商业化应用同样具有传达震动与大气效果的录音带,当犬放松时,按照逐渐提高噪声的水平播放。毫无例外,在治疗中药物治疗是最根本的。必须在刺激开始前和犬开始表现出任何痛苦症状前给药。

短期治疗包括以下几种:

(1)安定0.55—2.2mg/kg,PO,必要时,这种短效药物能够帮助犬减轻焦虑,并使犬对环境刺激不再那么敏感。长期或慢性治疗,需3—5周方才有效。常见的副作用是镇静和共济失调。

(2)氯氮0.55—2.2mg/kg,PO,必要时使用。这是一种较安定更长效药物,若犬将单独待几小时以上,这是一种较好的选择。长期或慢性治疗,需3-5周方才有效。

(3)也可以使用氯丙咪嗪、丁螺旋酮或氟苯氧丙胺进行治疗。

3.分离焦虑

分离焦虑(Separation Anxiety)只包括在主人离去或缺乏对主人的接近时,动物所表现出的身体或行为上的痛苦表现(持续的或强烈的破坏、排泄、吠叫或流涎)。

临床症状与诊断:在分开的前15—20min内,行为最严重,而当主人表现出离开的意图时,许多与焦虑有关的行为(自发的反应过强,运动增加,警惕性和搜索增加)就开始变得明显起来。尚不清楚表现出分离焦虑的动物所具有的其他焦虑行为,或经历自我伤残,病态恐怖或害怕的程度。尚无研究证明,分离焦虑更常见于主人对其关怀备至的动物。重要的是排除与分离焦虑的一般症状相关的其他情形,不完全室内排泄,玩耍以及对真正惊慌的反应和特殊事件。

治疗与监护:重要的是保护动物不受自身的伤害以及保护环境不受犬的伤害。屏障(门、板条箱、犬笼)可能会有所帮助。一定要谨慎使用,因为限制会使某些患病的犬更加恶化。当治疗正在进行时,如果可能的话,让一个人来陪着犬。获得另外一个宠物并不能使这种情况得到改善,但失去一个动物伙伴会使症状恶化。抗条件反射作用与降低敏感性、可以用来改变犬对与主人开始离开的迹象有关(例如公文包、钥匙、吹风机)的反应,并使犬习惯于日益增加的更长时间的分离。若吠叫是由分离焦虑引起的,犬吠项圈既不能治疗症状(犬无视项圈),又不能治疗疾病(吠叫是症状,不是病)。

药物治疗是本病综合治疗的一个部分。除非是刚刚开始显现疾病,否则,有效的治疗不可能没有药物的干预。可以试用的药物包括阿密曲替林、氟苯氧丙胺、珊特拉林和安定。若有恐慌,将安定与其他药物之一联合使用,效果会更好。

4. 全身性忧郁症

全身性忧虑症(Generalized Anxiety)是指犬在没有任何刺激的情况下,持续表现为自发性的反应性增强,运动增加,对周围环境的警惕性与审视性增强的行为,这些行为超过了正常的社会活动范围。当病史不全时,此病易被误诊。

临床症状:高反应性与全身性忧虑有关。高反应性被定义为以持续的方式和超过动物年龄与刺激所允许的水平而出现的运动行为。对纠正、改向或限制行为不起反应。即使是休息时,也伴随有交感神经兴奋的症状(心率加快,呼吸次数增加,血管舒张)。反应性增高,但没有其他与甲状腺疾病有关的症状和实验室指标的显著变化。应用安非他明进行治疗后,犬的运动行为出现反常降低。大多数被主人称为高反应性的犬,实际是过分活跃。

治疗与监护:早期发现异常行为十分重要。对可能与行为有关的刺激,进行抗条件反射作用和降低敏感性治疗非常有效。作为辅助治疗方法,药物治疗或许有效,它可以提高动物对引发焦虑反应的阈值,并使得行为调整更为有效。可使用阿密曲替林、氯丙咪嗪、氟苯氧丙胺、珊特拉林等药物进行治疗。

5. 强制－强迫性失调

强制－强迫性失调(Obsessive compulsive disorder, OCD)是在超出正常范围内发生的,或以超出了达到其表面目的所需的频率或间隔的方式发生的,重复出现的行为,如运动行为梳理行为、摄食行为和引起幻觉的行为。这些行为以妨碍动物在其社会环境中发挥正常功能的方式出现。区分强迫症的关键是其相对的程度。行为是超量还是 OCD 的症状，只是一个程度限定的问题。仔细描述、记录行为症状及其持续的时间，可以为评价行为连续性发展的程度提供数据。

治疗与监护：很好地了解病史、观察临床症状非常重要，因为在某些特殊形式下，与癫痫性惊厥行为相似。通过定义可知，某些癫痫或癫痫性惊厥行为是典型的，这就是 OCD 的诊断较常规诊断更为可取的原因之一。治疗的目的是使犬在可能引发 OCD 的环境中学会放松。除非行为是刚刚开始，否则治疗的关键是应用药物。阿密曲替林、氯丙咪嗪、氟苯氧丙胺、珊特拉林进行维持治疗是必须的。

6. 破坏和自残行为

破坏行为：一种十分常见的现象，主要发生在主人不在家且离家时间过长（超过 10h 或 1d 以上）时。犬表现为啃咬地毯、毛毡垫、拖鞋、门及家具等。导致这种破坏性行为的原因目前尚不清楚。有人通过监控摄像发现，犬在预计主人即将下班到家时表现得最为焦急，似乎犬对时间有很强的预计性。一种解释是，有些犬无法忍受孤独，通过破坏物品的方式来表达的焦虑之情。另一种解释是，犬缺乏环境刺激，犬感觉啃咬比长时间静卧更有趣，还有一种可能是犬无法忍受禁闭的现实。与攻击行为相比，破坏行为更不易矫正。建议给动物提供些玩具或供啃咬的东西，可有一定的预防效果。

自残表现为局部舔舐、舔舐部位红肿乃至引发不同程度的损伤。许多犬都有舔舐前爪的习惯，这会导致被舔舐部位充血、皮毛褪色，极易导致皮炎。有时也有舔舐伤口的现象，易导感染。建议应用抗忧虑药物和内啡肽拮抗剂，对于上述行为有治疗作用。

第七章 犬的不良问题行为矫正

第一节 犬行为学矫正

本节我们单纯的使用行为学方法,以矫正狂吠、随地捡食、护食等行为为例,阐述行为矫正原理的应用。需要说明的是,在对具体的问题行为开展行为矫正之前,必须对问题行为进行评估,找到问题行为发生的前提、问题行为得以维持的强化物、排除医学因素的影响、制订行为矫正的方案并通过对问题行为的测量评估矫正的效果等。因为本节并不是针对具体的某只犬的问题行为,因此不再赘述问题行为评估的方法,而是假设几种较为常见的问题行为的前提和强化物,阐述实施矫正的方法。

一、狂吠问题的矫正

1. 因被动防御引起的狂吠问题矫正。该问题主要是因犬胆量较小,对人或对环境恐惧造成的,因此增强犬的胆量和自信心、多做环境适应性锻炼、减少对陌生人的戒备是矫正该行为的关键。具体方法是:如果犬在陌生的环境中狂吠,那么多带犬到各种环境中散步,增强犬对复杂环境的适应能力;如果犬在熟悉的环境对陌生人狂吠,那么在保证犬不误伤人的情况下,让尽可能多的陌生人在犬不吠叫的时候抚摸犬,或者喂给犬食物吃,逐渐减少犬对陌生人的恐惧。经过一段时间后,主人执行对其他行为的差别强化程序,当陌生人从犬旁边走过时,犬不吠叫就给予奖励。

2. 因主动防御引起的吠叫问题矫正。该问题多由自我社会性负强化引起,比如陌生人接近犬时,犬主动吠叫警告,陌生人远离犬,陌生人的远离(厌恶刺激减弱或消失)强化了犬的吠叫行为。对于该行为可以通过惩罚和对其他行为的差别强化合并使用加以纠正,具体方法是:主人将犬带至训练场,让助训员(陌生人)由远及近逐渐靠近犬,当犬欲吠叫时,主人及时发出"非"的口令并击打犬嘴,令其保持安静。如果犬没有吠叫应立即给予奖励。当助训员在犬附近移动时,在犬不吠叫时给予奖励,如果吠叫再重复"非"的口令并施加惩罚。反复训练,直到犬不再吠叫为止,如图7-1-1所示。

3.因焦虑、急躁引起的吠叫问题。该情景下吠叫问题的纠正,请参考本书第七章第四节的矫正方法。

图7-1-1　犬的不断吠叫

二、随地捡食的问题矫正

犬随地捡食的行为多由犬自动正性强化或犬主人的喂食习惯造成的。如果犬主人习惯于将食物丢在地上喂犬,那么就容易养成犬随地捡食的行为;或者犬在散步的过程中总能捡到好吃的食物,也容易形成随地捡食的行为。食物是维持该问题行为的强化物,食物经常出现的环境是其前提刺激。对该问题的矫正在于:降低食物的强化效力(取消操作);远离食物经常出现的环境,使该行为不再获得强化(消除不期望行为的S^D);实施惩罚,提高捡食行为的反应代价。具体方法是:犬出门散放前,让其吃饱以降低食物的吸引力。不让犬去经常有食物出现的地方,使犬找不到食物,那么犬寻找食物的行为就不能获得强化。故意在犬附近布置好食物,当它准备捡食时,立刻提拉牵引带或击打它的嘴巴,并下"非"的口令,犬不再捡地上的食物时,主人立刻从口袋里拿出食物奖励它。如此反复训练,直到它不再低头捡食为止,如图7-1-2所示。

图7-1-2 犬不断捡食

三、护食问题的矫正

犬的护食行为多由社会性负强化造成的,究其原因在本书的第五章已有讲述,在此不再赘述。该行为可以综合运用多种方法加以矫正。需要强调的是,在行为矫正期间,所有和犬接触的人必须严格执行矫正方案,否则该行为不能得到彻底纠正。具体方法是:

1.护食行为发生不能使厌恶刺激消失,护食行为不再受到强化。首先将犬的牵引带栓系起来,以免犬发动攻击(注意,攻击行为可以自我强化,即使厌恶刺激不能消除也可以强化攻击行为,因此要防止攻击行为受到强化)。在犬进食时接近它,即使犬吠叫或警告,犬主人也不要逃离。

2.对护食行为实施惩罚。当主人靠近,犬吠叫或警告时,主人将犬的食物移走(负性惩罚)。当犬不再吠叫时,再把食物拿过来给它吃(对不护食的行为实施差别强化)。或者,对犬实施正性惩罚,当犬准备发动攻击或者警告时,立即施加电击刺激并下"非"的口令,不再护食时给予食物奖励。

3. 对替代行为实施差别强化程序。犬试图表现出护食行为时,主人将食物移走,指挥犬"坐"或者"卧",强化犬"坐"或者"卧"的行为。也就是说让犬明白,攻击或者警告没有用,而"坐"或者"卧"的行为才能得到食物。

四、拒食问题的矫正

拒食问题包括两种情况:一种是犬只接受主人或家庭成员饲喂的食物,而拒绝接受其他人提供的食物;另一种情况是犬接受任何人提供的食物。因为不同人的需求不同,这两种行为会对主人带来不同的问题。当主人不在时,前者会造成其他人无法对犬提供照料,后者可能会因犬误食食物而处于危险之中。

第一种情况的矫正方法。该行为得以维持主要是因为主人在无意间强化了该行为,或者犬在接受陌生人提供的食物时受到了惩罚,因此矫正该行为的关键在于消除主人对该行为的强化,并强化其接受其他人提供的食物的行为,同时消除对陌生人的戒备。具体方法是:(1)为期望行为安排建立操作,增强犬对食物的欲望。在训练犬接受其他人喂食之前,要保持犬的饥饿状态,同时用犬比较喜欢的食物去训练它。(2)呈现期望行为的 S^D。因为犬接受主人的喂食,那么就是犬接受食物的 S^D。安排主人在犬的身边,助训员饲喂犬,当犬表现出嗅闻或探求或接受食物的行为时,主人和助训员都鼓励犬。如此训练多次,直到犬能愉快接受助训员的食物为止。(3)对接受食物的行为实施泛化。在(2)的基础上,不断更换助训员,接受任何助训员的食物的行为都可以获得主人的奖励,并且任何助训员都不会对犬造成伤害。那么犬慢慢的就会接受其他人的饲喂。

第二种情况的矫正方法。这种情况下,食物是维持该问题行为的强化物,可以消退和惩罚程序矫正该问题。具体方法是:(1)主人主动带犬到助训员身边,但不再能从助训员那里得到食物。(2)安排取消操作,降低食物对犬的吸引力,同时对犬接受食物的行为实施惩罚。在犬接受训练之前保持犬的饱食感,助训员主动喂食物给犬,当犬准备接受食物时,助训员施加厌恶刺激,如击打犬嘴巴或发出异常的声音刺激。当犬不再试图接受食物时,主人奖励犬。如此反复训练多次。(3)安排建立操作,加大惩罚强度,增强犬对食物诱惑的抵抗能力。保持犬的饥饿感,让助训员饲喂犬喜欢吃的食物,当犬准备接受食物时,主人施加电击刺激或提拉牵引带,并下"非"的口令。当犬不再试图接受助训员的食物时,主人使用犬更喜欢吃的食物予以奖励。(4)对拒食行为实施泛化。不断更换助训员,重复(3)的训练方法,直到犬拒绝接受任何人提供的食物为止。

五、扑人问题的矫正

犬扑人的行为主要表现为犬将前肢扒在主人身上或者扒在陌生人身上。扒在陌生人身上时,容易使人受到惊吓,将老人或小孩扑到而造成伤害。该行为既可能是因为主人无意间的强化造成的,比如犬扒在主人身上时,主人温柔的抚摸它或拥抱它,从而强化了该行为。也可能是陌生人的恐惧或犬从其他人身上获得了强化物,从而强化了该行为。那么,维持该行为的强化可能是主人的抚摸或拥抱、陌生人的恐惧躲避行为或陌生人施予的强化物。对该行为的矫正可以采用行为消退法或施加惩罚,亦或者对替代行为进行差别强化,具体方法是:(1)实施行为消退程序。主人每次回家或去犬舍内见到犬扑过来时,不要大声呼喊犬名、抚摸犬,而应对犬不予理睬,短时间内冷落犬的扑主人行为;矫正过程中,不让助训员喂犬食物或者与犬进行互动游戏。(2)对替代行为进行差别强化。当犬扑过来时,命令犬坐下,然后主人再抚摸或奖励犬,或者主人养成蹲下抚摸犬的习惯,使犬与主人视线齐平;(3)施加惩罚。在户外牵引犬时,发现犬想扑人或随时有扑人的举动时,及时使用牵引绳制止犬,并下达"非"的口令,犬停止扑人行为后,及时给予奖励。或者当犬试图扑助训员或者刚扒到助训员身上时,助训员立刻击打犬的头部,将其从身上推下去,犬不再向身上扒时,及时给予奖励,如图7-1-3所示。

图 7-1-3　犬扑人行为

六、暴冲问题的矫正

暴冲行为的主要表现形式是犬拉着牵引带使劲向前冲,甚至主人无法控制,以至于将主人拉倒在地。该行为主要受犬内在游戏欲、自由舒缓动力的驱动,游戏欲望得到满足是维持该行为的强化物,是典型的自我正强化行为。因为无法去除维持该问题的强化物,因此行为消退法不能有效纠正该行为。可以使用普利麦克原理和惩罚程序合并使用来矫正该行为。具体方法是:(1)在犬出门前给其戴上刺钉脖圈,当犬向前冲时,刺钉脖圈会自动收紧,其前冲的力气越大,犬脖子会被刺钉脖圈扎的越不舒服(厌恶刺激),而当犬不向前冲时,刺钉脖圈就不会扎脖子(厌恶刺激消除),犬在负强化的作用下会降低向前冲的力度。(2)如果犬对刺钉刺激的耐受程度较大,那么犬主人应主动施加惩罚。当犬向前冲时,主人使劲向后猛拉脖圈。拉脖圈力度要大,必须使犬感受到强烈的痛觉,否则就不起作用。犬不向前冲时,就放松牵引带,让犬自由行走。(3)使用普利麦克原理辅助矫正。每次要出门时,先让犬坐下,主人再把门打开。如果在开门的过程中,犬激动站了起来,主人应该立即把门关上,继续让它坐着,直到犬彻底冷静下来,以坐姿等门打开为止。用高频率发生的游戏活动的机会强化犬坐等待或随行的低频率发生的活动。

第二节　犬医学辅助治疗和矫正

一、犬的攻击行为

1. 优势性攻击行为

优势性攻击行为(Dominance Aggression)是指在包括被动或主动限制犬的行为的任何情况下,犬对人一贯表现出异常的、不恰当的、前后不连贯的攻击(威胁、挑战或攻击)行为。

出现原因:该问题行为的发生主要源于对犬的社会结构、信号传播以及与犬对外界反应的误解。这种形式的攻击行为在犬的行为诊断中最为常见,性成熟的公犬(≥18 个月)占绝大多数,一部分未经阉割的青年母犬(＜1 岁)也会表现出优势性攻击行为。但母犬切除卵巢或子宫后,可能会促进优势性攻击的发展。优势性攻击行为发生的原因不包括因为食物(食物有关的攻击)、玩具(占有性攻击)或空间(领地性)而引起的争斗。

行为表现：当对四肢、嘴、头进行保定，或压迫颈部、背部或肩部时表现出反抗；当手在犬的头部上方移动给它戴犬带、项圈、犬具时，它会采取抵制行为；打扰犬的睡觉或从它身上跨过，可能会引发犬的攻击行为；当陌生人从它身边走过时，会表现得十分僵硬，竖起尾巴，当被用眼睛激怒时，可能也会发起攻击；有些犬不能忍受主人的指挥，犬就会挑战主人的指挥，当要求犬杜绝或改变这些行为问题时，它们经常会抱怨、喷鼻、打喷嚏、跺脚或嘴里发出响声。不恰当的行为矫正或训练方法，可能会增强这些犬的攻击性。

行为矫正方法：

(1)降低触发攻击行为的可辨刺激(S^D)。尽量避免易刺激犬行为发生的事情出现，回避这些事情既可以使人安全，也不会加剧行为问题。犬每一次成功对人实施威胁，都会使它这一问题行为得到加强。

(2)进行脱敏训练。脱敏训练之前，先教会犬坐、躺(若有些犬躺着会感觉舒适，反应减弱)或站立不动，能按照主人的意图行事。然后进行脱敏训练，犬必须安静地坐着，等待着与人之间发生的各种形式的相互影响(例如，得到食物、出去散步、走进门口、钻进汽车、玩耍和爱抚等)。若犬抵抗，主人不应使用强制手段，而是暂停训练。这种行为调整是一个循序渐进的过程，最初应选择在清静环境中训练，渐渐地进入到复杂的环境中。

(3)使用惩罚和差别强化。可给犬佩戴刺钉项圈，若犬向前猛扑，项圈会在犬的颈部背侧施加一定的压力，带来疼痛刺激(惩罚)。当犬不向前猛冲时，刺钉项圈的刺激会消失(负强化)。主人要在犬开始攻击前打断其行为，解除其对抗状态。项圈还可以用来预防被犬咬伤，方法是向前拉皮带圈，使末端封住犬的嘴巴。

医学辅助方法：

公犬去势后，雄激素的下降会降低犬的反应。早期去势效果更好，因为学习能解决任何行为问题。表现优势性攻击行为的青年母犬(6月龄)，如果进行早期卵巢子宫切除术会使其加恶化，最少经过一次发情周期后才可以切除卵巢。药物治疗是极有帮助的，药物既能用于减弱与优势性攻击相关的忧虑反应，又能促成行为和环境调整的执行。药物辅助治疗前，要先对犬进行全面的体格检查，包括心音听诊、全血细胞计数和血清生化检验。因为大多数药物是抗抑郁药物，可以引起心律不齐、心动过速。长期治疗需要每6~12个月重新监测一次。

具体用药：

阿密曲替林，1~2mg/kg，PO，BID(即每12h服用1次)，连服30d。3~5d内状态就会稳定，半衰期为8~12h。前10d剂量为1mg/kg，PO，BID，若病情没有好转则加大剂量。

氟苯氧丙胺,1mg/kg,PO,SID(即 24h 服用 1 次),连服 60d。稳定状态获得较慢,其化合物为蛋白结合物,故应提醒犬主人不要期望在 3 ~ 5 周内出现疗效。6 ~ 8 周后开始对疗效进行评价。

氯丙咪嗪,2mg/kg,PO,BID,连服 60d;或 1mg/kg,PO,BID,连服 14d;然后 2mg/kg,PO、连服 14d;然后 3mg/kg,PO,BID,连服 28d。稳定状态获得较慢,故犬主人可能在 3 ~ 5 周内不会看到任何疗效。6 ~ 8 周后开始对疗效进行评价。

用药效果监护:①对犬的行为改变进行监护;②一旦行为得到改善且相对稳定,治疗至少要持续 1 个月的时间,然后逐渐地降低药量。若犬的问题复发或表现恶化,限定最小有效剂量;③若主人因害怕问题复发而不愿减少犬的用药量,他们就必须遵守严格的监控程序。

2. 领地性攻击行为

领地性攻击行为(Territorial Agrression)是指当另外一个个体靠近某只犬的领地时,其表现出的攻击性行为。尽管靠近的一方试图调停或者希望和平,但这只犬的攻击行为仍随着距离的减少而增强,这就是领地性攻击。

行为表现:

(1)未去势的公犬比其他犬的巡逻次数更多,而未绝育的母犬或带着小工作犬的犬也大量地表现出领土划线现象。

(2)犬舍、篱笆(有形或无形)、拴犬链、拴犬绳子和奔跑都能使这一行为的强度加重,使犬在进行攻击方面更加自信。

(3)性成熟时,反应加强。恐惧性攻击行为可以与领地性攻击行为同时发生,两者在性成熟时都会加重。表现出与领域行为的不确定性相关的症状(例如肩部和骨盆部被毛竖立、耳朵后背),前进 - 倒退行为的犬,会同时表现出恐惧性和领域性两个行为。

行为矫正方法:

(1)犬主人不要长时间将犬隔绝在篱笆、通道或犬舍中,因为这样将使其不确定性升级,会提高了它们的行为反应。犬主人可经常性牵引犬外出进行环境适应。

(2)主人与犬共同在犬舍中或者将犬单独拴系在犬舍中,然后陌生人或陌生人牵引其他动物从犬舍旁边经过,当犬发出威胁声音或出现攻击动作,主人对犬进行呵斥、惩罚,当犬停下其行为后,主人进行奖励,如此反复训练多次;当主人在身边犬能控制其行为后,即可进行主人不在身边的训练,将犬单独拴系或放置犬舍,主人隐藏起来,陌生人从犬舍或犬附近经过,当犬有攻击行为时,犬主人立即冲出来呵斥。如果犬没有表现出攻击行为,则主人来到犬身边奖励它(对替代行为的差别强化)。反复训练,直至犬适应。

医学辅助方法:

去势或卵巢子宫切除术仅能调整犬的这一行为反应,并不能制止领地性行为。作为综合治疗中的一部分,使用药物辅助治疗是非常有用的,既能降低与攻击行为有关的忧虑反应,又能促成行为和环境调整的实施。对攻击犬可以应用阿米替林。

3. 保护性攻击行为

保护性攻击行为(Protective Aggression)是指当在第三方靠近一个或几个个体时,尽管并不存在来自第三方的实际威胁,犬不断表现出的攻击行为。尽管被保护的一方试图调停、纠正或期望相互影响,但距离的缩短或能够表示兴奋,或威胁的语言,或身体的暗示都使攻击加强。常见的主要是食物保护性攻击和物品保护性攻击。

行为表现:犬会对任何试图接近其范围内的食物或物品的人或动物发出威胁声音、驱退动作(扑咬、吠叫、竖毛等),直至它感到威胁消失。

行为矫正方法:

食物保护性攻击。主人可以勃圈和牵引绳控制好犬,首先一个人专门负责控制犬,另一个人投放食物,当犬吃正在进食时,走到它饭盆前把食物拿走,如果犬没有发起攻击行为,立刻将食物还给犬并给予犬口令、抚拍奖励。如果犬发动攻击行为,立即用牵引绳控制并训斥犬,如此反复训练,直到下一次训练开始再把食物还给犬。

物品保护性攻击行为。幼犬出现这个行为,可以通过要教犬放弃它的玩具,让犬习惯从它面前拿走它所喜欢的东西。对于有物品保护性攻击行为的成年犬,主人可通过牵引绳和勃圈控制好犬,选取犬喜爱程度不是非常高的物品,可以先将物品给犬玩耍,随后主人再当犬的面把物品拿走,犬没有发起攻击行为,立刻将物品再次还给犬让其玩耍。如果犬发动攻击行为,立即用牵引绳控制并训斥犬,然后重复整个过程,逐渐使用犬比较喜欢的玩具来训练。

药物辅助方法:作为综合治疗的一部分,药物是非常有用的。药物既能降低与攻击行为有关的忧虑反应,又能促成行为和环境调整的实施。用药和前面纠正领地性攻击相同。

4. 犬间攻击行为

犬间攻击行为(Interdog Aggression)是一贯的、凭意志的、先发制人的攻击,它与外界信号、危险环境或接收到的反应无关。通常并没有来自被攻击动物的威胁信号或相互影响。某种程度上,所涉及的攻击行为是正常行为。

行为表现:犬间攻击行为多为同性攻击行为,并且同性攻击行为多发生于公犬,公犬之间有好斗的特性,其之间争斗最为普遍,犬与犬之间的一个眼神、一种气味或一个动作都会引起这种争斗。犬发生这种同性攻击行为的频率高低依次为:未去势公犬、去势公犬、绝育母犬、未绝育母犬。母犬间的争斗比公犬之间争斗相对少很多。

行为矫正方法:

训练方法:主人可以训练控制犬的行为,最好能将犬分开,有些品种的犬更易发生同性争斗行为,遇到争斗的犬,必须将所有涉及的犬都进行隔离,避免出现难以制止的攻击性行为。主人不在时,有攻击行为的犬可能会旧病复发。因此,当无人管理时,要将其分开,头部颈部项圈有助于主人纠正和打断犬之间的攻击反应。

药物辅助方法:药物既能降低与攻击行为有关的忧虑反应,又能促成行为和环境调整的实施。可试用的药物包括阿米替林、氟苯氧丙胺、氯丙咪嗪。

二、犬的采食行为异常

犬的采食行为异常通常是指犬吞食食物以外的异物行为,又叫异食症或异嗜症。除吞食木片、砖头、碎布、手套、垃圾等外,犬还通常食粪。本异常行为多由环境、营养、疾病等多种因素影响形成的。

行为矫正方法:

异食癖矫正。这一异常行为一开始犬主人就要想办法打断这个行为或者用其他犬喜欢的物品正向引导,当犬已经形成异食癖,则需尽量避免犬接近它喜欢的东西,或给犬戴上一定时间的嘴套。

食粪行为矫正,除培养犬定时喂食之外,还要让犬养成良好的排泄习惯,尤其是在犬的发育成长期要多关注它,引导犬在固定地方排泄,并及时清除它的粪便。当发现犬有要吃粪便的现象时,应及时制止纠正不良行为,要把握抓住现场,过后无效原理,当场发现犬舔食粪便时立即纠正。不立即清理粪便,让犬再次接近粪便,如果犬还舔食粪便时立即惩罚,使犬认识到吃粪便主人不高兴的,会受到惩罚的,重复2~3次,如果犬接近不舔食时马上给予奖励,这样坚持一段时间犬的不良行为会得到很好的改正。

辅助方法:

加强营养。犬食物体积过少或食物中缺乏某些微量元素,如锰、铁、钴、铜、锌、硒、碘等也可造成异食癖。因此应提高饲粮质量,给予容易消化吸收的优质饲粮,使犬从饲粮中获得足够的能量以及各种必需的营养,消除动物从异物中获取营养的行为。同时,给予易消化、高吸收率的饲粮也能减少其排便量,有助于降低食粪的机会。

疾病防治:在极少数病理情况下,犬异嗜行为是由胃肠寄生虫、发炎性肠管疾病、巨食道症、食道狭窄、胰液分泌不足、甲状腺功能亢进等疾病产生食粪或异嗜现象。此时，应及时到医院就诊，对其进行针对性检查。同时，做好卫生防疫与驱虫。

三、犬的排泄行为异常

1. 不定点排便

不定点排便(Incoplete Housebreaking)的行为是一种一贯的、与年龄不符的、在不适地点或不适时间内的排泄，这与缺乏通向排泄地的通道和时机无关，也和其他行为疾病或任何身体或生理性疾病无关。

行为表现：不接近排泄地点，包括在适当的时间，拒绝接近合适的排泄点。

行为矫正方法：

当幼犬学会用报纸后，很难教会它到外面去排尿和排便。最好从一开始就教犬到外面去排泄，但可能与主人的计划不符。若训练幼犬在报纸或小盒子里排泄，那么将其放在同一个地方，最好靠近门。

按照以下方式进行卫生训练。当幼犬清醒时，每 1～2h 将其带到外面去排泄一次。或幼犬清醒时，在饭后或玩耍后 15～30min，以及在玩耍慢下来时，将其带到一个想要它排泄的地方。小工作犬排泄完后才能玩。将犬装进犬箱，可以促进卫生的训练，因为这降低了在不适地点排泄的次数，犬箱不是用来惩罚，也不是用来转移注意力的。它要足够大，犬在里能够充分伸展身体，也能转身。对犬进行卫生训练时，惩罚几乎无用。

2. 其他排泄异常

(1)忧虑性排泄，主要是分离性忧虑，当与主人没有或缺少接触时，犬所表示出的身体或行为的忧伤症状，只有主人确实不在时、才排泄；在开始的 15～30min 内，症状最为严重，任何引起忧虑的刺激都可导致排泄反应。

有必要对刺激因素加以辨别，在降低敏感性和抗条件反射作用基础上，针对引起焦虑的刺激因素的治疗是必需的、抗忧虑性药物有助于治疗。

(2)标记性排泄，在发生的频率和(或)地点上与排尿和排便不一致，带有品种特征，有别于简单的排尿和排便。在所有去势的犬中，大约 2/3 犬通过去势(如果是在青春期前)可预防或减少记号行为；子宫卵巢摘除术能减少母犬发情时的季节性记号行为，也去除了引发相应记号行为的刺激源。气味消除器在帮助犬改变反复记号的感觉方面很有用处。

(3)兴奋性排尿，当犬非常活跃，随之显示出身体或生理上的兴奋迹象时，才发生的排尿行为。当动物既不坐也不躺下，或既不接近坐也不接近于躺下时所发生的排尿行为,动物无任何被人了解的迹象,很难将其与顺从性排尿、不完全室内排尿或尿急加以分辨。

治疗的目的是不奖励与兴奋有关的行为,只有当这些犬将其膀胱排空后才去注意它们,惩罚会使其更加恶化。幼犬较年长的犬更多地表现这种行为,随着膀胱括约肌功能的增强,大多数幼犬会戒除这一行为,膀胱括约肌功能下降的犬,可辅助应用盐酸去甲麻黄碱(1~2mg kg,PO,必要时)进行治疗。

四、犬的母性行为异常

犬的母性行为是一种先天行为,是与性反射相联系的一种非条件反射。它使得分娩后的母犬能照管自己的后代。犬正常的母性行为包括做窝、咬断脐带、舔舐幼仔、哺乳、叼回离窝仔犬、偎卧供暖等。但有些犬的母性不强甚至母性丧失,出现直接咬仔、踩仔、食仔等异常行为。

出现的原因:(1)环境因素:犬舍面积过小;噪声污染;受到惊吓;温度不适宜等。(2)营养因素:饲料营养不全面,特别是蛋白质、矿物质及维生素缺乏;(3)内分泌因素:催产素、雌激素等分泌异常。(4)遗传因素:早在1988年,Vander. 等研究就发现除了环境、产仔经验、激素水平影响母犬咬杀仔犬行为外,遗传因素的贡献也很大,母性行为在不同品种和个体之间存在极大差别,这种差异主要由环境因素和遗传因素造成的。(5)疾病因素:当产后母犬发生乳房炎或其它乳房疾病时,因乳房瘙痒或疼痛,母犬往往会拒绝仔犬吸乳,当仔犬强行要吸乳时,容易导致母犬的烦躁与疼痛,从而导致咬杀仔犬行为发生。

训练矫正方法:

加强母犬后天学习行为,利用模仿训练法原理,唤醒犬的母性意识,消除母犬对新鲜事物、新环境的恐慌心理,坚持定期学习,巩固、强化母犬抚育行为,使母性行为逐渐增强。

采取"惩罚"手段,母性行为是犬本能行为,故意抓一只仔犬迫使其尖叫的方法,唤醒母犬母性本能。对于不关心仔犬的母犬,取其仔犬身上的少许附着物涂在母犬鼻尖上,母犬往往会立即舔鼻尖。然后再将幼犬放在母犬前,通过嗅闻使母犬关注仔犬、增强母性。

医疗辅助方法:

加强饲养管理,改善犬舍及其周边环境,积极治疗各种原发病,调节内分泌,可以测定不良母性行为母犬的各种激素水平,如雌激素、孕酮、泌乳素以及哺乳期诱导产生的其他激素。如雌激素含量不足而母性行为不良的母犬,可选择雌二醇治疗。

第八章　工作犬行为塑造在科目中的应用

行为塑造也称训练,是依据犬的生物学特性,对犬施以有效的影响,开发、培养、巩固和提高的过程。它是在犬先天具有的本能基础上,遵循一定的训练原理,培养犬形成各种所需要的能力,是对犬的开发和利用。

训练的作用及要求是由人和犬共同参与的一种实践活动,在这一活动中人起主导作用,犬是训练的对象。人与犬之间通过相互影响、相互作用,实现人对犬塑造的目的。训导员(主人)是训练过程中的主导,是训练目的、任务、计划、实施方案和方法的制定者和执行者。犬作为一种动物,有其自身生存和活动的规律和条件,必须遵循其规律,保障其条件。因此,训练必须遵循法定的训练原理、原则,按一定的方法进行训练。

训导员有目的地对犬施以影响,使犬能随时按照训导员的要求产生一定行为,并形成牢固的条件反射。对训导员来说,训练可以看作是不断开发犬的潜能、塑造犬的过程;对犬来说,训练是其行为不断变化的过程,是游戏、学习和被塑造。根据受训犬的素质条件差别和所训练的科目内容不同,训练所需周期的长短也不相同。

第一节　工作犬训练的原则

一、循序渐进

循序渐进是根据犬训练的客观规律分阶段、有步骤、由简单到复杂,逐步过渡的能力培养过程。在犬训练过程中,要依据犬能力形成的规律、特点及训练科目、内容的难易程度和相互关系,坚持先易后难、由简单到复杂、循序渐进地进行训练。这一原则实质上体现了犬能力形成的阶段性和渐进性。犬的每一种能力的形成,都是按一定的程序训练完成的。犬能力的培养必须严格按照训练程序和步骤进行,这些程序和步骤是犬形成各种条件反射所必须的。犬的每一种能力的养成,都不会是突发式的,而是先产生行为特征,后形成动力定型,最终形成完整的能力。

循序渐进原则还表现在训练中的难易结合,犬作业能力的提高,不可能是直线上升的,其能力的发展规律是起伏曲折的,呈波浪式、螺旋式的,这一原则符合犬的神经生理学特征。所以,在训练中为巩固犬已经建立的条件反射,训练内容一定要难易结合,易多难少,逐步提高犬的作业自信心和兴奋性,进而巩固、提高犬的作业能力。

在训练中,针对每个科目的训练步骤和阶段的要求,应根据其难易程度制约关系加以安排。例如,先训服从科目是为了给使用科目打基础,不通过服从性训练,不具备必要的基础能力,使用科目训练就无法进行。同样培养工作犬的某一种能力,也同样必须先建立基本条件反射,而后才能进一步使训练条件、环境复杂化。

二、因犬制宜原则

在犬训练过程中,依据年龄、犬种和个体的自身素质特点和神经类型,在训练方向、训练科目选择上和训练进度安排上,要因犬制宜,区别对待。这一原则体现了犬个体的特殊性和犬种的差异性,强调了在训练中具体问题具体分析,体现了灵活的训练思想。目前,世界上适合进行训练的犬种有几十个,每个犬种都有自身的优势和特点,训练价值和用途也不尽相同,如杜伯文、罗威纳犬适合做护卫使用,拉布拉多、史宾格等小型犬适合做鉴别犬和搜索犬。同一犬种依据神经类型的特点,还可以分出兴奋型犬、活泼型犬、安静型犬和弱型犬。对不同年龄和神经类型的犬进行训练时,必须考虑其特殊性和差异性,因犬施教,区别对待。为达到一定的训练目的,实施训练时,应根据不同科目的训练要求,选择不同品种的犬,并依据不同神经类型犬的生理特点采用不同的训练方法。因犬制宜地进行训练,是完成训练任务、提高训练效率的重要保证。

在训练中,根据犬的个体差异和不同反应的具体特点,要有区别地使用相应的训练手段,以最大限度地改善和提高犬的神经活动素质,培养犬的能力。犬的神经类型特性及行为反应的基本特征,是实施因犬制宜原则的基本依据。在犬训练中应从两方面理解这一原则:一方面是训练方法,要具有与犬的个体特点相适应的针对性;另一方面是所需要培养的作业能力要与犬的个体特点相适合。这也就是因材施教、量才定向、因势利导,既要适应犬个体特点,加速其能力培养,又要逐渐改善其不足,使神经特性有所发展。否则,脱离犬个体实际,只凭主观意愿进行训练,必将是徒劳无效的。

三、巩固提则

巩固提高是犬训练所遵循的一个重要原则。在犬训练过程中,要不断巩固犬已形成的能力,在巩固的基础上增加训练的内容和难度,提高犬的作业能力。犬所形成的各种能力,都是在其所具有的本能的基础上,通过后天学习和培养而获得的。在犬训练过程中,犬各种能力的形成需要一定的时间和过程。一种能力形成后,如果不经常进行复习和重复训练,那么犬的这种能力会逐渐减弱和消退。因此,犬训练需要适时不断地进行复习,在巩固已形成的能力的基础上,进行新的能力培养和训练。犬训练的内容之间有的是相互联系的递进关系,前一种能力是后一种能力的基础,这种情况下,巩固前一种能力更为重要,是保证后一种能力形成的前提。同时,进行新能力的训练过程,也是对已有能力的复习和巩固。有的训练内容之间是不相干的或者说是没有直接联系的,在这种情况下训练新的内容、形成新的能力时,更需要对已有的能力进行复习和巩固,避免一种新能力的形成导致另一种能力的消退或丢失。

第二节　工作犬基础科目塑造

一、坐

1. 坐的标准姿势:前肢垂直,后肢弯曲,跗关节以下着地,头自然抬起,尾自然平伸于后。

2. 坐的形式:正面坐和左侧坐两种形式。

3. 主要的条件刺激:坐科目的口令为"坐",手势为右大臂向外伸与地面平行,小臂与地面垂直,掌心向前,成形。左侧坐的手势是左手轻拍左腹部。

4. 主要的强化物:物品或食物。

5. 训练方法:

建立操作:通过饥饿保持犬对食物的欲望;通过物品逗引,提高犬对物品的兴趣。

刺激促进:站在或跪在犬面前,手握食物或物品,举到它头上方高一点的位置。慢慢拿着食物或物品往犬的头部后上方移动,让它的鼻子朝上,臀部下沉。如果犬的臀部没有向下蹲,则继续朝犬的后上方移动食物或物品。一旦犬的屁股触地,马上奖励给犬食物或者物品,同时说"好",予以强化。

引导服从:如果犬对食物或物品不感兴趣的,可以用一只手向上提拉犬的脖圈,另一只手按压犬的腰部,犬坐下后立马予以奖励强化。随着犬的训练能力上升,慢慢延迟奖励时间,让犬保持坐姿一会儿后再进行奖励强化。

坐姿训练需注意几点:"坐"训练初期,需在相对清静的环境下进行,便于犬不会受到外界的干扰,能更加集中注意力;训练之初犬坐姿不标准,出现臀部偏移的情况时,无需急于纠正,待犬具备一定的"坐"的能力后,再进行相关纠正。否则,犬可能会因为受到强迫而破坏坐姿或者产生害怕心理,逃避该训练。

在进行远距离坐姿训练时,结束训练时主人每次都要回到犬身边进行奖励,不应将犬唤回身边奖励,易让犬产生不良联系;培养犬长时间保持"坐"时需要有耐心,把握每次训练时间长短、距离远近,尤其是兴奋度相对较高的犬;当犬自动解除坐姿时,需及时纠正,方法是在犬欲动而未完全破坏时进行纠正,并且,对犬的刺激量也需适当加强,如图8-2-1所示。

图8-2-1 坐姿训练

二、匍匐

1. 口令:"匍"或"匍匐"。手势:右手指向前进方向并轻接触地面。

2. 标准姿势:犬在匍匐训练时,不分条件,都能按照主人的指挥做出匍匐动作,并且要方向正确、姿势正确、有耐力。

3.训练方法

初期训练:当犬具备了坐和卧下的条件反射后开始进行匍匐训练,选择一块相对清静、平坦松软的地面作为训练场地,指挥犬在主人的左侧卧下,主人取前弓步或者蹲下,右手拿食物或者衔取物品做引诱,左手握住牵引带,向犬前方拉扯(刺激促进),并对犬发出"匍"的口令和手势。当犬在食物或者物品的引诱及器械刺激作用下向前匍匐时,即用"好"的口令进行奖励,如果犬想起身时,需用手按压犬的背部,并通过牵引带拉扯,重复"匍"口令,当犬匍匐前进后再进行食物或物品等奖励,如此反复训练,直至犬对口令、手势形成条件反射。

提升训练:当犬对"匍"的口令及手势形成一定条件反射后,需逐步培养犬独自匍匐前进的能力。这个提升阶段,主人可将诱导的物品或食物放置的远一些,也可以在犬的周围进行指挥,当犬匍匐能力达到 10 米以上,可以适当减少诱导物,并且主人指挥犬的距离也相应拉开。

该科目训练对于犬来说,相对枯燥乏味,而且体力消耗较大,在训练过程要把握训练量,不能过度频繁、连续的训练,以免产生超限抑制,同时运用好强迫及奖励手段,保持犬的训练状态。

三、立

1.站立的标准姿势:四肢根据其生理特点伸直,两前肢处于同一水平线,头自然抬起,尾自然放松。

2.立的形式:正面站立和左侧站立两种形式。

3.主要的条件刺激:口令为"立"。正面立手势:右臂自然伸直,以肩为轴向上挥与地面平行,掌心向上,手指并拢。侧面立手势:右臂以肘关节为轴紧贴胸前向上挥与地面平行,掌心向上,手指并拢。

4.训练方法

刺激促进:第一种方法是强迫法:犬处于左侧坐的姿势,主人右手持牵引带,左手置于犬左侧的腹股沟,主人下达口令,右手向犬的正前方水平移动拉扯犬的牵引带,待犬被迫完成立的姿势,右手迅速挡住腹股关节,防止犬向前移动。待犬完全静止不动后,迅速施以奖励,多次结合,反复训练即可,直至犬形成条件反射。第二种是诱导法:利用犬对诱导物的渴望,将食物放在犬嘴边,当主人手水平移动时,犬为获得诱导物而起身站立,待犬完全站立,手持诱导物静止不动,并给予犬奖励。多次结合,反复训练即可,直至犬形成条件反射。

5. 操作要领

（1）此科目训练中工作犬有向前移动的趋势,故前期训练要一开始就防患于未然如图 8 - 2 - 2、图 8 - 2 - 3 所示。游散奖励时,向工作犬的后方或者斜后方跑动,切勿向前方跑动。

（2）对于一些敏感的工作犬,牵引带可以从腹部下,缓慢的穿过,拉扯时力度的大小要因犬而异。

（3）牵引带向前拉扯为水平方向,切勿向上提拉。

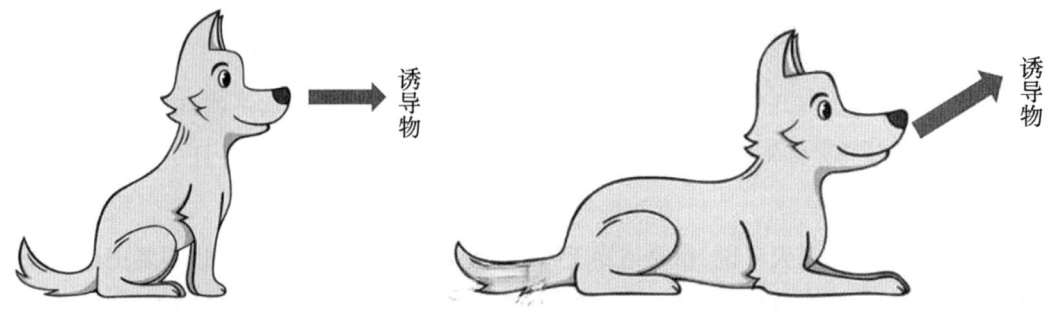

图 8 - 2 - 2 诱导物方位

图 8 - 2 - 3 犬训练的状态

四、前进

前进课目是指犬按照主人的指挥迅速独立前行并能根据指挥迅速卧下的能力。前进体现着犬良好的服从性,为搜索和巡逻作业奠定基础。

1.前进科目的组成:前进科目包含两个过程,即"去"和"卧"。因此,在训练中也应分步骤分别培养快速"去"和远距离指挥"卧"。

2.主要的条件刺激:前进课目根据不同阶段口令分别是"去"和"卧"。前进课目包括"去"和"卧"两个手势,"去"的手势是右臂伸向前,掌心向里,指示前进方向。"卧"的手势是右臂上举,然后直臂向前压下与地面平行,掌心向下。

3.训练方法

(1)诱导加奖励:

第一个阶段的训练:主人用喜欢衔取的物品逗引工作犬,令工作犬左侧坐,处延缓状态,放置在犬面前约8－10m处,回到工作犬身边,下达口令,工作犬前去衔取,奖励结束。此阶段的训练重点在让工作犬理解前进的口令和手势的意图。

第二个阶段的训练:同样的地点,将衔取物品放置在高处等不容易得到的地方,也可以让助训员手举衔取物品。达口令,工作犬前去衔取,由于工作犬无法立即得到衔取物品会自然停下来,此时下达"卧下"的口令,犬完成卧的动作,主人奖励犬并跑到放置衔取物品的地方,给犬衔取奖励。也可以令助训员抛给犬衔取物品奖励。此阶段的训练重点在让犬理解得到衔取物品前要完成卧下的姿势。

第三个阶段的训练:逐渐将诱导的衔取物品消失在工作犬的视野里,通过"欺骗"的手段让犬误认为衔取物品依然存在。下达口令,待犬完成规定的动作后,主人迅速奖励工作犬。多次结合,反复训练即可,直至犬形成条件反射。此阶段的训练重点在让犬理解无论有无诱导物,只要完成动作,最终都会得到诱导物。

(2)强迫加奖励:

第一个阶段的训练:主人令工作犬左侧坐,处延缓状态,直接下达"去"的口令,一起牵引工作犬向前方跑动,边跑动边奖励工作犬,跑至8－10m处停止,充分奖励犬。

第二个阶段的训练:在带领工作犬向前跑动的过程中,逐渐拉开主人与犬的距离。工作犬在离开主人的第一步就要着重强化奖励工作犬。直至主人站立不动指挥犬前进,奖励时可以直接将物品抛在工作犬的前面来增加犬的前进动力。

第三个阶段的训练:在以上训练的基础上,增加"卧下"的口令,待工作犬完成后,主人跑到工作犬的身边强化奖励。多次结合,反复训练即可,直至犬形成条件反射。

4.操作要领

(1)遵循易多难少的训练的原则,增加工作犬的自信心及余兴。

(2)真送和假送相互结合,必要时可借助助训员的帮助。

(3)当犬到达诱导物的位置后,出现犹豫的情况时,立即下达卧的口令。

(4)前进的距离要经常变化,避免犬未经口令而自动卧下。

(5)前进与前来的科目衔接不能过于频繁。

五、衔取

1.口令:"衔""吐"。

2.手势:右手指向所要衔取的物品。

3.训练方法

(1)衔取的兴奋性训练

在亲和关系培养阶段,训导员对犬具备一定了解的基础上,选择犬喜欢的物品为突破口进行兴奋性挑引。选择相对清净的训练环境,散放好犬。将犬拴系在富有弹性的扑咬杆上,或者放置在隔离网后,或者训导员左手牵引犬等方式,训导员右手持有衔取物品通过模拟"猎物"的方式激发犬的猎取反射。将物品在犬的面前近距离挑引,位置放低,尽量突出物品(多半采用钓竿的方式)在地面上的活动。若训导员左(右)手牵引犬,右(左)手持有物品,一方面控制好犬,一方面将物品模拟"逃跑"状,但是要保证犬与物品之间的距离,不能使得犬很容易"猎杀"到"猎物"。当犬出现较高的注意力及衔取欲望进行追逐时,训导员便可施加口头奖励,在条件允许的时候可以加以抚拍奖励。待犬欲望最强,兴奋性最高时,下达"衔"的口令。犬衔到物品,立即下达"好"的口令。

下达衔取口令前,物品的状态可以是移动的,也可以是静止不动的。目的是培养犬对不同运动状态的物品同样保持高度的衔取欲望,如图8-2-4所示。

(2)衔取的持久性训练

①咬合的力量训练方法

A.在兴奋性训练的基础上,助训员给犬衔取物品,该物品应一方面便于犬咬合,一方面便于助训员抓牢。训导员牵引犬鼓励和强化犬,助训员与犬拉扯时将物品用力向下压,同时跟随犬的节奏向犬的方向缓慢前进,营造犬"获胜"的氛围,其间助训员不发出声音,更不能奖励犬。训练前助训员要与训导员进行沟通。当助训员感到犬的力量较大时,突然放手,训导员立即奖励并向前带犬跑动。该训练方法有利于培养犬的自信。

对人有被动反应的犬可以通过与其他犬拉扯争夺"物品"的方式提高咬合力。选择适口性较好的物品,长度最好不少于0.5m。选择一头自信心略好的犬作为陪练,拴系在犬一旁,助训员挑引陪练的犬并引导其衔取到物品的一端,助训员水平拉扯另一端,缓慢将物品的这一端送到犬面前,训导员令犬衔取。当犬也衔住物品的另一端后,训导员立即向自身方向水平拉紧犬位于肩背带上的牵引带,并充分鼓励犬用力向后拉扯。助训员来到陪练的犬身边,当其牵引带绷紧达到长度极限时,根据犬的咬合情况最佳时,人为干预陪练的犬令其松口吐掉物品,给予一定的奖励。犬"赢得"物品瞬间,训导员予以奖励。

图8-2-4　犬的衔取欲望

B.拉扯互动游戏。即"拔河游戏"(Tug of war),在犬对人不再被动反应后,自信和力量逐渐增强时,在以上训练的基础上适时进行犬与训导员之间的"拔河"游戏,操作同上。对成年犬尤其是公犬训练时,为突出犬的服从性以及训导员的权威,训导员要"赢得"游戏;或者在拉扯过程中手部保持不动,对犬下达"吐"的口令,再立即给予犬衔取奖励,通过这种服从性科目让犬"赢得"游戏。考虑到高原环境,受训犬体能消耗较大,该游戏应达到训练目的后适可而止,不宜长时间与受训犬拉扯。

②占有欲训练方法

A.竞争与模仿,集体挑引和衔取。助训员对数头犬集体进行物品的挑引,对犬逐一进行衔取及拉扯,其他犬在一边观看,如图8-2-5所示。每次以犬的获胜结束拉扯,并保证获胜的犬在其他观看的犬身边经过,以满足该犬的荣誉感和虚荣心。

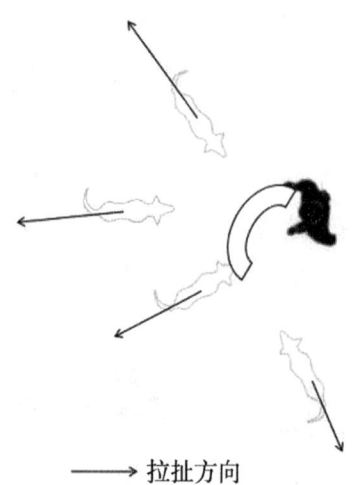

⟶ 拉扯方向

图图 8-2-5　高原地区工作犬集体挑引训练示意图

B. 激烈竞争。选择一定长度的衔取物品如麻棒,两端给予两头犬进行衔取,助训员握紧物品中间向犬相反的方向拉扯,两名训导员分别拉紧各自的犬并保持一定的角度和间距避免犬相互干扰甚至打斗,如图 8-2-6 所示。待两头犬积极向后拉扯时,助训员俯下身姿与犬持平,并顺势向前慢慢推进,最后在两头犬满口咬合、发力撕咬时,助训员放掉物品,训导员奖励犬。

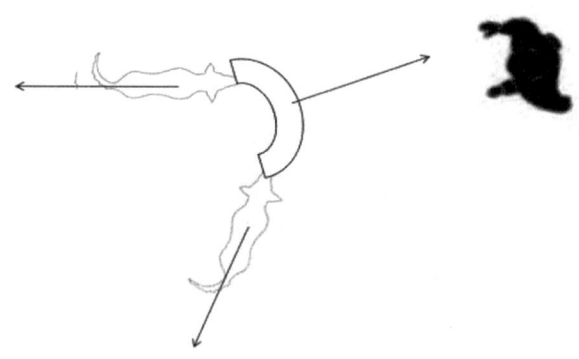

图 8-2-6　激烈竞争

C. 食物激励法。选择犬喜欢的食物如骨头,用材质较软的丝织品,如纱布和毛巾将骨头包裹住;或者在毛巾卷上涂有食物味道;或者将食物如颗粒料放置在带孔的物品内。训导员戴好保护性强的手套,在衔取前对犬进行充分地挑引后,用手掌包住物品,待犬用吻部、爪子等用力一点一点"努力打开"物品才得以衔取时,训导员给予奖励,在犬整个期间要不断地强化犬,每次衔取的时间不能过长,待衔取意愿下降之前便引导犬吐物如图 8-2-7 所示。

图 8 - 2 - 7　食物激励法

(3)衔取的服从性训练

①衔取训练方法

A. 不衔取的纠正。针对物品的衔取欲、占有欲、游戏欲表现不强烈或者暂时不强烈的受训犬,应提前加强犬对衔取物品的"适应"。将犬用肩背带及牵引带拴系好,犬脖颈套上窒息环。训导员面向犬,选择一个质地轻便、适口性好的长条形物品,如软质小麻棒。左手持该物品,窒息环绳结的末端套在右手"虎口"位置,腾出右手手指,用右手的大拇指及其余四个手指分别轻轻挤压犬的唇边两侧,作出承托状,打开犬的口腔。立即将左手的物品横向放置在犬的上下牙齿之间,下达"衔"的口令。右手向上轻托,左手向下轻压,使得犬的口腔做闭合状,同时立即用温和和鼓励的口令及表情强化犬,左手前后抚摸犬的鼻腔上方及额头。若犬有所抵触或者松口,训导员下达"衔"的口令,同时右手向身体内侧水平拉扯犬,施加负强化,窒息环拉扯的力度要适中。当犬抵触略微有所缓和,能够衔物品时,立即放松窒息环的拉扯,使犬放轻松,同时对犬施加口令奖励。

B. 犬乱衔取的纠正。将犬用固定长度的训练长绳(如10m)拴系牢固,训导员手持训练绳并控制好犬,犬置于拴系的位置呈自然状态,在距离犬10m的地方布设一助训员,助训员保持安静用衔取物品做玩耍动作,此时,训导员突然松开手术中的长绳,保持安静。当犬冲出欲衔取物品时,会被固定的绳子瞬间绷紧时的反向作用力"拉扯",当犬

189

停止衔取的行为而观察训导员时,先是口令奖励犬,并迅速给予物品奖励。

在以上训练基础上,训导员将犬置于左侧坐延缓状态,左手持牵引带并保持松弛状态,右手缓慢在犬前面的地面上放置一物品,并保证物品静止。若犬欲破坏延缓而去衔取,训导员立即加以正;若犬能够保持延缓状态注视着物品,训导员立即下达"衔"的口令予以衔取,给予奖励。

②吐物训练方法

通过一定时间的训练后,犬对物品已经产生了强烈的衔取欲望,可对犬进行吐物品训练。

第一阶段,启蒙阶段训练。训导员在日常的饲养管理中有意识地培养犬对放口的"吐"口令的敏感度,在犬自由状态下,未被某个事物所吸引时,训导员突然下达"吐"口令,若犬能有所反应(注意训导员),训导员应立即给予奖励。该训练类似前来训练,着重培养犬对训导员口令将奖励紧密的联系在一起。

第二阶段,助训员辅助训练。在犬衔取的基础上,助训员手持牵引带在一旁站好,当听到训导员下口令"吐"时,助训员立即采取扯拉牵引带的方式刺激犬并使犬将口中物品吐出,训导员立即用其他形式的奖励手段奖励犬。

第三阶段训练

A. 窒息法。训导员下达吐的口令,通过提拉脖圈或者拉紧窒息环的方式,增加犬的不适感,触发犬吐物。

B. 压舌法。训导员下达吐的口令,用光滑细长的杆状物,如金属镊子按压犬的舌根部位,引发犬不适从而吐物。即便犬衔取满口,依然可以从犬的唇边伸进舌根处,但是要避免撬压牙齿。

C. 诱骗法。用犬更加喜欢的物品,或者瞬间移动的物品激发犬的猎取欲望分散犬的注意力。训导员下达"吐"的口令,当犬去衔取物品时,助训员迅速撤走衔取物品,助训员撤掉物品同时给予奖励。若奖励效果不佳,则可以适当用物品直接奖励。

D. 机械刺激。包括使用电刺激脖圈、对犬耳朵吹气,拧耳朵等办法,但是以上方法仅对个别犬有效,另外对人对犬都具有一定的风险性。

E. 重复奖励法。利用动物机体的"疲劳现象"(注:某种刺激可以诱发动物的一种行为,如果这种刺激在短时间内反复多次出现,那么这种行为就会逐渐减弱,甚至完全消失,这就是行为反应的疲劳现象),即用物品本身作为犬吐的奖励,反反复复,经过大量的循环训练,逐渐降低犬对物品的过激反应,平衡犬的欲望,待犬逐渐能主动完成吐,训导员用其他奖励方式如实物奖励强化犬。

F.“双球”训练法。同时使用两个相同的训练物品,初期训练时训导员左、右手各持一绳球,左手逗引、右手静止,令犬衔左手绳球,当犬衔住后适当进行扯拉游戏,当扯拉结束左手呈静止状,右手逗引,将犬注意力吸引至右手绳球,并下达衔的口令,当犬吐下训导员左手物品,衔取训导员右手物品时,及时给予口令及扯拉游戏奖励。如此往复开展训练,令犬衔动不衔静,吐物训练即训成。

（4）衔取的规范性训练

犬衔取的不规范表现主要体现在随意咀嚼物品、随意吐物、衔取不饱满等。

选择软硬程度适中,弹性不强但适合拉扯和拖拽的物品,如带有结实细绳的软质麻棒。衔取前对犬进行简单的衔取兴奋性挑引,训导员左手控制好牵引带呈松弛状态,右手持链接物品的细绳,下达衔取的口令,犬衔取后水平方向牵引犬走动或者跑动起来,不能给犬停下来吐物、撕扯物品的机会,此时犬为了不让物品脱落会一直衔取,训导员给予口令、抚拍奖励。

犬在跑动等行进过程中出现咀嚼物品时,训导员一边带犬一边右手轻微拉扯或抖动链接物品的细绳,复活犬的“猎物”,激发犬的“紧张感”,令犬达到满口咬合并保持该状态的目的,此过程中犬咀嚼或者“捣口”是为了更好地将物品咬合饱满,当犬调整好咬合位置时应及时给予犬奖励。

训导员与犬做拉扯游戏时,若是因为犬咀嚼和随意吐物造成的物品脱落,训导员要迅速控制犬或物品,使犬不能再次衔取到脱落的物品。完成以上动作后,再使用该物品对犬进行充分调引,当犬衔取欲望被激发出来后,迅速做佯装抛物的动作结束训练,以惩罚犬的咀嚼、乱吐物品行为。若是因为训导员操作不当造成的物品脱落,训导员要训练给予犬再次衔取并及时奖励。

（三）注意事项

1.首先训导员要处于训的主导地位,表情夸张,情绪高涨,尽可能模拟和激发犬的猎取反射。奖励时机要精准,不能待犬出现游戏疲劳时才给予奖励。

2.初期训练选择质地柔软、便于进行拉扯游戏的物品,比如麻棒、毛巾、衣服等,不建议用光滑的橡胶球。训导员激发犬保护物品（猎物）的欲望,必要时可模拟犬的低吼以激发犬的争强好胜心理。

3.培养犬对物品的衔取和吐物规范性,该训练的关键点是奖励的时机要准确把握,建议用响片进行标记,而后给予奖励。训导员的接物动作不能突然,食物奖励也不应过早、过多,只能在接物后给予奖励,防止犬提前吐掉物品。禁止受训犬在运动状态下吐物,否则会影响衔取前来的训练。

4.训练中不建议选择发声发光的物品,尤其是犬用力咬合后可以发声发光的物品。声光可以激发犬的探求,令犬主动衔取,但是亦可使犬不自觉地咀嚼该物品。

5.训练犬吐物时,应结合多种奖励方式进行训练,禁止长期使用食物换取物品的训练方式进行训练。

6.经常更换衔取物品以及逗引的方法手段,培养犬衔取的多样性,为以后使用科目的训练奠定良好的基础;及时制止犬随意乱衔物品的不良联系,培养犬按训导员指挥进行衔取的良好服从性;每次与犬拉扯物品时要注意力度,要让犬感受到挑战,不能让犬轻易获胜,又不能挫伤犬的自信。提拉犬脖圈使用窒息法训练犬吐物时,要把握令犬窒息的时间,不能用力拉扯犬衔取的物品,而是犬感受到窒息而自动吐下物品。

7.循序渐进,先易后难,难易结合,后期应多送物,少抛物,送物和抛物相结合。

8.为保持和提高犬衔取的兴奋性,应选用和经常更换犬喜爱的物品。

9.初期在较小的室内环境开展训练,有利于犬衔物前来的训练。

10.有的训导员有下意识习惯去"拿"、"抢"犬的物品,而不是第一时间去奖励犬,造成犬不愿意回到训导员的身边。因此犬来到训导员身边后,训导员应给予充分地奖励,将犬回到训导员身边与失去物品这两者之间的联系分开。

11.避免犬只衔取移动物品,不衔取静止物品,训导员奖励时不应经常采用抛掷物品的方式。

12.在移动物品进行挑引时,待物品彻底静止后再下达衔取的口令,令犬衔取,而不是仅仅训练犬衔取移动状态下的物品。

13.训练衔取的次数不能连续过多,多挑引少衔取,保持余兴,对犬的每次正确衔取,都应加以充分奖励。

六、越障

1.口令:"跳""上""下"。

2.手势:右手向障碍物一挥。

3.训练方法

(1)跳跃障碍

方法一:主人将犬牵引至距离障碍板墙5米左右处,用牵引带牵着犬一起跑向障碍物,当到达障碍物时,对犬下达"跳"的口令,当犬跳过后主人需立即予以奖励,然后可进行反复几次的训练再结束。

方法二:相对衔取欲望高涨的犬,可以通过逗引衔取的方式来进行越障训练。主人将犬带至障碍物前几米处,拿出犬喜欢的物品进行逗引,当犬的衔取欲望高涨后,将物品抛过障碍物,然后牵引犬越过障碍物,同时下达"跳"口令,待犬跳过后,让犬去衔取该物品,充分奖励犬。

方法三:对于食物反射较强烈的犬,可以放犬的面把犬喜欢的食物迅速抛过障碍物,然后牵引犬追逐食物越过障碍物。

方法四:利用犬的防御反射进行训练,让助训员站在障碍物的背面,使犬能看到助训员,然后对犬进行一番挑逗,当犬被挑逗的扑咬欲望起来后,助训员假装逃跑,主人牵引犬从障碍物正面向助训员扑去,到达障碍物时,下达"跳"口令,越过障碍物后,对犬进行奖励。

（2）登降

主人将犬带到平台的阶梯前,对犬发出"上"的口令和手势,陪同犬一起登降,在上阶梯时,需不断对犬发出"上"和"好"的口令,以刺激犬的兴奋性,当犬登上平台后,立即给予犬奖励。如犬不敢登阶梯,可以使用犬喜欢的物品或食物进行诱导,将食物或物品置于阶梯上层,引导犬上阶梯,下达"上"口令,犬为了快速获得食物或物品,会不顾一切的向上攀爬。在犬不断向上攀爬过程中,主人需不断重复"上""好"口令,激励犬向上攀爬。如物品或食物对犬引诱没有效果,主人也可以采取强迫手段将犬拉扯上平台,具体操作方法是主人先将犬置于阶梯前,然后手持牵引带登上阶梯,对犬下达"上"的口令,同时用手中的牵引带拉扯犬,迫使犬登上平台,当犬登上平台后,撤去拉扯行为,及时通过"好"口令、食物或物品对犬进行奖励。下阶梯训练方法与上阶梯类似,可同理使用。

七、吠叫

吠叫科目是指犬能根据主人指挥一次或连续多次吠叫的能力。吠叫科目既是一种服从科目,又是搜捕、搜尸等使用科目的基础。吠叫科目在一定条件下可以提高犬兴奋性。

1. 主要的条件刺激:口令为"叫",手势为右手食指在胸前点动。

2. 主要的非条件刺激:食物、物品、防御反射等引诱手段。

3. 训练方法

兴奋活泼类型的受训犬,天生喜欢通过吠叫进行同类间的沟通。基于操作式条件反射的原理,训导员针对此类型的犬,可利用观察并捕捉受训犬自发吠叫的时机进行奖励,使得受训犬建立最基本的条件反射。但是当此类犬具备了基本条件反射之后,若不依据训导员指挥乱叫,此时不应给予奖励,否则受训犬的吠叫科目易形成不良联系。

（1）防御反射训练法。用受训犬自我防护的潜在意识和本能，在相对清静的环境下，待受训犬充分熟悉周边环境后，选择受训犬陌生的助训员与训导员一同与受训犬相对而立，形成受训犬、训导员、助训员在同一条直线上，这样受训犬既可以看到训导员的手势，又易被助训员激发防御反射。首先，助训员站在训导员的前面，伴装攻击和刺激（模仿犬类的威胁性的低吼，或者夸张的进攻姿态）受训犬，受训犬自发的吠叫后，助训员停止"攻击"并呈弱势向后"败退"，训导员迅速地施以奖励。其次，助训员站在训导员的后面，便于训导员更好地掌握奖励时机，操作同上。待受训犬能够较为主动和频繁的吠叫后，训导员在受训犬吠叫前植入口令和手势（一次口令和手势足矣，避免重复下达口令）。最后，助训员挑引的动作、声音等刺激量逐渐减小直至消失，直至受训犬的吠叫条件反射形成。

（2）亲和关系训练法。此方法适用于依恋性特别好的受训犬，将受训犬带到生疏的地点，将其拴在牢固的物体上，训导员先设法引起犬的兴奋，而后立即离开犬走出一定的距离，边走边回头喊叫犬的名字，做出伴装离开和消失的样子。犬由于看到训导员走开和听到喊它的名字，就会着急而叫几声，训导员停止脚步，下达"好"的口令并迅速跑到犬的跟前，给以奖励。受训犬会发现自己的叫声可以引发训导员停住脚步并返回，这本身就是对受训犬最大的"功能性奖励"（Functional reward）。以后逐渐缩短训导员远离的距离，直至不用离开就能令受训犬吠叫为止。

（3）嫉妒心理训练法。在左右两个相近的栓系桩上，右手边栓系"助训犬"一头，左手边栓系受训犬。训导员面对两头犬，右手拿诱导物挑引甚至奖励右手边的"助训犬"，依恋性较强的受训犬一般是不愿意看到自己的主人与其他陌生犬玩耍或饲喂的，一旦出现这样的情况该受训犬会因嫉妒和焦急，进而呜咽和吠叫。当受训犬有类似行为表现时，训导员迅速给予奖励，将左手提前准备的奖励物抛给受训犬，受训犬吠叫科目的条件反射自然形成。

（4）自由反射训练法。对于自由反射较强、依恋性较高的个体，经过一整夜的休息，受训犬此时的机体得到运动和舒缓的欲望达到最高。训导员利用拂晓来到犬舍门口，不要像以往那样直接散放犬出来，而是在犬舍门口准备牵引工具及训练工具等，受训犬明白训导员的意图，因为急于像往常那样离开犬舍而发生吠叫，此时训导员迅速奖励犬并打开犬舍门令犬游散。多次结合，反复训练即可，直至犬形成条件反射。

（5）激将训练法。对食物反射、猎取反射明显的受训犬，在受训犬空腹的状态下，在清晨、黄昏这两个犬活跃期的时间段对受训犬进行喜欢的食物及物品进行挑引，激发受训犬的欲望，受训犬发出声音后立即予以奖励。在物品挑引的时候要注意挑引时要停顿一下,否则受训犬在进入猎捕状态时是不容易吠叫的。

(6)模仿训练法。对于吠叫意愿不强的个体,可以通过观摩其他已经具备巩固条件反射的其他受训犬通过吠叫获得奖励的方式训练。其他训导员及其受训犬在训练吠叫时,要保证该"表演"犬除吠叫以外没有其他附加动作,该训导员指挥一令一动一奖励,便于观摩学习的受训犬更加清晰明白如何获得奖励。

4.注意事项

(1)因犬制宜,选择适合受训犬的最佳训练方法。

(2)该科目的训练不能通过训导员强迫或者机械刺激的方法来实现,否则会适得其反。

(3)该科目为兴奋科目,利用犬比较兴奋的时间段来训练,可以达到事半功倍的效果。

(4)为了保持和提高犬吠叫的兴奋性,要不断强化和奖励正确的吠叫行为,同时也要防止连续频繁地令犬吠叫而产生抑制。

(5)不建议利用犬对其他犬的攻击欲而实现吠叫科目的训练,否则会得不偿失。

(6)对于喜欢在没有训导员指挥下乱叫的犬要加以制止、纠正。

(7)每头受训犬可以激发其吠叫的因素有很多,在日常训练中该科目可以化整为零,注意观察激发吠叫的因素,如环境、物品、特殊人员等,合理利用该因素加以训练可以快速让受训犬形成吠叫的能力。

(8)吠叫容易消耗受训犬的体能,在高原环境下是极其不利的,应避免犬不必要的吠叫以省省体力,如图8-2-8所示。

八、卧

卧科目是培养犬根据指挥迅速地卧下的服从性,并能保持一定时间延缓的能力。

1.训练目的

为了培养犬卧下的服从性,并保持卧待延缓的持久性,标准姿势为犬前肢肘部以下着地并平伸向前,与体同宽,两后肢跗关节以下着地并收紧夹于腹部两侧,头自然抬起,尾自然平伸于后。分正面卧和左侧卧。

2.口令及手势

口令:"卧下"

手势:正面卧的手势为右臂上举,然后直臂向前压下与地面平行,掌心向下。左侧卧的手势为右手从犬前面向其前下方挥伸。

图 8-2-8　犬的吠叫消耗体能

3.操作方法

（1）强迫法:令犬左侧坐,主人下蹲,右手持牵引带,左手压犬的背部,下达口令,双手同时施力,当犬达到要求完成卧下的动作,立刻施以奖励。

主人下蹲,左手绕过犬握住犬的左前肢,右手握住犬的右前肢。下达口令的同时,双手握住犬的前肢迅速的向前移,同时腋下压住犬的肩部,防止犬起身。当犬达到要求完成卧下的动作,立刻施以奖励。

（2）诱导法:令犬坐,右手持诱导物,吸引犬的注意力及兴趣,主人下达口令,右手向犬头部的下前方迅速移动至地面(或者向犬的下后方迅速移动至地面),犬为获得诱导物会自然卧下,此时给犬施以诱导物奖励。多次结合,反复训练即可,直至犬形成条件反射。

（3）结合法:在上述诱导方法的基础之上,针对一些注意力集中,但不会卧下的犬,诱导的同时用牵引带施加适当的斜向下的强迫或机械刺激,甚至向前移动犬的脚掌,迫使犬完成动作,直至犬形成条件反射。

（4）地形诱导法。个别犬在一般诱导无效和难以强迫，或者强迫下易发生不良心理反应时，此时主人要"善假于物"，利用高度在 30—40cm 的横杆或者凳子的物体，在该物体的两侧，一侧令犬坐或立，另外一侧利用诱导物诱发犬去获得，当犬即将获得的时候犬必然要采取低身姿"钻"下横杆或者石凳等物体。此时主人持有诱导物的手等同于一个开关，当犬完全"卧"下时，打开"开关"，让犬获得诱导物，得到强化。

（5）捕捉法。训练操作同坐科目。

3. 注意事项

个别受训犬不容易、不习惯完成卧下动作时，强迫的效果收获甚微，主要采取诱导和捕捉动作来完成训练。犬前肢容易呈现卧姿，但后肢较难完成。此时要施以适当的强迫和机械刺激；逐步分解和塑形，不要急于求成，先解决前肢卧下，待犬的卧下意识逐渐变强，再进行后肢卧下的训练。此科目在完成的过程中若出现犬直接躺下的情况，立即给予纠正，不予奖励，重新训练，防止不良习惯的养成。也可以利用"塑形"训练的方式，先强化犬的卧下的趋势，后续强化犬卧下动作的幅度，最终完成整体动作，如图 8 - 2 - 9 所示。

图 8 - 2 - 9　犬的卧下动作

九、前来

前来科目是培养犬根据指挥，顺利而迅速地回到主人跟前，并靠左侧或正面坐下的服从性。

1. 训练目的

为了培养犬根据口令和手势指挥而前来的服从性。要求受训犬依据指挥,快速迅速、愉快地回到主人面前坐下,等主人发出"靠"的口令后,犬从主人右侧绕过身后于左侧坐下,也可以直接并靠于主人左侧,并结合手势服从指挥。

2. 口令及手势

口令:"来"

手势:左手五指并拢,手心向下,手臂与地平行

3. 操作方法

(1)第一阶段训练

前来科目在亲和关系建立阶段就可以有意识的开展训练,例如在呼唤受训犬的名字、饲喂受训犬的时候建立对"来"口令的敏感性。前来科目训练可以理解为:在亲和关系检验中人为加上条件刺激(口令和手势),并对受训犬的动作作出进一步要求的过程。

(2)第二阶段训练

A 正序训练。助训员帮助牵引受训犬,主人当犬的面人犬分离一定距离后,主人下达"来"的手势及口令,助训员放开受训犬。主人采用引诱刺激(主人本身、姿势诱导、诱导物等)让受训犬由远及近来到主人身边,主人右手持诱导物依据受训犬的体高进行调整让受训犬定位在主人右手,待受训犬能够积极主动将吻部向前伸探,并受训犬躯体纵轴线与主人身体的横轴线垂直的时候,主人打开右手,受训犬获得奖励。

B 倒序训练。先培养受训犬的正面坐以及身体贴近主人的行为习惯,待犬精准"定位"后,逐渐增加人与犬之间距离,再命犬前来。

右手手持诱导物与身体紧密结合在一起,通过诱导物帮助受训犬定位在主人身体的某个部位(大腿、小腹部)。为日后训练撤掉诱导物、诱导手势打下基础。

随着训练的深入,受训犬可能在日后训练某个阶段不执行主人的指挥,此时当受训犬拖着长训练绳游散之际,主人手持长训练绳一端并趁受训犬不注意离开犬一定距离,然后唤犬名以引起犬注意,发出"来"的口令,同时扯拉训练绳并边向后退边收短训练绳,给予一定的强迫甚至机械刺激。当受训犬前来到主人身前时,主人立刻给予奖励。经过反复训练,犬可以根据指挥顺利来到主人身边。以后的训练可逐渐祛除长绳。

主人下达完手势后,将双手放置在自身中轴线上,帮助受训犬精准定位,右手不得与自身身体分离,帮助犬定位在主人身体的某一部位上,为日后训练做好铺垫;当受训犬没有与主人垂直时,主人应向后退,利用诱导物调整犬的姿态,直至垂直才给予奖励。主人不得迁就受训犬偏移的方向而移动;受训犬看到主人的手势,听到口令后,助训员立即放

松牵引带;受训犬在前来的过程中应口头奖励犬;喜欢衔牵引带的受训犬,训练前应去除牵引带,避免影响前来动作的连续性;受训犬前来总是偏离某一侧,主人可以利用墙面、栅栏等加以解决,如果受训犬向左偏,主人左侧站立靠墙(栅栏)。

(3)第三阶段训练

在第一阶段的基础上,受训犬正面坐,主人才给予奖励。犬正面坐的训练方式按照受训犬容易接受程度依次有以下几种:

①利用受训犬的姿势反射,调整诱导物的高度,使得受训犬为获得诱导物的同时为保证自身的身体平衡,自发完成坐姿。

②有"坐"科目基础的受训犬,主人下达口令命令受训犬完成坐姿。

③通过提示/强迫的方式,主人右手保持不变,左手在受训犬的荐骨处抚摸/向下按压,令受训犬完成坐姿。

④通过提示/强迫的方式,主人右手保持不变,左手向上提拉受训犬的脖圈,令受训犬完成坐姿。

⑤主人右手保持不变,左手在受训犬的荐骨处施加点刺激,令受训犬完成坐姿。

当受训犬前来自动正面坐的意识越来越清晰,通过延缓抑制,让受训犬等待一定时间再给予奖励。奖励后保证犬保持坐姿一定时间后再完成训练,或者等待主人下达其他动作口令,培养犬正面坐延缓的意识。

(4)第四阶段训练

当受训犬完成以上训练后,进行"归位"训练,其中归位训练有绕行归位、直接归位、跳跃归位、钻胯归位等方式。绕行归位是受训犬以主人身体为轴心,以最小半径为原则,按照顺时针方向快速完成从正面坐到左侧坐的过程;直接归位是受训犬快速摆动身体以最短路线为原则完成从正面坐到左侧坐的过程;跳跃归位是受训犬跳跃在主人身上,以前肢为支点,主人快速推摆受训犬的后肢,受训犬在空中转体180度,完成受训犬落地直接成左侧坐的过程;钻胯归位是主人左腿向左水平移出半步,受训犬从主人的胯下钻出完成左侧坐的过程。以上训练尽管归位的路线不一样,但是训练原则和方法相似。下面以绕行归位(绕靠)为例讲解。

主人右手水平牵拉受训犬的牵引带,由右手将牵引带移至左手,再由左手移至右手,将受训犬牵引至身体左侧,左手挡住受训犬的身体,避免其向外偏移,要求其紧靠主人。同时右手向上提拉脖圈,左手也可顺势下压受训犬的荐骨,强迫受训犬完成归位。

诱导的方法与上面的强迫方法类似,只是将牵引带换成诱导物。当受训犬移至主人身体左侧时,主人需要用右手的诱导物帮助受训犬定位,使得其不再向前向右移动,同时帮助犬形成自动坐。左手起到的作用同上操作。

3. 注意事项

正确使用训练绳,不可缠绕犬腿妨碍犬的行动;使用长绳时,主人要边后退边收长绳,后退的速度加上收长绳的速度要大于犬前来的速度,不能像"拔河"一样拽犬,要以抖动的方式有节奏地刺激犬,以达到加速犬行动的效果;强迫受训犬归位时,将受训犬牵引至主人身体后侧时,人向前移动小半步,避免阻挡住受训犬的身体。每次正面坐的延缓训练时间不一致,没有规律,便于受训犬集中注意力;物品奖励的效果会低于食物奖励的效果,若一定用物品奖励的话,注意通过辅助的方式保持犬的坐姿不变。

十、等待

该科目训练的目的在于可最大限度地释放人的双手。同时其有助于调节受训犬的神经活动,舒缓受训犬的压力。本科目要求犬在一定时间及空间条件下,受训犬保持某一固定姿势不变,该能力的高低是受训犬服从性好坏的直接体现。受训犬以某一姿势在一定位置(范围)内,一定时间内保持不变,直至主人下达接触口令或者其他动作口令。

1. 训练目的

调节受训犬的神经活动,舒缓受训犬的压力,培养受训犬良好的服从能力。

2. 口令及手势

口令:该科目的开始口令为"坐"或"卧"或"立",解除/结束的口令为"游散"。训练中,只有开始的口令,没有结束的口令,该训练是不完整的。受训犬容易形成不良联系,自由散漫,不利于良好服从性的养成。

手势:同"坐"或"卧"或"立"科目

3. 操作方法

(1)启蒙阶段

主人在受训犬的日常饲养管理及和受训犬游戏过程中,以食物或者物品吸引受训犬的注意力,将受训犬的神经活动调至在一个较为均衡的状态下(受训犬的注意力完全被吸引,但又不会表现出抢夺、跑跳等过激的行为和动作)。

(2)第一阶段训练(零距离)

该阶段的训练重点在于让受训犬理解延缓的含义及主人的意图,形成初步的延缓意识。以"坐延缓"为例,受训犬在主人左侧坐下后,主人左手牵好犬脖圈或者短牵保持放松状态,不能让受训犬感觉到牵引的力量。主人右手持有诱导物转移受训犬的注意力,并准备作为奖励物给受训犬施以奖励。当受训犬破坏延缓姿势(该情况下挪动位置的概率极小)时,主人左手垂直向上提拉犬脖圈施以负强化让受训犬不舒服,受训犬在姿势反射及舒缓需求的作用下重新恢复坐姿,主人左手迅速撤掉向上的作用力,同时右手施加奖励。在受训犬保持坐姿过程中,主人可以给予"好"的口令、抚拍奖励;若受训犬较为兴奋,主人给予抚摸及拖长音的"坐"的口令,帮助受训犬安静下来。

受训犬在形成"坐""卧""立"三个科目巩固的条件反射基础的条件下,命犬分别完成以上某一动作。主人站在犬身边右手持牵引带,对前两个科目,左手分别位于犬的腰角、肩胛的上方。对立延缓而言,左脚位于犬右后脚掌上方。犬若没有改变姿势,则下达缓和的相应口令,并相应地适当延长口令,施以奖励。犬若改变姿势,主人下达命令性的相应口令,并分别施加相应的机械刺激使得犬保持原有的姿势。犬恢复原有姿势后,迅速施以奖励。多次结合,反复训练即可,直至犬形成条件反射。为避免破坏亲和,针对攻击性不强的受训犬也可将主人的角色换为助训员,主人在犬的正前方指挥犬,由助训员来配合主人的指挥给受训犬实施相应的强迫或机械刺激。多次结合,反复训练即可,直至受训犬形成条件反射。该训练方式为日后,主人用口令手势在一定距离范围以外纠正受训犬打下基础。

(3)第二阶段训练(近距离、远距离)

①标记训练法。前期训练时可以在固定的地点(标记点),如石凳、门槛等训练延缓,或者用一个可以移动的标记物,如横杆等在地面做好标记,常用的训练器材为定位板(基础箱)。受训犬一旦移动位置,主人迅速纠正带回固定地点或者标记地点并给予奖励,受训犬会快速明白主人的意图。

或者基于操作式条件反射的原理,主人带受训犬在固定地点或者标记地点附近训练时,注意观察受训犬的行为,一旦受训犬进入或者停留在以上地点时,主人立即奖励。经过多次反复训练,受训犬会主动出现以上地点无论主人距离自身多远。

②恐惧心理训练法。依据不同的受训犬选择不同高度的训练高台,横截面积不超过1平方米。高台上有拴系受训犬的拴系桩,操作时将受训犬拴系在桩子上,对受训犬下达相应的延缓口令,人犬分离。此时受训犬因为恐惧和主人的依恋原因在高台的边缘保持位置不动。

以上两种训练方式只是解决受训犬延缓位置移动的问题,不能自动解决受训犬的姿势破坏问题。姿势破坏问题的依然要通过主人的口令控制及纠正,或者通过助训员与受训犬一同在训练高台上,助训员与主人共同配合,由助训员纠正受训犬的姿势破坏问题。

(4)第三阶段训练(复杂条件)

当受训犬的延缓训练满足了延缓科目在时间、距离、姿势三个要素的要求,说明受训

犬已经具备了延缓的基本能力。在此基础上,开展以下训练:

①独自延缓。在清静环境下,主人将受训犬置于某处,下达延缓口令后,消失在受训犬视线内,在暗中观察受训犬的表现。当受训犬 破坏延缓时,主人用口令控制犬,待受训犬自我纠正后,主人出现奖励受训犬。

②在复杂的训练环境中,主人用轻质的训练长绳将受训犬拴系在拴系桩上,长绳放松并置于地面上,尽量让受训犬感觉不到长绳的存在。受训犬面对诸多的诱惑,主人先近距离后远距离注意观察犬的表现,受训犬若表现正常给予奖励,若受训犬注意力在主人身上,主人可以离开在暗处观察受训犬的表现。

4.注意事项

(1)注意口令语调的变换,不同的情景使用不同的语调;机械刺激的力度要因犬制宜,不要过大也不要过小。

(2)条件下,此科目可以安排在其他科目训练结束后,利用犬易疲劳的特点开展延缓训练,缓解犬的不适。夏季训练时,地点选择阴凉的树荫或者屋檐下。

(3)初期训练时,不要与前来一起合训。

(4)初期训练时,选择情景环境为宜,每次以成功延缓结束。

(5)先从时间延缓开始,再进行空间上的距离延缓,实现人犬分离。循序渐进,再逐渐的提高延缓距离和延长延缓时间。

(6)纠正受训犬破坏延缓的最佳时刻为即将破坏或者正在破坏的瞬间。

(7)若受训犬破坏延缓后,要给以适当的强迫,再带回原处或者纠正姿势,延缓时受训犬移动位置必须让犬回到原地。

(8)对受训犬的延缓科目训练最好的奖励是游散奖励,每次结束后充分游散和游戏奖励,以便舒缓犬在延缓过程中抑制的神经活动。

(9)每次延缓训练的时间不要固定,防止受训犬形成固有的生物钟,自动解除延缓。

(10)立延缓训练中,主人回到受训犬身边奖励时,容易养成犬向前移动的毛病,发现后要及时予以纠正。

(11)基于延缓抑制的原,使得受训犬保持一定的原有姿势(坐、卧、立)不变,延缓时间从1秒、2秒、3秒……逐步延长,再给予奖励并同时下达"游散"的口令,解除原有姿势。该科目从训练要求上应从三个要素着手训练,第一个是延缓的时间,第二个是延缓的距离,第三个是延缓的姿势。第一个要素是不以人的意识为转移的;第二个要素是可以人为控制的,可近可远;第三个要素一般情况下不能轻易更改。

附 件

1 犬关键性状表型行为调查问卷

第 1 部分:训练和服从

有些工作犬比其他工作犬更听话,更容易训练。通过单击适当的选项,请说明您的工作犬在最近的以下每种情况下的训练能力或听话程度。

1. 脱绳后立即返回。

2. 立即服从"坐下"命令。

3. 立即服从"停留"命令。

4. 似乎很注意/仔细聆听你所说或所做的一切。

5. 对纠正或处罚反应迟缓;"厚脸皮"。

6. 学习新技巧或任务缓慢。

7. 容易被有趣的景象、声音或气味分散注意力。

8. 会"拿"或试图拿棍子、球或物体。

第 2 部分:侵略

有些工作犬不时表现出攻击性行为。工作犬中度攻击性的典型迹象包括吠叫、咆哮和露出牙齿。更严重的攻击通常包括咬人、冲刺、咬人或试图咬人。通过单击以下量表,请指出您自己的工作犬最近在以下每种情况下表现出攻击性行为的倾向:

9. 当您或家庭成员口头纠正或惩罚(责骂、大喊大叫等)时。

10. 牵着皮带走路/锻炼时,被不熟悉的成年人直接接近。

11. 当一个不熟悉的孩子在用皮带走路/锻炼时直接接近时。

12. 当工作犬在你的车里(例如在加油站)时,靠近工作犬的陌生人。

13. 玩具、骨头或其他物品被家庭成员带走时。

14. 由家庭成员洗澡或梳洗时。

15. 当陌生人接近您或您家中的其他成员时。

16. 当陌生人接近您或远离您家的其他家庭成员时。

17. 家庭成员在她/他吃饭时直接接近时。

18. 当邮递员或其他送货员接近您家时。

19. 当他/她的食物被家庭成员带走时。

20. 当你的工作犬在外面或院子里时,当陌生人走过你的家时。

21. 当陌生人试图抚摸或抚摸工作犬时。

22. 当你的工作犬在外面或院子里时,当慢跑者、骑自行车者、轮滑运动员或滑板者经过你家时。

23. 牵着皮带走路/锻炼时,被不熟悉的公工作犬直接接近。

24. 牵着皮带走路/锻炼时,被不熟悉的母工作犬直接接近。

25. 被家庭成员直接注视时。

26. 对拜访你家的陌生工作犬。

27. 对进入你院子的猫、松鼠或其他动物。

28. 对拜访您家的陌生人。

29. 当被另一只(不熟悉的)工作犬吠叫、咆哮或扑向时。

30. 当被家庭成员踩到时。

31. 当您或家庭成员取回被工作犬偷走的食物或物品时。

32. 对你家中的另一只(熟悉的)工作犬。

33. 当另一只(熟悉的)家养的工作犬在最喜欢的休息/睡觉的地方接近时。

34. 当另一只(熟悉的)家养的工作犬吃东西时接近时。

35. 在玩/咀嚼喜欢的玩具、骨头、物体等时被另一只(熟悉的)家犬靠近。

第3部分:恐惧和焦虑

工作犬在接触特定的声音、物体、人或情况时,有时会表现出焦虑或恐惧的迹象。轻度至中度恐惧的典型迹象包括:避免目光接触、回避恐惧的物体、蹲下或畏缩,尾巴降低或夹在两腿之间、呜咽和哀鸣、冻结、颤抖和颤抖。极度恐惧的特征是夸大的畏缩,和/或强烈的企图逃避、撤退或躲避恐惧的物体、人或情况。通过单击以下量表,请指出您自己的工作犬最近在以下每种情况下表现出恐惧行为的倾向:

36. 当一个不熟悉的成年人直接接近你的家时。

37. 当一个不熟悉的孩子直接接近你的家时。

38. 应对突然或响亮的噪音(如吸尘器、汽车回火、道路演习、物体掉落等)。

39. 当陌生人来你家时。

40. 当陌生人试图抚摸或抚摸工作犬时。

41. 在繁忙的交通中。

42. 应对人行道上或附近的陌生或不熟悉物体(如塑料垃圾袋、树叶、垃圾、旗帜飘扬等)。

43. 由兽医检查/治疗时。

44. 在雷暴、烟花汇演或类似事件期间。

45. 当一只相同或更大尺寸的不熟悉的工作犬直接接近时。

46. 当一只不熟悉的体型较小的工作犬直接接近时。

47. 当第一次接触到不熟悉的情况时(例如第一次乘车、第一次乘电梯、第一次去看兽医等)。

48. 应对风或被风吹的物体。

49. 被家庭成员剪指甲时。

50. 由家庭成员梳洗或洗澡时。

51. 当他/她的脚被家庭成员用毛巾擦过时。

52. 当不熟悉的工作犬来你家时。

53. 被不熟悉的工作犬吠叫、咆哮或扑向时。

第 4 部分:与分离有关的行为

有些工作犬在独处时会表现出焦虑或异常行为的迹象,即使是相对较短的时间。回想一下最近的过去,您的工作犬在离开或即将离开时,多久会表现出以下与分离相关的行为迹象:

54. 颤抖、颤抖或颤抖。

55. 流口水过多。

56. 不安、激动或踱步。

57. 呜咽。

58. 吠叫。

59. 嚎叫。

60. 咀嚼或抓挠门、地板、窗户、窗帘等。

61. 食欲不振。

您的工作犬是否还有其他恐惧或焦虑的情况？ 如果有,请简要描述:

第5部分:兴奋性

有些工作犬对环境中突然或可能令人兴奋的事件和干扰表现出相对较少的反应,而另一些工作犬则对最轻微的新奇事物变得高度兴奋。轻度至中度兴奋的迹象包括警觉性提高、向新奇的来源移动以及短暂的吠叫。极度兴奋的特点是普遍倾向于过度反应。易兴奋的工作犬一受到丝毫干扰就会歇斯底里地吠叫或狂叫,冲向任何兴奋的源头并绕过它,很难平静下来。通过单击以下量表,请指出您自己的工作犬最近在以下每种情况下变得容易兴奋的趋势:

62. 当您或其他家庭成员短暂离开后回家时。

63. 与您或您的其他家庭成员玩耍时。

64. 当门铃响起时。

65. 就在被带去散步之前。

66. 就在被带上汽车旅行之前。

67. 当访客到达您家时。

是否还有其他情况会导致您的工作犬有时过度兴奋？ 如果有,请简要描述:

第6部分:依恋和寻求关注

大多数工作犬都非常依恋他们的人,有些工作犬需要他们的大量关注和喜爱。回想最近的过去,您的工作犬多久表现出以下每种依恋或寻求关注的迹象:

68. 对某个家庭成员表现出强烈的依恋。

69. 倾向于跟着你(或其他家庭成员)在房子里到处走动,从一个房间到另一个房间。

70. 当你坐下时,倾向于靠近或接触你(或其他人)。

71. 当您坐下时,倾向于用吻部轻推或用爪子扒人(或其他人)以引起注意。

72. 当你(或其他人)对另一个人表达爱意时,你会变得激动(发牢骚、跳起来、试图干预)。

73.当你(或其他人)对另一只工作犬或动物表现出爱意时,会变得激动(发牢骚、跳起来、试图干预)。

第7部分:杂项

除了本问卷已经涵盖的问题外,工作犬还表现出广泛的杂项行为问题。回想最近的过去,请说明您的工作犬多久表现出以下任何行为:

74.追逐或会追逐有机会的猫。

75.追逐或将追逐鸟类。

76.追逐或将追逐松鼠、兔子和其他有机会的小动物。

77.只要有机会,就会从家或院子逃离。

78.卷入动物粪便或其他"臭"物质。

79.吃自己或其他动物的粪便或粪便。

80.咀嚼不适当的物体。

81."安装"物体、家具或人。

82.当人们吃饭时,不断地乞求食物。

83.偷食物。

84.在楼梯上紧张或害怕。

85.用皮带牵引时过分用力。

86.对家中的物品/家具小便。

87.在接近、抚摸、处理或捡起时小便。

88.独自一人在晚上或白天小便。

89.晚上或白天独自一人时会排便。

90.多动、不安、难以安定下来。

91.顽皮,幼稚,喧闹。

92.活跃,精力充沛,总是在路上。

(1)遇到其他(不熟悉的)工作犬时变得非常兴奋/分心:

(2)遇到其他(不熟悉的)人时变得非常兴奋/分心:

(3)外出走动时,很容易被气味分散注意力或全神贯注(即持续嗅闻地面或物体):

(4)难以将注意力从有趣或分散注意力的刺激(例如,其他工作犬、气味、人、小动物等)上转移开:

（5）受惊或受惊后恢复缓慢（事件发生后很长时间显得焦虑/恐惧）：

93. 专心地盯着看不到的东西。

94. 捕捉（看不见的）苍蝇。

95. 追逐自己的尾巴/后端。

96. 追逐/跟随阴影、光点等。

97. 惊恐或兴奋时不停地吠叫。

98. 过度舔自己。

99. 过度舔人或物体。

100. 表现出其他离奇、奇怪或重复的行为 * 。

2　Canine Behavioral History

Please answer the following questions and send this form (mail/fax/email) back to us. We shall then call to arrange an appointment. Specific questions about the problem behavior(s) willbe asked during your visit/telephone call.

General Information

Date: _____ Clinic #_____

Recorder: _____

Client's name: _____ Name of pet: _____

Address: _____ Breed: _____

_____ Date of Birth: _____

Zip Code: _____ Sex: _____ neutered/spayed: _____

Home phone: _____

Work/Day phone: _____

Who is your regular veterinarian:

Dr. _____

Clinic Name: _____

Address: _____

_____

Phone: _____

Fax: _____

What is the main behavior problem or complaint?

Additional problems (please list):

How frequently does the problem (or problems) occur (how many times daily, weekly or monthly):

a. Main Problem: Frequency:

b. Other Problem: Frequency:

c. Other Problem: Frequency:

Chronology Of The Behavior Problem

When did you first notice the main problem (age of dog)?

When did it first become a serious concern?

In what general circumstances does the dog misbehave?

Has this problem changed in frequency? (please describe)

Has this problem changed in intensity? (please describe)

Has this problem otherwise changed?

Describe several examples in detail:

1. Most recent incident: (Date: _____)

2. Second to last incident: (Date: _____)

3. Third to last incident: (Date: _____)

Other significant incidents:

What have you done so far to try to correct the problem?

How do you discipline your dog for this and for other misbehavior?

Home Environment

Please list the people, including yourself, living in your household. Please include ages of children:

Name Hours Away From Home

Please list all animals in the household including patient:

Name Species Breed Sex Age Obtained Age Now

In what sequence were the above animals obtained? (Please number animals in the table above.)

What is your dog's relationship to the other animals

(e. g. friendly, hostile, fearful)? Please describe:

What type of area do you live in? (Circle one) City/Town Suburbs Rural

What type of house do you live in? Please describe.

Have you moved since acquiring your dog? _____no _____yes How many times?

_____

Has your household (people or animals) changed since acquiring your dog?

_____no _____yes, please describe:

Dog's Background

Why did you decide to get a dog?

Why did you choose this breed?

Where did you get this dog (circle one): SPCA Breeder – newspaper

ad/flyer Breeder – referral Pet store Friend Stray Other: _____

Have you owned dogs before? _____yes _____no

If known: how many littermates? males _____ females _____

How many animals to choose from? _____

Why did you choose this dog over the others (please be specific):

Was a temperament test performed? _____yes _____no _____unsure

Result:

Describe your dog's behavior as a puppy:

Do you have any news about littermate behavior? (please describe)

Did you meet the parents? _____no _____yes, please describe their behavior:

Has this dog had other owners? _____no _____yes, how many? _____

Why was the dog given up? _____

At what age was your pet neutered/spayed? _____

Why was this done?

Were there any behavior changes after neutering?

If your pet is "intact" has he/she ever been bred? _____yes _____no

Are you planning to breed? _____yes _____no _____unsure

If you have an intact female, when was her last heat? Was it normal?

Diet and Feeding

What do you feed your dog? (Please be specific, e. g. brand name)

Has your dog's appetite (increased, decreased, no change)? _____

How much do you feed? (please be specific) Meal Times _____

Who feeds the dog?

Location _____

What is your dog's favorite treat?

Daily Schedule – Typical 24 hr day

Please describe a typical 24 – hour day in your dog's life:

How does the dog behave with familiar visitors?

How does the dog behave with unfamiliar visitors (childrenor adults)?

How do you exercise your dog?

Is the dog free in a fenced yard?

Is the dog tied outside?

Does the dog run free?

How do you play with your dog?

What toys does the dog have?

Is your dog housetrained? _____no _____yes How was the dog housetrained?

Does your dog ever eliminate in the house? _____no _____yes urinate _____ defecate

_____

Where does your dog sleep at night (please be specific):

Does your dog sleep (more, less, same)? _____

Where is your dog when alone in the house?

Where is your dog when you have guests?

How does your dog behave while you are leaving the house?

How does your dog behave when you return?

Obedience Training

What basic obedience training has your dog had? (Circle one)

None Trained at home Started obedience classes but didn't finish Graduated

obedience class once Graduated obedience class two or more levels

Private trainer Other _____

How old was the dog when obedience training started?

Who in the family is the primary trainer?

Does your dog have any awards or titles? (Please describe)

Has your dog had any hunting, herding, protection, attack or Schutzhund training?

What per cent of the time does your dog obey the following commands, for each member of the family:

Family MemberSitDownStayComeHeel (Don't Pull)

Does your dog know any tricks? Please describe:

Have you exhibited your dog in breed shows?

_____yes _____no _____no, but I plan to

Does your dog jump up on you or others without permission? _____yes _____no

Does your dog paw at you or at others? _____yes _____no

Does your dog lick you? _____yes _____no

Does your dog mount people? _____yes _____no

If yes, whom does he or she mount?

Does your dog mount other animals or objects? _____yes _____no Please describe:

Does your dog ever bark at you? _____no _____yes When? Please describe:

Does your dog bark at other times? Please describe:

What is your dog's activity level in general (Circle one): Low Average High Excessive

Medical History

Is your dog on any medication now, for this or other problems?

Has your dog been on medication in the past?

Date of most recent rabies vaccination: _____(1 year, 3 year)

Aggression Screen (Please Fill Out)

Animal Behavior Clinic

Cornell University

GR – growl Owner: _____

SL – snarl/bare teeth Pet: _____

SB – snap/bite Date: _____

NR – no reaction

NA – not applicable

GRSLSB NRNA

1. pet dog

2. hug dog

3. kiss dog

4. lift dog

5. call off furniture

6. push/pull off furniture

7. approach on furniture

8. disturb while resting/sleeping

9. approach while eating

10. touch while eating

11. take dog food away

12. take human food away

13. take water dish away

14. take rawhide

15. take biscuit/cookie

16. take real bone

17. take toy/object

18. approach when dog has any object/toy/bone

19. verbally punish

20. physically punish

21. visual threat

22. speak to dog (normal tone)

23. stare at dog

24. bend over dog

25. push on shoulders or back

GRSLSB NRNA

26. approach dog near spouse

27. enter room

28. leave room

29. reach toward dog

30. leash restraint

31. collar restraint

32. scruff restraint

33. put leash on/take off

34. put collar on/take off

35. bathe dog

36. towel dog

37. groom/brush dog

38. dog at groomer's

39. trim nails

40. leash/collar correction

41. response to "sit"

42. response to "down"

43. dog at veterinary clinic

44. unfamiliar adult enters house or yard

45. unfamiliar child enters house or yard

46. familiar adult enters house or yard

47. familiar child enters house or yard

48. response to toddlers/babies

49. dog in car at tollbooths, gas stations

50. unfam. adult approaches owner, dog on leash

51. unfam. child approaches owner, dog on leash

52. dog in house, sees people outside

53. response to other dogs, while on leash

54. response to other dogs, while not on leash

Where are you on a scale of 1 to 5 as follows:

1. I am here only out of curiosity – problem is not serious.

2. I would like to change the problem, but it is not serious.

3. The problem is serious and I would like to change it, but if it remains unchanged that's all right.

4. The problem is very serious and I would like to change it, but if it remains unchanged I will keep my dog.

5. The problem is very serious and I would like to change it; if it remains unchanged I will have my dog euthanized or give him/her up.

FOR AGGRESSION (TOWARDS PEOPLE) (Skip this section if aggression is not the problem):

Please answer yes or no to these characteristics of your dog's aggressive behavior:

_____attacks are sudden and surprising

_____episodes appear unprovoked

_____the dog is abruptly docile after an episode

_____the dog appears "sorry" afterwards

_____the dog appears disoriented afterwards

_____episodes are associated with a "glazed" or "absent" expression

_____I can usually tell what will set off my dog

_____the aggressive behavior isnew and uncharacteristic

Has your dog bitten and broken skin? _____yes _____no

Number of bites that broke skin:_____

Total number of bites (that did or did not break skin):_____

Total number of episodes of aggression (growling,snapping, biting):_____

Describe typical episode (eg. does dog growl, lunge or bite, and in what circumstance?):

It the dog is in the above situation 10 times, in how many of those times is aggression seen (eg. all = 100%, just one = 10%, etc.)?

Whatparts of the body has the dog bitten and how severe were the injuries?

Who is/are the target(s) of aggression?

Did your dog bite as a puppy? _____yes _____no

If yes, please describe, including age:

How old was your dog the first time he/she growled at a person?

What was the circumstance?

How old was your dog the first time he/she snapped or bit at a person?

What was the circumstance?

3 Canine Behavioral Assessment and Research Questionnaire(C – BARQ)

Table 1. CBARQ sections and items translated into European Portuguese.

Section 1: Training difficulty (frequency)

1. When off the leash, returns immediately when called.

2. Obeys the "sit" command immediately.

3. Obeys the "stay" command immediately.

4. Seems to attend/listen closely to everything you say or do.

5. Slow to respond to correction or punishment; 'thick – skinned'.

6. Slow to learn new tricks or tasks.

7. Easily distracted by interesting sights, sounds or smells.

8. Will 'fetch' or attempt to fetch sticks, balls, or objects.

Section 2: Aggression (severity)

9. When verbally corrected or punished (scolded, shouted at, etc.) by you or a household member.

10. When approached directly by an unfamiliar adult while being walked/exercised on a leash.

11. When approached directly by an unfamiliar child while being walked/exercised on a leash.

12. Toward unfamiliar persons approaching the dog while s/he is in your car (at the gas station for example).

13. When toys, bones or other objects are taken away by a household member.

14. When bathed or groomed by a household member.

15. When an unfamiliar person approaches you or another member of your family at home.

16. When unfamiliar persons approach you or another member of your family away from your home.

17. When approached directly by a household member while s/he (the dog) is eating.

18. When mailmen or other delivery workers approach your home.

19. When his/her food is taken away by a household member.

20. When strangers walk past your home while your dog is outside or in the yard.

21. When an unfamiliar person tries to touch or pet the dog.

22. When joggers, cyclists, rollerbladers or skateboarders pass your home while your dog is outside or in the yard.

23. When approached directly by an unfamiliar male dog whilebeing walked/exercised on a leash.

24. When approached directly by an unfamiliar female dog while being walked/exercised on a leash.

25. When stared at directly by a member of the household.

26. Toward unfamiliar dogs visiting your home.

27. Toward cats, squirrels or other small animals entering your yard.

28. Toward unfamiliar persons visiting your home.

29. When barked, growled, or lunged at by another (unfamiliar) dog.

30. When stepped over by a member of the household.

31. When you or a household member retrieves food or objects stolen by the dog.

32. Towards another (familiar) dog in your household (leave blank if no other dogs).

34. When approached while eating by another (familiar) household dog (leave blank if no other dogs).

35. When approached while playing with/chewing a favourite toy, bone, object, etc., by another (familiar) household dog (leave blank if no other dogs).

Section 3: Fear and anxiety (severity)

36. When approached directly by an unfamiliar adult while away from your home.

37. When approached directly by an unfamiliar child while away from your home.

38. In response to sudden or loud noises (e. g. vacuum cleaner, car backfire, road drills, objects being dropped, etc.).

39. When unfamiliar persons visit your home.

40. When an unfamiliar person tries to touch or pet the dog.

41. In heavy traffic

42. In response to strange or unfamiliar objects on or near the sidewalk (e. g. plastic trash bags, leaves, litter, flags flapping, etc.

43. When examined/treated by a veterinarian.

44. During thunderstorms, firework displays, or similar events.

45. When approached directly by an unfamiliar dog of the same or larger size

46. When approached directly by an unfamiliar dog of a smaller size.

47. When first exposed to unfamiliar situations (e. g. first car trip, first time in elevator, first visit to veterinarian, etc.)

48. In response to wind or wind – blown objects.

49. When having nails clipped by a household member.

50. When groomed or bathed by a household member.

51. Whenhaving his/her feet towelled by a member of the household.

52. When unfamiliar dogs visit your home.

53. When barked, growled, or lunged at by an unfamiliar dog.

Section 4: Separation – related behaviour (frequency)

54. Shaking, shivering or trembling.

55. Excessive salivation.

56. Restlessness/agitation/pacing.

57. Whining.

58. Barking.

59. Howling.

60. Chewing/scratching at doors, floor, windows, curtains, etc.

61. Loss of appetite.

Section 5: Excitability (severity)

62. When you or other members of the household come home after a brief absence.

63. When playing with you or other members of your household.

64. When doorbell rings.

65. Just before being taken for a walk.

66. Just before being taken on a car trip.

67. When visitors arrive atyour home.

Section 6: Attachment and Attention – seeking. (frequency)

68. Displays a strong attachment for one particular member of the household.

69. Tends to follow you (or other members of household) about the house, from room to room.

70. Tends to sit close to, or in contact with, you (or others) when you are sitting down.

71. Tends to nudge, nuzzle or paw you (or others) for attention when you are sitting down.

72. Becomes agitated (whines, jumps up, tries to intervene) when you (or others) show affection for another person.

73. Becomes agitated (whines, jumps up, tries to intervene) when you show affection for another dog or animal.

Section 7：Miscellaneous (frequency)

74. Chases or would chase cats given the opportunity.

75. Chases or would chase birds given the opportunity.

76. Chases or would chase squirrels, rabbits and other small animals given the opportunity.

77. Playful, puppyish, boisterous.

78. Active, energetic, always on the go.

4 犬认知功能障碍评定（CCDR）量表

1.您的犬多久会出现一次"反复徘徊"或"绕圈行走"或"无目的、无方向地踱步"？

从不 每月一次 每周一次 每天一次不止 每天一次

2.您的犬多久会出现一次"茫然地盯着墙壁或者地板"？

从不 每月一次 每周一次 每天一次 每天不止一次

3.您的犬多久会出现一次"被困在物体后面,并且走不出来"？

从不 每月一次 每周一次 每天一次 每天不止一次

4.您的犬多久会出现一次"不认识熟悉的人或其他宠物"？

从不 每月一次 每周一次 每天一次 每天不止一次

5.您的犬多久会出现一次"头顶着墙或者门,但仍在试图往前走"？

从不　每月一次　每周一次　每天一次　每天不止一次

6.您的犬多久会出现一次"当您抚摸或轻轻拍打它时,它躲避您的爱抚或径直走开"?

从不　每月一次　每周一次　每天一次　每天不止一次

7.您的犬多久会出现一次"找不到掉在地上的食物?

从不　每100次里不超过30次　每100次里超过30次,但不超过60次　每100次里超过60次,但不超过90次　每100次里超过90次

8.与6个月前相比,您的犬出现"反复徘徊"或"绕圈行走"或"无目的、无方向地踱步"的频次变化是?

明显更少了　稍微少了一些和之前差不多　稍微多了一些　明显更多了

9.与6个月前相比,您的犬出现"茫然地盯着墙壁或者地板"的频次变化是?

明显更少了　稍微少了一些和之前差不多　稍微多了一些　明显更多了

10.与6个月前相比,您的犬出现"在以前不会随地大小便的地方乱拉乱尿"的频次变化是?(如果您的犬从未出现过这种行为,请勾选"和之前一样")

明显更少了　稍微少了一些和之前差不多　稍微多了一些　明显更多了

11.与6个月前相比,您的犬出现"找不到掉在地上的食物"的频次变化是?

明显更少了　稍微少了一些和之前差不多　稍微多了一些　明显更多了

12.与6个月前相比,您的犬出现"不认识熟悉的人或其他宠物"的频次变化是?

明显更少了　稍微少了一些和之前差不多　稍微多了一些　明显更多了

13.与6个月前相比,您的犬保持活跃的时长变化是?

明显更多了　稍微多了一些和之前差不多　稍微少了一些　明显更少了

5　金宝（William Campbell）评估

(1)对陌生人的兴趣 Social Interaction

程序:评估人把一只幼犬抱到场地中心,放在地上,离开幼犬大约10米,然后蹲下轻轻拍手呼唤幼犬过来,对幼犬反应的观察:

A 立即奔来、尾巴竖起、喜欢跟评估人身体接触、有信心地咬评估人

B 快速跑来、尾巴竖起、喜欢跟评估人身体接触

C 有一点犹疑、过来时的速度比较慢、尾巴平摆或向下

D 需要等待很久才犹疑地慢慢过来,尾巴向下

E 完全不过来、胆怯或逃跑

跟随的欲望 Interest to Follow

程序:评估人站起来,往幼犬的反方向慢慢离开,步出约 10 米对幼犬反应的观察:

A 立即追来、尾巴竖起、走在评估人双腿间、有信心地咬评估人

B 快速追来、尾巴竖起、走在评估人双腿间

C 有一点犹疑、跟随的速度比较慢、尾巴平摆或向下、走在评估人旁边或后面

D 需要等待很久才犹疑地慢慢过来,尾巴向下、走在评估人旁边或后面

E 完全不过来、胆怯或逃跑

(3)对压逼的反应 Response to Domination

程序:评估人蹲在幼犬前,把幼犬反转四脚朝天,然后用手掌坚固地按着幼犬胸部,不让它起来正视它眼睛,维持 30 秒

对幼犬反应的观察:

A 有信心并强烈地挣扎和抗议、张牙舞爪、咆哮

B 有信心并强烈地挣扎和抗议、

C 断断续续地挣扎和抗议

D 不挣扎,稍有犹疑

E 完全不动和心跳加速、夹着尾巴

(4)对挑衅的反应 Response to Challenge

程序:评估人停止按着幼犬并让它起来,继续蹲在幼犬前,慢而长地不断抚摸幼犬背部给它一定的压力,维持 30 秒

对幼犬反应的观察:

A 有信心并强烈地扑起来抓动、喜欢跟评估人身体接触、咬评估人

B 有信心并强烈地扑起来抓动、喜欢跟评估人身体接触

C 跟评估人身体接触但不扑起来

D 不接受抚摸,离开评估人但不惊慌

E 胆怯、夹着尾巴或逃跑

(5)会否接受被抱起 Acceptance to be Lifted

程序:评估人站起来弯着腰,把幼犬背向天肚向地头向前抱起,令它四脚离地,维持 30 秒对幼犬反应的观察:

A 有信心并强烈地挣扎和抗议、张牙舞爪、咆哮、噬咬评估人

B 有信心并强烈地挣扎和抗议、张牙舞爪、咆哮

C 断断续续地挣扎和抗议

D 不挣扎、舔评估人的手

E 完全不动、心跳加速、夹着尾巴

环境评估

程序:评估人把一只幼犬抱到公园中心,放在地上,然后慢慢往一个方向走大约5分钟,沿途呼唤小工作犬鼓励它跟着走,观察小工作犬对新环境、事物、噪声与路人的反应对幼犬反应的观察:

A 轻快地走着、尾巴竖起、对身边的事物好奇、完全不畏惧或犹疑

B 轻快地走着、尾巴竖起、对身边的事物好奇、对特别大声的噪音或特别大动作的人物稍有犹疑,但马上又能复原继续探索

C 走的速度较慢、尾巴平摆或向下、对身边的事物好奇但稍有犹疑

D 走的速度较慢、尾巴向下、目光犹疑、随时准备闪躲

E 大部分时间都不肯走、夹着尾巴、表现畏缩、神经质、无目标的乱冲乱撞、找地方躲藏

(7)咬捕评估

程序:评估员蹲在小工作犬前面,将毛中或软靶模仿猎物的动作在地上抖动刺激幼犬的捕猎动力诱导它咬。

当小工作犬咬着软靶时,评估员一边轻轻抖动软靶,另一只手轻摸小工作犬的背部轻推它的前胸和轻按着小工作犬的鼻梁同时将它咬住的软靶往下抖和往下扣(如图2-8)就像要跟小工作犬争夺软靶一样,观察它咬捕时的反应对幼犬反应的观察:

A 落口快而准、立即咬着软靶、摸它推它时咬得更紧、明显地要争赢评估员

B 很快便咬着软靶、第一次摸它推它时稍有犹疑但很快便继续咬紧、要争赢评估员

C 追了软靶几次才真正咬下、摸它推它时稍有犹疑、咬口不满或力量不重

D 对软靶稍有兴趣但不咬

E 对软靶完全没有兴趣,而且表现害怕

参考文献

[1]李凤刚 王殿奎.宠物行为与训练[M]中国农业科学技术出版社 2008 年版

[2]石林.行为矫正原理与方法[M]北京.中国轻工业出版社,2015;58 –413.

[3]俞文钊、李成彦.现代激励理论与应用[M]东北财经大学出版社,2020(11)：

37 –231